EMGE-SCHWACHSTROM-KALENDER

Handbuch für Schwachstrom-Installation

3. verbesserte und vermehrte Auflage

Herausgegeben von der

AKTIENGESELLSCHAFT MIX & GENEST
Telephon- und Telegraphenwerke
Berlin-Schöneberg

VERLAG VON R. OLDENBOURG
MÜNCHEN UND BERLIN

Vorwort zur 3. Auflage.

Veranlaßt durch die rege Nachfrage haben wir uns entschlossen, dem »Emge-Kalender« einen erweiterten und verbesserten Inhalt zu geben und auch die beiden neuesten Zweige der Schwachstromtechnik — die automatische Telephonie und das Rundfunkwesen — mit aufzunehmen, und zwar als erstes Werk auf diesem Gebiete, unter Verwendung der neuesten Schaltungssymbole gemäß der vom Verband Deutscher Elektrotechniker festgesetzten Normen. Wir weisen besonders darauf hin, daß der vorliegende Kalender, um den Charakter eines handlichen, stets mitzuführenden Taschenbuchs zu behalten, keinen Anspruch auf absolute Vollkommenheit machen soll, und machen deshalb auf die seit über drei Jahrzehnte in unserem Verlage erscheinende, in allen Installateurkreisen gut bekannte »Anleitung zum Bau von Schwachstromanlagen« aufmerksam, die demnächst in 8. verbesserter und vermehrter Auflage erscheint. Wir geben der Hoffnung Ausdruck, daß der Emge-Kalender überall seine alten Freunde wiederfinden und ihnen ein unentbehrlicher Begleiter werden möge.

Aktiengesellschaft Mix & Genest
Telephon- und Telegraphen-Werke.

Berlin-Schöneberg 1925/26.

Vorwort zur 2. Auflage.

Der beispiellos schnelle Verbrauch der ersten Auflage unseres M & G-Kalenders — nach kaum fünf Monaten war bereits die gesamte Auflage vergriffen — ist uns ein Beweis dafür, daß die Herausgabe dieses Kalenders einem wirklichen Bedürfnis unserer Kundschaft entsprochen hat. Bis auf wenige Ergänzungen und Zusätze ist der Inhalt des Kalenders derselbe geblieben. Da inzwischen eine geringe Besserung der Buchmaterialien eingetreten ist, so konnten wir diese Auflage mit geeigneterem Papier und einem haltbaren Leinwanddeckel ausstatten, wodurch das Werk sich vorteilhaft von der noch unter den Einflüssen des Krieges entstandenen Ausgabe des Jahres 1919 unterscheidet. Zahlreiche Anfragen aus Buchhändlerkreisen veranlassen uns, den Kalender nunmehr auch im freien Buchhandel erscheinen zu lassen, wodurch er weiteren Kreisen zugänglich wird.

Aktiengesellschaft Mix & Genest
Telephon- und Telegraphen-Werke.

Berlin-Schöneberg, Januar 1920.

Vorwort zur 1. Auflage.

Mit der Herausgabe des vorliegenden Kalenderwerkes glauben wir einem langgehegten Bedürfnis unserer Installateurkundschaft gerecht zu werden. Bei der Zusammenstellung des Inhalts ist in erster Linie auf die Bedürfnisse der Praxis Rücksicht genommen. Der Kalender soll in kurzer und prägnanter Form auf alle in der Installationspraxis vorkommenden Fragen erschöpfende Auskunft geben. Den Kapiteln über Spezial-Schwachstromtechnik haben wir besondere Sorgfalt gewidmet. Es sei besonders auf das Kapitel über Vorbereitung von Kostenanschlägen für Schwachstromanlagen, theoretische Elektrotechnik und Aufsuchen von Fehlern in Schwachstromanlagen hingewiesen. Auch Blitzableiteranlagen wurden in einem besonderen Kapitel behandelt, da diese Anlagen von fast jedem Installateur ausgeführt werden. Zahlreiche Tabellen sind dem Text beigefügt. Wir hoffen, daß der Kalender von den Schwachstrominstallateuren als eine dankenswerte Ergänzung unserer seit mehr als 25 Jahren eingeführten »Anleitung zum Bau von Schwachstromanlagen« begrüßt werden wird. Für viele aus obigen Kreisen, die durch langjährigen Kriegsdienst ihrer geschäftlichen Tätigkeit entfremdet sind, dürfte der Kalender für die Zeit der Neueinrichtung von besonderem Nutzen sein.

Aktiengesellschaft Mix & Genest
Telephon- und Telegraphen-Werke.

Berlin-Schöneberg, Januar 1919.

Inhaltsverzeichnis.

Die Aktiengesellschaft Mix & Genest

wurde im Jahre 1879 von den Herren Werner Genest und Wilhelm Mix gegründet und hat einen erheblichen Anteil an der exakten und vorbildlichen Ausgestaltung des amtlichen deutschen Telephonwesens. Verschiedene noch heute in der ganzen Welt benutzte Verbesserungen auf dem Gebiete des Fernsprechwesens sind von der Firma Mix & Genest ausgegangen, die im Jahre 1889 in eine Aktiengesellschaft umgewandelt wurde. Infolge der Güte und der soliden Ausführung ihrer Fabrikate nahmen die Geschäfte bald einen solchen Umfang an, daß die im Jahre 1894 neu erbauten Fabrikräume in der Bülowstraße sich als zu klein erwiesen und das im Jahre 1906/07 erbaute, oben dargestellte umfangreiche Werk bezogen werden mußte. Verschiedene neu hinzugekommene Fabrikationszweige haben erst vor kurzer Zeit wieder Erweiterungsbauten notwendig gemacht. Hierzu sind inzwischen noch die Zweigfabriken in Frankenhausen (Thür.) und Brandenburg (Havel) gekommen. In den Werken der Gesellschaft werden zurzeit ca. 3500 Monteure, Hilfsmonteure und Arbeiter beschäftigt. Die Zahl der Beamten der Gesellschaft inkl. Zweigfabriken, Tochtergesellschaften und Außenstellen beträgt zurzeit über 1000.

Fahrverbindungen.

Eisenbahn: Stadt- und Ringbahn oder Potsdamer Bahnhof Ring- und Vorortbahn bis Papestraße.
Straßenbahn: Linie 52 und 60.

———

Stammhaus
Aktiengesellschaft Mix & Genest, Telephon- und Telegraphen-Werke.

Ort	Straße und Nr.	Firmenbezeichnung	Fernsprecher	Telegramm-Adresse
Berlin-Schöneberg	Geneststr. 5	—	Stephan 312, 313, 314, 440—445, 3305	Emundge
Selbständige Abteilungen mit ihren Ingenieurbüros.				
Berlin-Schöneberg	Geneststr. 5	Rohrpost und Förderanlagen	Stephan 312, 313, 314, 440—445, 3305	Pneumapost
Berlin W 35	Potsdamerstr. 38	Mix & Genest, Bau-Abteilung	Kurfürst 5486/88	Emgebau.
Breslau	Hohenzollernstr. 125	Ing.-Büro	Ring 3870	Mixgenest
Chemnitz	Außere Klosterstr. 12	Ing.-Büro	8036	Mixgenest
Danzig	Pfefferstadt 73	Zweigniederlassung	3165	Mixgenest
Dresden	Canaletiostr. 30	Ing.-Büro	32 206	Mixgenest
Frankfurt a. M.	Bürgerstr. 9/11	Ing.-Büro	Hansa 2422/3	Mixgenest
Gleiwitz	Schwerinstr. 1	Bau-Abt.	1503, 1538	Emundge
Halle a. S.	Parkstr. 13	Bau-Abt.	2112	Mixgenest
Hamburg	Schopenstehl 15 Haus »Miramar«	Bau-Abt.	Elbe 2180	Mixgenest
Hannover	Dietrichstr. 26	Bau-Abt.	Norden 7790	Mixgenest
Karlsruhe	Moltkestr. 29	Ing.-Büro	619	Voltamix
Kattowitz	Beatestr. 42	Bau-Abt.	320	—
Kiel	Holstenstr. 21	Bau-Abt.	Kiel 5245	Mixgenest
Königsberg	Altst. Holwiesenstr. 7	Ing.-Büro	7968	Mixgenest
Leipzig	Dittrichring 21	Ing.-Büro	18 280	Mixgenest
Lübeck	Untertrave 62	Montage-Büro	1456	
Magdeburg	Hansastr. 11	Bau-Abt.	7086	Mixgenest
Mannheim	Kl. Schwimmstr. 4	Ing.-Büro	7472	Mixgenest
Riga/Lettland	Handelshaus, Drei Eichen	Franz Arnholz	Postfach 1000	Emundge/Riga
Stettin	A. 3. 9	Ing.-Büro	2747	Mixgenest
Waldenburg	Sandstr. 3	Montage-Büro	1190	Mixgenest
Zwickau	Regierungspl. 10	Ing.-Büro	2323	Mixgenest

Tochtergesellschaften.

			Stephan 49 Hansa 5952—55, 1711, Elbe 4676	Lonariform Genest
Berlin-Schöneberg	Geneststr. 5	Lonarit, G. m. b. H.		Lonariform
Hamburg 1	Schopenstehl 15 Haus »Miramar«	Mix & Genest Hansa-werke G. m. b. H.		Genest

Zweigniederlassungen mit ihren Ingenieurbüros.

Ort	Adresse	Art	Stephan / Tel.-Nr.	Lonariform Genest
Köln	Limburgerstr. 25/27	Zweigniederlassung	Sammel-Nr. West 58211 nach Gesch.-Schluß West 51142	Emundge
Aachen	Adalbertsteinweg 257	Bau-Büro	4707	—
Bielefeld	Gustav-Adolfstr. 7	Ing.-Büro	1424	—
Breslau	Hohenzollernstr. 125	Ing.-Büro	Ring 3870	Mixgenest
Dortmund	Weberstr. 18	Bau-Büro	1066	—
Duisburg	Schultestr. 78	Bau-Büro	Süd 4921	—
Düren	Weberstr. 24d	Bau-Büro	—	—
Düsseldorf	Leopoldstr. 1a	Ing.-Büro	9996	—
Essen	Gutenbergstr. 68	Ing.-Büro	428	Emundge
Gelsenkirchen	Bochumerstr. 46/48	Techn.-Büro	4337/38	Emundge
Hagen	Nordstr. 19	Bau-Büro	4064	Mixgenest
Mainz	Kaiserstr. 69	Ing.-Büro	400	Mixgenest
Mannheim	A. 3. 9.	Ing.-Büro	7472	—
Solingen	Flurstr. 4	Ing.-Büro	—	—
Wesel	Herzoginring 2	Ing.-Büro	377	
München	Prinz Ludwigstr. 5	Süddeutsche Zweigniederlassung	22822/33	Emundge
Nürnberg	Essenweinstr. 5	Ing.-Büro	11903	Emundge
Stuttgart	Landhausstr. 101	Ing.-Büro	40378	Emundge

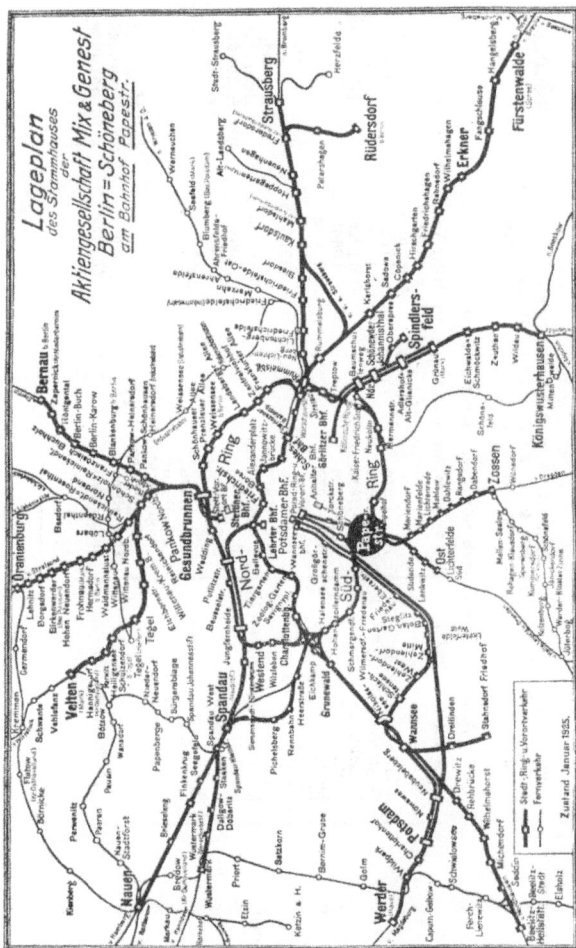

Lageplan des Stammhauses der Aktiengesellschaft Mix & Genest Berlin=Schöneberg am Bahnhof Papestr.

Erzeugnisse

der Aktiengesellschaft Mix & Genest, Berlin-Schöneberg.

Vollautomatische Fernsprechanlagen nach dem Anrufsucher-
system,
Halbautomatische Fernsprechzentralen,
Manuelle Fernsprechämter,
Janus-Glühlampen-Zentralen
für staatliche und städtische Telephonanlagen sowie zum
Anschluß an Postleitungen für Behörden, Handels- und
Industrie-Unternehmungen,
Telephon- und Signal-Spezialapparate für Eisenbahnen, Gruben
und verwandte Industrien,
Alarm-, Kassensicherungs- und Feuermeldeanlagen für Be-
hörden, Fabriken, Banken, Warenhäuser, Theater usw.,
Elektrische Signalhupen für Stark- und Schwachstrom,
Lichtsignalanlagen und elektrische Uhrenanlagen für Hotels,
Krankenhäuser, Warenhäuser usw.,
Wächter-Kontrollanlagen,
Wasserstands-Fernmelder für offene Gewässer und Bassins,
sowie auch für chemische, Montan- und ähnliche In-
dustrien,
Blitzableiter,
Wecker, Tablos, galvanische Elemente, Leitungs- und Installa-
tionsmaterial jeder Art,
Rundfunkapparate, Kopfhörer, Lautsprecher,
Lonarit, gas-, säure- und feuerbeständiges Isoliermaterial,
Rohr- und Seilpostanlagen für Post- und Telegraphenbetrieb,
Bank- und Industriebüros, Fabriken usw.,
Elektropostanlagen zur wahlweisen Förderung von Kästen bis
zu 100 kg.

Auslandsvertretungen.

Dänemark. Aage Havemann's Eftf., Kopenhagen, Nicolaj-
Plads 34.
Holland. Ph. J. Schut, Amsterdam, Keizersgracht 684.
Jugoslavien. Tetrad Technische Handels Aktiengesellschaft
Belgrad, Brankova 30.
Litauen. Vogel & Riemer, Kowno, Keistucio 29.
Rumänien. Technica Soc. Universala, Bukarest Str. Decebal 8.
Schweiz. A. Spiegel, Zürich (Bellevue), Sonnenquai 3.
Spanien. AEG, Ibérica Abt. Mix & Genest Madrid, Apartado 235.
Türkei. Bourla Fréres & Co., Konstantinopel, Grande rue
Voivoda 9/11.
Argentinien. AEG Cia Sudamericana de Electricidade, Departa-
mento Mix & Genest, Buenos Aires. Casilla de Correa 1408.
Brasilien. AEG Companhia Sul Americana de Electricidade
Departamento Mix & Genest, Rio de Janeiro, Caixa de
Correio 100.
Brasilien. AEG Co. Sudam. d. Electricidade Sao Paulo, Rue
Florencio de Abren 89.
Mexiko. AEG Cia Mexicana de Electricidad SA. Mexiko
D.F. Apartado Postale 2130.
Peru. N. Ellinger, Lima, Casilla 1157.
Italien. Ing. Varini & Ampt, Societa Anonyma, Mailand, Casella
Postale 865.
Aktiengesellschaft Mix & Genest, Generalvertretung, Franz
Arnholz, Riga/Lettland, Kleine Schwimmstr. 4.
Schweden u. Norwegen. Hansawerke Hamburg, Schopenstehl 15.

I. Theoretische Elektrotechnik.

1. Allgemeines.

Das Entstehen elektrischer Erscheinungen ist zuerst durch Kraftwirkungen an geriebenen Bernsteinstücken, später an Glas, Harz, Hartgummi, Schwefel und Papier beobachtet. Durch Reibung geraten diese Körper in einen elektrischen Zustand, der sie zu Kraftäußerungen in ihrer Umgebung, z. B. zum Anziehen leichter Körper befähigt. Bestehen die angezogenen Körper aus Metallen, so wird diesen der elektrische Zustand mitgeteilt; falls sie durch die erstgenannten Stoffe getragen werden, bleiben sie elektrisch, stehen sie jedoch mit größeren Metallmassen in Verbindung, so verlieren sie fast augenblicklich ihre elektrische Ladung, sie wird abgeleitet. Man kann also zwischen Nichtleitern und Leitern der Elektrizität unterscheiden.

Nichtleiter oder Isolatoren sind:

Glas, Porzellan, Hartgummi, Glimmer, Marmor, Harze, Öle, Alkohol, Papier, Seide, Pflanzenfasern, Asbest, Schiefer.

Leiter sind:

Alle Metalle, viele Flüssigkeiten, z. B. Salzlösungen, Alkalien und Säuren, gewöhnliches Wasser.

Die Gase sind unter normalen Verhältnissen Isolatoren, werden jedoch unter gewissen Bedingungen leitend.

Die elektrische Ladung eines Leiters entsteht oder verschwindet unter Auftreten eines elektrischen Stromes, der im Leiter selbst oder in dessen Umgebung eine Reihe von Wirkungen ausübt:

1. Der Leiter wird erwärmt. (Rieß, Joule.)
2. In der Nähe des Leiters entstehen magnetische Wirkungen. (Oersted, Ampère.)
3. Zwei Ströme üben aufeinander Kräfte aus. (Ampère.)
4. In benachbarten Leitern entstehen bei Veränderungen des Stromes im ersten Leiter Ströme, Induktionsströme. (Faraday.)
5. Die flüssigen Leiter werden in ihre chemischen Bestandteile zerlegt (Elektrolyse), daneben tritt Wärmeentwicklung auf. (Volta, Faraday.)
6. In Gasen treten Leuchterscheinungen auf, auch werden unter gewissen Umständen besondere Arten von Strahlen, wie z. B. Kathoden-, Anoden- und Röntgenstrahlen, erzeugt, besondere Arten von Energie. (Davy, Plücker, Hittorf, Crookes, Goldstein, Lenard, Röntgen.)
7. Ströme üben gewisse Wirkungen auf Licht aus, sie bewirken z. B. die Drehung der Polarisationsebene. (Faraday.) Spaltung der Spektrallinien. (Zeemann.)
8. Die elektrische Kraft vermag sich durch Nichtleiter hindurch auszubreiten, und zwar mit Lichtgeschwindigkeit (= 300 000 km in der Sekunde). Wird sie in Form von Strömen wechselnder Richtung erzeugt, sogenannten elektrischen Schwingungen, so kann

sie wie Lichtstrahlen gebrochen, reflektiert und polarisiert werden. Elektrische Wellen werden daher als Schwingungen desselben Mediums, nämlich des Äthers, wie bei den Licht- und Wärmewellen, jedoch von größerer Wellenlänge, aufgefaßt. (Maxwell, Thomson, Hertz.)

9. Als Träger der elektrischen und magnetischen Erscheinungen werden die Elektronen angesehen, sozusagen die Bausteine oder Atome der Elektrizität. Sie führen Schwingungen oder Bewegungen aus, besitzen eine unter äußeren Einflüssen veränderliche Geschwindigkeit und eine scheinbare Masse (etwa $^1/_{1800}$ der des Wasserstoffatoms). Infolgedessen üben sie Kräfte aus, wenn sie auf andere Körper treffen. Solche Elektronen werden auch von radioaktiven Substanzen und glühenden Körpern ausgesandt. (Elektronenemission.) (Lenard, Richardson, Curie, Becquerel, Rutherford, Soddy, Wilson, Millican.)

10. Durch Wärme können elektrische Kräfte hervorgerufen werden, z. B. durch Erwärmen oder Abkühlen einer Lötstelle; auch manche Kristalle zeigen beim Erwärmen elektrische Eigenschaften. (Thermoelektrizität.) Elektrische Felder bewirken Zerlegung der Spektrallinien. (Stark.)

Bei Einwirkung von Licht auf metallische Oberflächen, z. B. reines Zink oder Kaliumamalgam, werden Elektronen ausgesandt. (Photoelektrizität.)

Bei chemischen Vorgängen entstehen elektrische Kräfte.

Das immer weiter gehende Studium der Erscheinungen hat die ursprünglich von Coulomb und Weber zur Erklärung der elektrischen Erscheinungen benutzte Theorie von Fernkräften zugunsten der Anschauungen von Faraday, nämlich der Äthertheorie, verdrängt; neuerdings gewinnt die Elektronentheorie immer mehr an Boden.

2. Wirkungen im einzelnen betrachtet.

a) Leitung elektrischer Ströme in Metallen.

Verbindet man einen Metalldraht, der überall gleichen Querschnitt F in Quadratmillimetern und eine Länge l in Metern haben möge, mit einer Stromquelle, z. B. mit einem galvanischen Element, so durchfließt den Leiter ein elektrischer Strom I, dessen Stärke um so größer wird, je geringer die Länge l und je größer der Querschnitt F des Drahtes ist. Diese beiden Größen bedingen nämlich zusammen mit einer vom Material abhängigen, die mit spezifischem Widerstand ϱ bezeichnet sei, den Widerstand R des Leiters. Es wird definiert:

$$\text{Widerstand} = R = \frac{\varrho \cdot l}{F} \quad \ldots \ldots \quad (1)$$

(Siehe Tabelle der spezifischen Widerstände.) Wenn man nun den Leiter anstatt mit einem mit zwei Elementen verbindet, so herrscht zwischen seinen Enden die doppelte Spannung, und man bemerkt, daß sich auch die Stromstärke verdoppelt. Bezeichnet E die Spannung, so ist der Strom I also dieser direkt, dagegen dem Widerstande R umgekehrt proportional. (Ohmsches Gesetz.)

$$\text{Stromstärke} = \text{Spannung} : \text{Widerstand}$$

$$I = E : R \quad \ldots \ldots \ldots \quad (2)$$

Dies außerordentlich wichtige Gesetz kann auch bei bekanntem Strom I und bekanntem Widerstande R Aufschluß über die

Spannung E geben, die an den Enden des Leiters herrscht; durch Umformung erhält man:

Spannung = Stromstärke × Widerstand

$$E = I \cdot R \ldots \ldots \ldots \quad (3)$$

Dieses Gesetz ist besonders wichtig für die Berechnung des Spannungsabfalls in Leitungen; setzt man nach (1) den Wert für den Widerstand ein, so ergibt sich der Spannungsabfall

$$E = I \cdot \frac{\varrho \, l}{F} \, .$$

Sind endlich Spannung E und Stromstärke I bekannt, so ergibt sich als Widerstand R des Leiters:

Widerstand = Spannung : Stromstärke

$$R = E : I \ldots \ldots \ldots \quad (4)$$

Die Spannung wird in Volt, die Stromstärke in Ampere, der Widerstand in Ohm gemessen. (Siehe elektromagn. Maßsystem S. 20.)

Durchfließt ein Strom I eine Leitung vom Widerstande R, so tritt eine Erwärmung des Leiters ein. Die entwickelte Wärmemenge Q ist proportional dem Widerstande R und dem Quadrat der Stromstärke. Während einer Zeit von t Sekunden werden

$$Q = 0{,}24 \cdot I^2 \cdot R \cdot t \text{ Wärmeeinheiten entwickelt . .} \quad (5)$$

Die in Wärme umgesetzte elektrische Energie W ist dann:

$$W = I^2 \cdot R \ldots \ldots \ldots \quad (6)$$

Sie wird als Watt bezeichnet. Da man nach (3) für $I \cdot R$ auch E setzen kann, so wird die elektrische Leistung W auch:

$$W = E \cdot I \text{ Watt} \ldots \ldots \quad (7)$$

736 Watt entsprechen der Leistung einer Pferdekraft, sind also gleichbedeutend mit einer Arbeitsleistung von 75 Meterkilogramm in der Sekunde. Die Erwärmung von stromdurchflossenen Leitern wird in den elektrischen Glühlampen, den Widerstandsöfen, den Schmelzsicherungen und den Schweißmaschinen ausgenutzt.

b) Leitung elektrischer Ströme in Flüssigkeiten.

In leitenden Flüssigkeiten (Elektrolyte) tritt außer der Stromwärme noch eine chemische Zersetzung (Elektrolyse) auf. So wird z. B. Wasser = H_2O in seine beiden Bestandteile, $2\,H$ = Wasserstoff und O = Sauerstoff, zerlegt, die an den Stromzuleitungen, den Elektroden, sich gasförmig entwickeln. Salze in leitenden Lösungen werden ebenfalls zerlegt. Dabei tritt bei Metallsalzen das Metall an der negativen, die übrigen Bestandteile an der positiven Elektrode auf. Die verschiedenen Galvanisierungsverfahren machen hiervon Gebrauch. (Vernickeln, Verkupfern, Vergolden usw.)

Innerhalb einer bestimmten Zeit scheidet eine bestimmte Stromstärke eine bestimmte Menge elektrolytisch ab; so z. B. scheidet 1 Ampere in der Sekunde aus einer Silberlösung 1,118 mg Silber, aus einer Kupferlösung 0,329 mg Kupfer ab. Die Zersetzungsprodukte bei gleichen Stromstärken und Zeiten sind bei verschiedenen Elektrolyten chemisch äquivalent. Einer Ampere-Sekunde entsprechen 0,00001036 Gramm-Äquivalente.

Den Transport der Elektrizität durch Flüssigkeiten bewirken die Ionen, d. h. die mit positiver oder negativer Elektrizität beladenen Moleküle. Ihre Geschwindigkeiten, ihre Masse und sonstigen Eigenschaften sind bekannt.

Während des Stromdurchganges durch flüssige Leiter entsteht infolge von chemischen Einflüssen eine elektromotorische Gegenkraft, so z. B. tritt bei der Wasserzersetzung eine Gegenkraft von mehr als 2 Volt auf.

c) Leitung in Gasen.

Gase sind im allgemeinen gute Isolatoren, werden jedoch unter gewissen Umständen leitfähig. Solche Ursachen sind:

Bestrahlung durch ultraviolettes Licht und Röntgenstrahlen.

Starke Erwärmung und gleichzeitige Einwirkung hoher elektrischer Spannungen, z. B. bei den elektrischen Bogenlampen, Quecksilberdampflampen und Gleichrichtern, den Geislerschen Röhren.

Ferner vermögen die radioaktiven Substanzen Gase in ihrer Umgebung leitfähig zu machen. In einem solchen Gase sind wieder Ionen und Elektronen die Träger des elektrischen Stromes. Die Gesetze der Beziehungen zwischen Spannung, Stromstärke und den Größen, welche den Widerstand bedingen, sind sehr komplizierter Natur und weichen vom Ohmschen Gesetz erheblich ab.

d) Ströme in Isolatoren.

Wenn man der Definition gemäß auch nicht mehr von Leitungsströmen in Isolatoren sprechen kann, so muß man trotzdem nach den Anschauungen von Faraday und Maxwell und nach den beweiskräftigen Versuchen von Hertz an einer Verschiebung von Elektrizitätsmengen durch Isolatoren hindurch festhalten. Es sei ein Stromkreis aus einer Gleichstromquelle mit der Spannung E Volt, 2 Zuleitungsdrähten und 2 Platten von der Fläche F gebildet, die zwischen sich einen Luftraum von der Länge d einschließen mögen (Abb. 1). Schaltet man dann den Strom bei S ein, so tritt ein Stromstoß auf, der nach sehr kurzer Zeit wieder verschwindet. Nehmen wir jetzt die Stromquelle fort und verbinden die beiden Platten miteinander, so tritt wieder ein Stromstoß in entgegengesetzter Richtung auf. Man kann sich vorstellen, daß der erste sogenannte Ladestromstoß den zwischen den Platten befindlichen Raum in einen Spannungszustand versetzt hat, der so lange aufrechterhalten bleibt, bis die beiden Platten direkt miteinander verbunden werden (Entladung). Die zur Entladung kommende Elektrizitätsmenge Q, meßbar z. B. durch ihre Wärmewirkung im Entladungsdraht, wird nun um so größer, je höher die Ladespannung ist und je größer die Fläche F der Platten ist. Außerdem wächst sie mit Verringerung des Plattenabstandes d. Bringt man an Stelle der Luft einen anderen Isolator, z. B. Glas, zwischen die Platten, ohne sonst die Abmessungen zu ändern, so wird die aufgenommene und

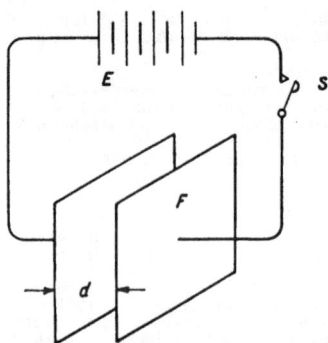

Abb. 1.

bei der Entladung wieder abgegebene Elektrizitätsmenge Q größer, sie ist also von der Beschaffenheit des Materials zwischen den Platten abhängig, ein Zeichen, daß das Medium zwischen den Platten im wesentlichen den ganzen Vorgang bedingt. Eine solche Einrichtung bezeichnet man als Kondensator, den Vorgang im Isolator als dielektrische Verschiebung, die Größe, welche angibt, wievielmal größer die Wirkung bei einem bestimmten Dielektrikum ist als im luftleeren Raume, als Dielektrizitätskonstante E.

Man kann nach dem eben Gesagten schreiben:
Elektrizitätsmenge = Spannung × einer Größe, die von den Abmessungen abhängt, und die man als Kapazität bezeichnet, die aber auch durch das Dielektrikum bedingt ist.

$$Q = E \cdot C \quad \ldots \ldots \ldots \text{(8)}$$

Dabei wird für ebene Platten von der Fläche F im Abstande d

$$\text{Kapazität} = C = \frac{\varepsilon}{4 \pi} \cdot \frac{F}{d} \quad \ldots \ldots \text{(9)}$$

Als Maßeinheit dient das Farad.

Ein Gleichstrom tritt also nur im Augenblicke seines Einschaltens durch einen Kondensator hindurch, wird dagegen gesperrt, nachdem innerhalb sehr kurzer Zeit der Kondensator geladen ist.

Die in einem Kondensator bei der Ladung angehäufte und bei der Entladung abgegebene Energie W ist:

$$W = \frac{E \, C^2}{2} \quad \ldots \ldots \ldots \text{(10)}$$

Auch geradlinige oder beliebig gestaltete Leitungen haben eine Kapazität. Eine Freileitung, bestehend aus 2 Leitern (Doppelleitung) im Abstande a in cm, deren Drahtdurchmesser in cm $= d$ sein möge, hat die Kapazität pro Kilometer:

$$C = \frac{0,012 \cdot 10^{-6}}{\log \frac{2 a}{d}} \text{ Farad} \quad \ldots \ldots \text{(11)}$$

Sind l Kilometer solcher Doppelleitung vorhanden, so muß dieser Wert mit l multipliziert werden, um die Gesamtkapazität der Leitung zu erhalten.

Für eine Einfachleitung im Abstande h gegen Erde ist die Kapazität pro Kilometer:

$$C = \frac{0,024 \cdot 10^{-6}}{\log \frac{4 h}{d}} \text{ Farad} \quad \ldots \ldots \text{(12)}$$

Wenn Spannungen wechselnder Richtung, sog. Wechselspannungen, an einen Kondensator gelegt werden, tritt eine fortwährende Ladung und Entladung des Kondensators auf, so daß man jetzt von einem Durchfließen des Wechselstromes durch den Kondensator sprechen kann. Hat der Wechselstrom f Perioden in der Sekunde, gemessen wird die Periodenzahl oder Frequenz in Hertz, so wird der scheinbare Widerstand R_c des Kondensators:

$$R_c = \frac{1}{2 \pi \cdot f \cdot C} \text{ Ohm} \quad \ldots \ldots \text{(13)}$$

Ein Kondensator leitet einen Wechselstrom also um so besser, je höher dessen Periodenzahl ist, während er bis auf den anfänglichen Ladestrom Gleichstrom sperrt. Von dieser Eigenschaft wird in der Fernsprechtechnik häufig Gebrauch gemacht.

Im Dielektrikum des Kondensators entstehen bei der Ladung und Entladung sowie unter dem Einfluß von Wechselströmen Verluste, die sich in Erwärmung des Dielektrikums äußern. Sie sind bei gasförmigen Isolatoren gering, können jedoch bei festen Leitern, hohen Spannungen und Periodenzahlen groß sein.

e) Magnetische Wirkung von Strömen.

In der Umgebung eines stromdurchflossenen Leiters beobachtet man magnetische Wirkungen. Um diese zu verstärken, kann man die Leiter zu Spulen aufwickeln. Besonders im Innern solcher Spulen konzentrieren sich die magnetischen Wirkungen, so daß z. B. Eisenkerne in das Innere der Spulen hineingezogen werden (Solenoid).

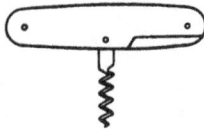

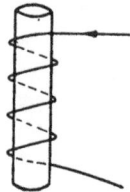

Noch weit größer wird die Wirkung, wenn man im Innern der Spule einen Eisenkern anbringt. Dieser wird unter dem Einfluß des die Windungen durchfließenden Stromes stark magnetisch. Man kann auch einen Eisenkern hufeisenförmig biegen und auf die Schenkel zwei Spulen schieben. Die beiden freien Pole des Elektromagneten können dann erhebliche Kräfte ausüben. Aus der Windungs- und Stromrichtung ist die Polarität des Elektromagneten gegeben:

Es gilt die Korkzieherregel: Dreht man eine rechtsgängige Schraube (Korkzieher) in der Richtung des Stromes in den Magnetkern, so zeigt die Bewegung der Schraube nach dem Nordpol (Abb. 2).

Abb. 2.

Die magnetische Feldstärke $\mathfrak{H}$ einer vom Strom I durchflossenen eisenlosen Spule von der Länge l cm und m Windungen wird definiert:

$$\mathfrak{H} = \frac{4\,\pi\,m\,I}{10\,l} \text{ Gauß} \quad \ldots \ldots \quad (14)$$

Das Produkt $m \cdot I$ bezeichnet man als Ampere-Windungszahl; es ist bei gegebener Spule maßgeblich für die magnetischen Kräfte.

Durch die Anwesenheit von Eisen tritt eine Verstärkung der magnetischen Wirkung ein, die von Eigenschaften des Eisens abhängig ist und ferner durch die Ausgestaltung des Eisenschlusses bedingt ist.

Bei gänzlich geschlossenen Eisenkernen, also z. B. einem Eisenring, der mit m Windungen bewickelt ist, durch die ein Strom I fließen möge, tritt unter dem Einfluß der magnetischen Kraft

$$\mathfrak{H} = \frac{4 \cdot \pi \cdot m \cdot I}{10 \cdot l}$$

eine Magnetisierung pro Quadratzentimeter des Eisenquerschnittes F auf, die man als magnetische Induktion $\mathfrak{B}$ bezeichnet. Diese ist größer als $\mathfrak{H}$ und kann durch Multiplikation von $\mathfrak{H}$ mit einem Faktor μ, der Permeabilität, der größer als 1 ist, erhalten werden.

Magnet. Induktion $= \mathfrak{B} = \mu\,\mathfrak{H}$ . . . . (15)

Für Schmiede- und andere weiche Eisensorten ist μ größer als bei Gußeisen und harten Stahlsorten. Die Permeabilität μ hat jedoch keinen konstanten Wert bei ein und derselben Eisensorte, ist vielmehr eine Funktion der Induktion $\mathfrak{B}$.

Die Abhängigkeit der Induktion $\mathfrak{B}$ von der Feldstärke $\mathfrak{H}$ der erregenden Amperewindungen stellt man graphisch durch die Magnetisierungskurven der verschiedenen Eisensorten dar. Die nebenstehende Kurve (Abb. 3) gilt für die in der Elektrotechnik am häufigsten angewendete Blechsorte. Man erkennt, daß für starkes $\mathfrak{H}$ die Zunahme von $\mathfrak{B}$ immer schwächer wird, d. h. der magnetische Zustand nähert sich der Sättigung.

Bei allen Eisensorten, besonders aber bei Gußeisen und harten Stählen verschwindet der Magnetismus nach dem Ausschalten des Magnetisierungsstromes nicht, sondern es bleibt ein erheblicher Teil der Induktion zurück, die man als Remanenz R bezeichnet. Sie kann erst durch ein beträchtliches, der ursprünglichen Magnetisierung entgegengesetzt gerichtetes Feld C, Koerzitivkraft genannt, vernichtet werden. Die Verhältnisse

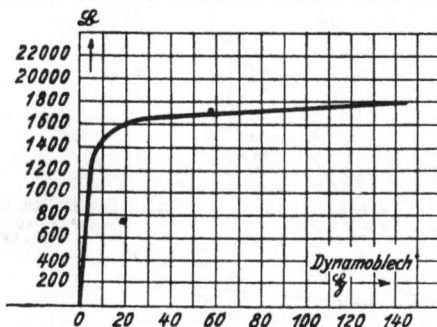

Abb. 3.

sind in Abb. 4 für eine gehärtete Magnetstahlsorte dargestellt, die etwa 3 % Wolfram und 0,5 % Kohlenstoff enthält. Wie man erkennt, ist die Remanenz $R = 10\,000$, die zu ihrer Aufhebung nötige Feldstärke, also die Koerzitivkraft $C = 65$ Gauß. Die Aufwendung dieser Feldstärke tritt besonders dann in Augenschein, wenn z. B. durch Wechselströme fortwährend eine Ummagnetisierung des Eisens bewirkt wird; dabei treten Energieverluste ein, deren Größe von der Fläche abhängt, die die Magnetisierungskurve einschließt. Man bezeichnet diese Verluste als Hysteresisverluste und die Abb. 4 dargestellte Kurve als Hysteresiskurve. Man hat gefunden, daß die Hysteresisverluste proportional $\mathfrak{B}^{1,6}$ sind und bei Magnetisierung durch einen Wechselstrom von f Perioden in der Sekunde dieser Periodenzahl und dem Volumen V des Eisens proportional sind. Nach Steinmetz ergeben sich:

$$\text{Hysteresisverluste} = f \cdot V \cdot \mathfrak{B}^{1,6} \cdot \eta \text{ Watt} \quad . \quad (16)$$

Werte für η sind:

$$\left. \begin{array}{l} \text{Schmiedeeisen } \eta = 0,003 \\ \text{Gußeisen } \ldots \eta = 0,013 \\ \text{Magnetstahl } . \ \eta = 0,03 \\ \text{S.-M.-Stahl } . . \ \eta = 0,02 \\ \text{Dynamoblech } \eta = 0,0015 \end{array} \right\} \begin{array}{l} \text{bei mittleren} \\ \text{Induktionen} \end{array}$$

Durch Verwendung besonderer Eisenlegierungen, Beimischung von ca. 4 % Silizium, ist es gelungen, die Verluste sehr weit zu verkleinern.

Bei schwachen Feldstärken ist der Verlust $\mathfrak{B}^2$ proportional.

Sind bei Elektromagneten Lufträume zwischen den Polen und dem Anker vorhanden, deren gesamte Länge in Zentimetern d sein möge, so tritt im Luftspalt eine Induktion

$$\mathfrak{B}_\mathfrak{t} = \frac{4 \cdot \pi \cdot m \cdot I}{10 \cdot d} \quad \ldots \ldots \quad (17)$$

auf. Ist die Polfläche $= F$, so wird die Zugkraft P des Elektromagneten auf seinen Anker:

$$P = \frac{\mathfrak{B}_\mathfrak{t}{}^2 \cdot F}{8 \cdot \pi \cdot 981} \text{ Gramm} \ldots \ldots \quad (18)$$

$\mathfrak{B}_\mathfrak{t}$ kann dabei nach 17 aus den Amperewindungen $m \cdot I$ und dem Ankerabstande berechnet werden, dabei sind aber für die Magnetisierung des Eisens Abzüge zu machen.

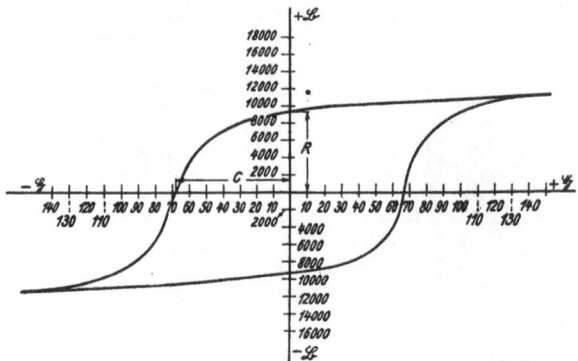

Abb. 4.

Verbindet man alle Orte, welche gleiche Magnetisierung aufweisen, durch Linienzüge, so nennt man diese Linien gleicher magnetischer Kräfte nach dem Vorgange von Faraday magnetische Kraftlinien. Sie stellen geschlossene Kurven dar, die im Innern der Spule stark gedrängt in Richtung der Spulenachse verlaufen. Sie entstehen, wenn der Magnetisierungsstrom eingeschaltet wird und verschwinden beim Ausschalten. Man kann ihren Verlauf durch Eisenfeilspäne sichtbar machen.

f) Induktionswirkung von Strömen.

Ähnlich, wie wir dies beim elektrischen Felde gesehen hatten, wird im magnetischen Felde eine gewisse Energie bei der Entstehung aufgewendet, die sich beim Verschwinden des Feldes, also beim Ausschalten des Magnetisierungsstromes, wieder bemerkbar macht. Diese Energie ist als Wärmewirkung und in einem Öffnungsfunken beim Ausschalten zu erkennen. Man bezeichnet den Vorgang als Selbstinduktion. Die im magnetischen Felde aufgespeicherte Energie W ist:

$$W = \frac{L \cdot I^2}{2} \ldots \ldots \ldots \quad (19)$$

L nennt man **Selbstinduktionskoeffizient** oder **Selbstinduktivität**. Er wird in **Henry** gemessen und gibt die Änderung der Kraftlinienzahl an, wenn die Magnetisierungsstromstärke um 1 Ampere geändert wird.

Für eine **Doppelleitung** aus Kupfer von 1 km Länge, deren Drähte einen Durchmesser von d cm und einen Abstand von a cm haben mögen, ist der Selbstinduktionskoeffizient L:

$$L = \left(0,92 \cdot \log \frac{2\,a}{d} + 0,1 \right) \cdot 10^{-3} \text{ Henry} \quad . \quad . \quad (20)$$

Für Spulen, namentlich solche aus Eisen, wird L durch Messung ermittelt.

Die Selbstinduktion bewirkt beim **Einschalten** des Stromes eine **Verzögerung**, da dann das magnetische Feld geschaffen werden muß und eine **Gegenspannung** entsteht, beim **Ausschalten** dagegen hat das dann verschwindende magnetische Feld die Entstehung einer **Spannung** zur Folge, deren Richtung mit der des verschwindenden Stromes zusammenfällt. Die Höhe der Spannung beim Ausschalten hängt von der Art und Weise des Ausschaltevorganges ab.

Wird eine Spule von **Wechselströmen** durchflossen, so erzeugt sie infolge ihrer Selbstinduktion eine der Wechselstromspannung entgegengesetzte **elektromotorische Kraft** E_s, die von der Stromstärke I, dem Selbstinduktionskoeffizienten L und der Periodenzahl f des Wechselstroms abhängig ist:

$$E_s = I \cdot 2\,\pi f \cdot L \text{ Volt} \quad . \quad . \quad . \quad . \quad . \quad (21)$$

$2\,\pi f \cdot L$ bezeichnet man als **Wechselstromwiderstand** der Spule. Gleichung (21) stellt das dem Ohmschen Gesetz bei Gleichstrom entsprechende dar.

Wenn man in der Nähe einer Leitung eine **zweite** anbringt, so entstehen in dieser letzteren **Spannungen**, wenn in der ersteren **Stromänderungen** bewirkt werden. Die Erscheinung heißt **gegenseitige Induktion**. Sie tritt besonders kräftig beim Ein- und Ausschalten des Primärstromes und Anordnung der Leiter in Spulenform auf.

Diejenige Größe, welche die im Sekundärleiter erzeugte Spannung zu der primären Stromstärke in Beziehung setzt, bezeichnet man als **Koeffizient der gegenseitigen Induktion** oder **Gegeninduktivität** $= M$. Ihre Größe wird am besten durch Messungen bestimmt. Die Richtung des beim Einschalten des Primärstromes entstehenden Sekundärstromes ist bei gleichem Wicklungssinn beider Spulen entgegengesetzt, beim Ausschalten diejenige des Primärstromes.

Wird die Primärspule, die m_1 Windungen haben möge, mit Wechselstrom von n Perioden in der Sekunde beschickt, so wird in der Sekundärwicklung, die m_2 Windungen haben möge, eine Spannung E_2 erzeugt, die zu der Spannung E_1 der Primärspule sich in Beziehung setzen läßt:

$$E_2 : E_1 = k \cdot m_2 : m_1 \quad . \quad . \quad . \quad . \quad . \quad (22)$$

k nennt man den **Kopplungskoeffizienten**. Er ist im Höchstfalle gleich 1, nämlich dann, wenn alle von der Primärspule erzeugten Kraftlinien die Windungen m_2 der Sekundärspule schneiden. Dies ist bei Spulen mit **geschlossenen Eisenkernen** meist der Fall, jedoch nicht bei Spulen mit offenen Kernen oder bei eisenlosen. Die Gleichung (22) kann zur Berechnung von **Transformatoren** und **Induktionsspulen** dienen, Apparaten, welche die Spannung von Wechselströmen erhöhen oder erniedrigen, je nachdem m_2 größer oder kleiner als m_1 ist.

In etwas anderer Form kann man unter Einführung der Kraftlinienzahl Z Gleichung (21) schreiben:

$$E_s = m \cdot Z \cdot f \cdot 4{,}44 \cdot 10^{-8} \text{ Volt} \quad \ldots \quad (23)$$

m = Windungszahl · Z = Kraftlinienzahl = $\mathfrak{B} \cdot F$, wenn $\mathfrak{B}$ = Induktion, F = Eisenquerschnitt in Quadratzentimetern. Analog ist für eine Spule mit zwei Wicklungen und geschlossenem Eisenkern, also $k = 1$, die Primärspannung E_1 und die Sekundärspannung E_2:

$$E_1 = m_1 \cdot Z \cdot f \cdot 4{,}44 \cdot 10^{-8} \text{ Volt} \quad \ldots \quad (24)$$

$$E_2 = m_2 \cdot Z \cdot f \cdot 4{,}44 \cdot 10^{-8} \text{ Volt} \quad \ldots \quad (25)$$

Induktionsspulen mit einer Wicklung werden als **Drosselspulen zur Schwächung von Wechselströmen** häufig angewandt. Da ihr Wechselstromwiderstand = $2 \pi f \cdot L$ mit wachsender Periodenzahl f zunimmt, so wird ihre **Drosselwirkung um so größer, je größer die Periodenzahl** ist. Spulen mit zwei Wicklungen dienen zum Umwandeln der Spannung und zur Trennung von Stromkreisen, da ja Primär- und Sekundärstromkreis galvanisch nicht mehr zusammenhängen, sondern nur durch die magnetischen Kraftlinien miteinander gekuppelt sind. (Induktive Kopplung.)

g) Wechselwirkung zwischen Strömen und Magneten.

Bringt man einen Gleichstrom führenden Leiter in ein **Magnetfeld**, so übt dieses **Kräfte auf den Leiter** aus, die den Leiter im Magnetfelde zu verschieben suchen. Auf diesem Prinzip beruhen die **Elektromotoren**. Das Magnetfeld wird elektromagnetisch erregt, die beweglichen stromdurchflossenen Leiter befinden sich auf einem Eisenkern, dem Anker, der aus einzelnen Blechen zusammengesetzt ist. Durch den Kommutator, auch Kollektor genannt, wird dafür gesorgt, daß die Kraftrichtung zwischen Feld und beweglichen Leitern (Anker) immer dieselbe bleibt. Die Windungen, welche zur Erregung des Magnetfeldes dienen, können entweder in Reihe (Reihenschlußmotoren) oder parallel (Nebenschlußmotoren) zum Anker geschaltet sein; daraus ergeben sich die Betriebseigenschaften der Motoren: **Reihenschlußmotoren** haben eine um so kleinere Umdrehungszahl in der Minute, je mehr Drehmoment sie ausüben müssen, **Nebenschlußmotoren** verringern dagegen mit steigender Belastung ihre Umdrehungszahl nur wenig.

Bewegt man dagegen in einem Magnetfelde von der Stärke $\mathfrak{H}$ einen Leiter von der Länge l mit der Geschwindigkeit v senkrecht zur Richtung der magnetischen Kraftlinien, so entsteht in dem Leiter eine **elektrische Spannung** E, die man unter Annahme eines homogenen Feldes schreiben kann:

$$E = v \cdot l \cdot \mathfrak{H} \cdot 10^{-8} \text{ Volt} \quad \ldots \ldots \quad (26)$$

Bei einer zweipoligen Feldanordnung und bei s Drähten auf dem Anker, der von Z Kraftlinien des Feldes durchsetzt sein möge, und n Umdrehungen in der Minute macher möge (Dynamomaschine), entsteht an den Stromabnehmern, den Bürsten, eine Spannung E_g.

$$E_g = \frac{s \cdot Z \cdot n}{60} \cdot 10^{-8} \text{ Volt} \quad \ldots \quad (27)$$

Voraussetzung ist, daß die im Anker entstehenden Ströme gleichgerichtet werden. Diesem Zwecke dient wieder der Kommutator. Wiederum sind die bei den Motoren beschriebenen Schaltungen der Feldspulen möglich, meist wird das Feld im Nebenschluß zum Anker geschaltet.

Ist ein Kommutator nicht vorhanden, besteht die Anker-wicklung vielmehr aus einer fortlaufenden Wicklung, deren Enden zu Stromabnehmern geführt sind, so entstehen Wechsel-ströme, deren Periodenzahl f bei Anwendung von p Polpaaren (ein Polpaar ist je ein Nord- und dazugehöriger Südpol) ist:

$$f = \frac{p \cdot n}{60} \quad \ldots \ldots \ldots \quad (28)$$

Die erzeugte Spannung E_w wird dann, wenn Z Kraftlinien pro Polpaar vorhanden sind und der Anker s Leiter, also s : 2 Win-dungen enthält:

$$E_w = 2{,}22 \cdot s \cdot f \cdot Z \cdot 10^{-8} \text{ Volt} \quad \ldots \ldots \quad (29)$$

oder

$$E_w = 2{,}22 \cdot s \cdot \frac{p \cdot n}{60} \cdot Z \cdot 10^{-8} \text{ Volt} \quad \ldots \quad (30)$$

Die induzierende Wirkung von veränderlichen Strömen oder Magnetfeldern erstreckt sich nicht allein auf Drahtwindun-gen, sondern auch auf sonstige dem veränderlichen Felde aus-gesetzte Leiter. Zum Beispiel treten Induktionsströme, sog. Wirbelströme, in Eisenkernen von Wechselstromspulen und in den Ankern von Dynamomaschinen und Motoren auf, die natürlich Wärme erzeugen und den Wirkungsgrad herabsetzen. Aus diesem Grunde wird das Eisen in senkrechter Richtung zu den Wirbelstrombahnen unterteilt, bisweilen auch die Be-wicklung. In Selbstinduktionsspulen bewirken diese Wirbel-ströme eine Verkleinerung der Selbstinduktivität, da sie ihrerseits ein magnetisches Feld erzeugen, welches dem der Spule entgegenwirkt. Die Wirbelströme lassen sich zwar nie ganz vermeiden, wenn Eisenkerne verwendet werden, aber durch Zusammensetzung der Kerne aus einzelnen Blechen, deren Trennfugen senkrecht zur Bahn der Wirbelströme liegen, doch erheblich einschränken. Die Anwendung des auf S. 7 erwähnten legierten Bleches, welches einen höheren spezifischen Widerstand als gewöhnliches Blech aufweist, ist namentlich bei hohen In-duktionen B und hohen Periodenzahlen f von Vorteil, um Ver-luste und damit die Erwärmung einzuschränken. Die Verluste durch Wirbelströme sind $f^2 \cdot B^2$ proportional, wachsen außerdem mit dem Quadrat der Blechstärke.

Auch in benachbarten Metallmassen, z. B. Spulen-flanschen oder Spulenkernen, treten Wirbelströme auf. Will man sie vermeiden, so sind diese Teile mit Schlitzen senk-recht zur Richtung der Wirbelströme zu versehen.

Während bei den Motoren auf Kosten der diesen zugeführten elektrischen Energie mechanische Arbeitsleistung ge-wonnen wird, wird bei den Dynamomaschinen durch mechanische Arbeitsleistung elektrische Energie gewonnen. Nicht der volle hineingeschickte Energiebetrag kann wiedergewonnen wer-den, ein Teil wird vielmehr in Wärme verwandelt und geht in beiden Fällen verloren. Diese Verluste betragen je nach der Größe und Bauart der Maschinen 30 bis 10 % der hineingeschick-ten Leistung, so daß das Verhältnis zwischen abgegebener und zugeführter Leistung, der Wirkungsgrad, 70 bis 90 % beträgt.

h) Stromkreise und Stromverzweigungen.

1. Sind zwei aus Drahtleitern bestehende Strom-kreise in Reihe geschaltet, von denen der erste einen Ohm-schen Widerstand R_1, der zweite R_2 haben möge, so ist der Gesamtwiderstand R für Gleich- und Wechselstrom

$$R = R_1 + R_2 \quad \ldots \ldots \ldots \quad (31)$$

2. Ist ein Ohmscher Widerstand R_1 mit einer Selbst-induktion L in Reihe geschaltet, welch letztere ohne Ohm-

schen Widerstand gedacht sei, so ist der Gleichstromwiderstand R:

$$R = R_1 \quad \ldots \ldots \ldots \quad (32)$$

der Wechselstromwiderstand $\Re$ bei f Perioden in der Sekunde:

$$\Re = \sqrt{R_1{}^2 + (2\,\pi f \cdot L)^2} \quad \ldots \ldots \quad (33)$$

3. Wird ein **Ohmscher Widerstand** R_1 **mit einem Kondensator** von der Kapazität C in **Reihe** geschaltet, so ist der **Gleichstromwiderstand** R:

$$R = \infty \quad \ldots \ldots \ldots \quad (34)$$

Der Wechselstromwiderstand $\Re$ wird bei f Perioden in der Sekunde:

$$\Re = \sqrt{R_1{}^2 + \left(\frac{1}{2\,\pi f \cdot C}\right)^2} \quad \ldots \ldots \quad (35)$$

4. Wird eine **Selbstinduktion** L und ein **Kondensator** C in **Reihe** geschaltet mit einem **Ohmschen Widerstand** R_1, so ist der **Gleichstromwiderstand**:

$$R = \infty \quad \ldots \ldots \ldots \quad (36)$$

der **Wechselstromwiderstand** $\Re$ bei f Perioden in der Sekunde:

$$\Re = \sqrt{R_1{}^2 + \left(2\,\pi f \cdot L - \frac{1}{2\,\pi f \cdot C}\right)^2} \quad \ldots \quad (37)$$

5. Wenn im Falle 4 die beiden Glieder in der Klammer gleich groß gemacht werden, was bei einer bestimmten Periodenzahl f_1 eintritt, so geht die Gleichung über in den Ausdruck:

$$\Re = \sqrt{R_1{}^2 + 0} = R_1 \quad \ldots \ldots \quad (38)$$

d. h. der Stromkreis verhält sich so, als ob nur **Ohmscher Widerstand** vorhanden wäre, der Strom wird also gegenüber allen andern Fällen einen Höchstwert aufweisen. Man bezeichnet diesen Zustand als **Resonanz**.

Es ist dann gemäß der Voraussetzung:

$$2\,\pi f_r \cdot L = \frac{1}{2\,\pi f_r \cdot C},$$

daraus berechnet sich die **Periodenzahl, bei der Resonanz** auftritt, zu:

$$f_r = \frac{1}{2 \cdot \pi} \sqrt{\frac{1}{L \cdot C}} \quad \ldots \ldots \quad (39)$$

Bei bestimmt festgelegter Periodenzahl f kann die **Resonanz** durch **Abgleichen der Selbstinduktion** auf den Betrag L_r erreicht werden:

$$L_r = \frac{1}{(2 \cdot \pi \cdot f)^2 \cdot C} \quad \ldots \ldots \quad (40)$$

oder aber durch **Abgleichen des Kondensators** auf den Betrag C_r:

$$C_r = \frac{1}{(2 \cdot \pi \cdot f)^2 \cdot L}.$$

Im Falle der Resonanz wird die bei der Entladung des Kondensators entbundene Energie zur Erzeugung des Magnetfeldes der Selbstinduktion benutzt, die Energie des Magnetfeldes wandert nach einer halben Periode jedoch wieder in den Kondensator und dient dort zum Aufbau des elektrischen Feldes, sie pendelt zwischen Selbstinduktion und Kondensator hin und her.

6. **Zwei Selbstinduktionen** L_1 und L_2 seien **in Reihe geschaltet.** Die gesamte Selbstinduktion L ist dann gleich der Summe der einzelnen:

$$L = L_1 + L_2 \quad \ldots \ldots \ldots \quad (41)$$

7. **Zwei Kondensatoren** C_1 und C_2 seien **in Reihe** geschaltet; die gesamte **Kapazität** C ist dann:

$$C = \frac{C_1 \cdot C_2}{C_1 + C_2} \quad \ldots \ldots \ldots \quad (42)$$

8. **Zwei Drähte** mit den **Ohmschen Widerständen** R_1 und R_2 seien **parallel** geschaltet, so daß die beiden Anfänge und die beiden Enden zusammen liegen. Der Strom einer Gleichstromquelle B fließt dann durch beide Widerstände, und da an R_1 sowohl wie an R_2 dieselbe Spannung herrscht, nämlich die Spannung E der Batterie, so verteilen sich die Stromstärken im umgekehrten Verhältnis der Widerstände der einzelnen Zweige. (Abb. 5.) Bezeichnet man mit I_1 und I_2 die Zweigströme, mit I den unverzweigten Strom der Stromquelle, die selbst als widerstandslos gedacht sei, so ist: $E = I_1 \cdot R_1$ für den Zweig R_1, und $E = I_2 \cdot R_2$ für den Zweig R_2. Setzt man die beiden Ausdrücke gleich, so ergibt sich, daß sich die Zweigströme umgekehrt wie die Widerstände verhalten:

$$I_1 : I_2 = R_2 : R_1 \quad (43)$$

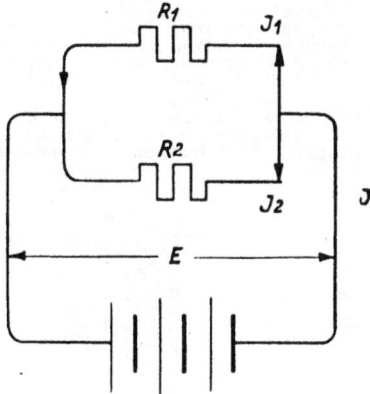

Abb. 5.

Der **Gesamtstrom** I ergibt sich als die Summe der Zweigströme $I_1 + I_2$ (Kirchhoffsche Regel 1). Sind mehr als zwei Zweige vorhanden, so gilt diese Regel für jeden Verzweigungspunkt, d. h. die Summe der zufließenden ist gleich der Summe der abfließenden Ströme.

Die **zweite Regel** besagt, daß in einem geschlossenen Stromkreise die Summe der elektromotorischen Kräfte gleich der Summe der Produkte aus Stromstärke und Widerstand der einzelnen Teile ist.

Um den **Gesamtstrom** auszurechnen, braucht man nur in der Anordnung nach Abb. 5 die Teilströme auszurechnen und zu summieren, man kann aber auch den aus der Parallelschaltung von R_1 und R_2 sich ergebenden **Kombinationswiderstand** R berechnen:

$$R = \frac{R_1 \cdot R_2}{R_1 + R_2} \quad \ldots \ldots \quad (44)$$

9. Bei **Parallelschaltung** von **Widerständen** ergibt sich ein **Kombinationswiderstand** R, dessen reziproker Wert gleich der Summe der reziproken Werte der Einzelwiderstände ist:

$$\frac{1}{R} = \frac{1}{R_1} + \frac{1}{R_2} + \frac{1}{R_3} + \frac{1}{R_4} + \frac{1}{R_5} + \ldots \frac{1}{R_n} \quad \ldots \quad (45)$$

Der Gesamtstrom I ergibt sich ebenso wie bei nur zwei
Zweigen nach dem Ohmschen Gesetz zu:

$$I = \frac{E}{R}.$$

10. Es seien n Kondensatoren von der Kapazität C_1,
C_2, C_3, C_n parallel geschaltet; dann ist die resultierende Kapazität C:

$$C = C_1 + C_2 + C_3 + \ldots C_n \quad \ldots \ldots \quad (46)$$

3. Besondere Betrachtung der Wechselströme.

a) Die Erzeugung von Wechselströmen.

Wie auf S. 10 beschrieben, können Wechselströme dadurch erzeugt werden, daß Drahtspulen an Magnetfeldern wechselnder Polarität vorübergeführt werden. Es entstehen dann
Spannungen wechselnder Richtung. Man bezeichnet
die graphische Darstellung des zeitlichen Verlaufes der
Spannung in diesem Falle als Sinuskurve, da die Spannung
sich wie der Sinus eines der Zeit proportionalen Winkels ändert,
bei dem 360 Grad der Zeit einer Periode entspricht.

Derartige sinusförmige Spannungsverläufe werden z. B.
erhalten, wenn man eine Drahtschleife $ABCD$ mit gleichmäßiger
Geschwindigkeit in einem homogenen Magnetfeld $\mathfrak{H}$ dreht.
(Abb. 6.) Über Spannung und Periodenzahl siehe S. 10.

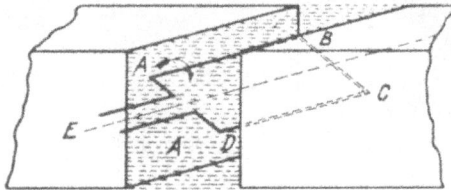

Abb. 6.

In der Schwachstromtechnik macht man häufig von dieser
Art der Wechselstromerzeugung Gebrauch. Die dazu
dienenden Apparate bezeichnet man als Magnetinduktoren.
Das feststehende Magnetfeld wird durch einen oder mehrere
permanente Stahlmagnete φ erzeugt, die zylindrisch ausge-
bohrte Polschuhe φ aus weichem Eisen mit ihren Polen berühren. In der Bohrung der Polschuhe kann sich mit geringem
Spiel ein doppel-T-förmiger Eisenkörper, Anker genannt, drehen,
dessen Steg φ mit der zu induzierenden Ankerwicklung φ bewickelt ist. Bei einer Umdrehung muß die Richtung des Magnetismus im Steg und damit in der Spule zweimal sich ändern, infolgedessen werden Ströme wechselnder Richtung in dieser induziert. Die Abhängigkeit des Spannungsverlaufes von der Zeit ist
dabei nicht mehr sinusförmig, die Kurve weist vielmehr Spitzen
φ auf, die in den Zeitpunkten auftreten, in denen die zeitlichen Änderungen des Magnetismus, der die Spule
durchsetzt, am größten sind, d. h. dann, wenn die Spitzen des
Ankers die Polschuhe verlassen und eine Art Abreißen der
Kraftlinien stattfindet. Diese Induktoren dienen zum Betriebe von Wechselstromweckern, und gerade die hohen
Spitzen der Spannungskurve sind für diesen Zweck gut geeignet.
Die Periodenzahl schwankt zwischen 15 und 25, entsprechend
15 bis 25 Ankerumläufen in jeder Sekunde. Der Antrieb erfolgt

nämlich durch ein Zahnradvorgelege, meist mit einer Über-
setzung von 1:5 bis 1:7. Das größere Rad wird mittels Hand-
kurbel gedreht.

Die elektrodynamischen und Hitzdraht-Meß-
instrumente messen nicht den Höchstwert der Spannung
oder des Stromes, sondern den Effektivwert, der so gebildet
ist, daß zusammengehörige Strom- und Spannungswerte bei einer
Belastung durch Ohmsche Widerstände die Leistung in Watt
ergeben. Bei Belastung, die außer dem Ohmschen Widerstand
noch Selbstinduktion und Kapazität enthält, ergibt jedoch das
Produkt aus den Effektivwerten von Strom I und Spannung E,
also $E \cdot I$, nicht mehr die Leistung N, sondern diese wird erhalten, indem man einen Faktor hinzufügt, den man als
Leistungsfaktor cos φ bezeichnet.

$$N = E \cdot I \cdot \cos \varphi \quad \ldots \ldots \ldots \quad (47)$$

Bei Belastung durch einen Kondensator oder eine
Selbstinduktion ohne Ohmschen Widerstand (idealer
Fall!), würde cos $\varphi = 0$, also auch $N = 0$ sein, bei Belastung
durch einen Ohmschen Widerstand würde cos $\varphi = 1$ sein, die
Leistung also einen Höchstwert erreichen, da cos φ den Wert 1
nicht überschreiten kann. (Abb. 7.) Dasselbe ist der Fall bei

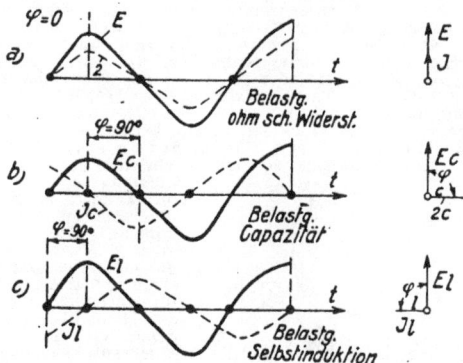

Abb. 7.

Resonanz. φ ist derjenige Winkel (als Teil einer Periode
$= 360$ Grad gedacht), den Spannung und Strom miteinander
bilden. Bei Belastung durch Ohmsche Widerstände treten
die Maxima von Strom und Spannung zu denselben Zeiten
auf, d. h. $\varphi = 0$.

Bei induktiver Belastung eilt die Spannung E_l dem Strome
I_l um den Winkel φ_l voraus, bei kondensatorischer Belastung
umgekehrt der Strom I_c der Spannung E_c. Zur Vereinfachung
der Vorstellung bedient man sich der in Abb. 7 rechts benutzten Darstellungsweise durch Vektoren.

Zur Leistungsmessung dienen Wattmeter. Diese enthalten eine feststehende, vom Strom I durchflossene Strom-
spule a, durch deren Feld eine Spule b mit hohem Widerstand
entgegen der Kraft einer Feder f gedreht werden kann, die mit
einem Zeiger verbunden ist und an deren Enden die Spannung E
angelegt ist (Abb. 8). Das auf diese Spule ausgeübte Drehmoment
und damit der Ausschlag des Zeigers entspricht $E \cdot I \cdot \cos \varphi$, also

der Leistung N. Wird außerdem durch einen Strommesser I und durch einen Spannungsmesser E gemessen, so erhält man $\cos \varphi$, den Leistungsfaktor, indem man die Angaben des Wattmeters durch das Produkt der Angaben der beiden anderen Instrumente dividiert, denn es ist:

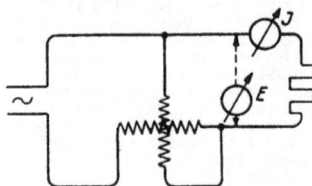

Abb. 8.

$$\frac{E \cdot I \cdot \cos \varphi}{E \cdot I} = \cos \varphi \quad (48)$$

Wechselströme entstehen auch durch mechanische Umschaltung von Gleichstrom; diese Polwechsler genannten Einrichtungen erhalten ihren Antrieb entweder durch Motoren oder durch Selbstunterbrecher nach Art der bekannten Gleichstromwecker. Die Kurvenform weicht natürlich sehr erheblich von der Sinusform ab, kann aber durch Kondensatoren verbessert werden.

Durch die sogenannten Gleichrichter kann man umgekehrt Wechselströme gleichrichten, und so z. B. Akkumulatoren aus Wechselstromnetzen laden. Diesem Zwecke dienen entweder Wechselstrommotoren, die eine Gleichstromdynamo antreiben (Umformer), oder vom Wechselstrom angetriebene schwingende Schalter, die durch geeigneten Schluß von Kontakten, der im Takte des Wechselstroms erfolgt, die Gleichrichtung bewirken (Pendelgleichrichter). Mehr und mehr bürgern sich die Quecksilberdampf-Gleichrichter ein, deren Wirkung darauf beruht, daß erhitzter Quecksilberdampf den Strom nur in einer Richtung leitet. Abb. 9 stellt einen solchen Gleichrichter dar: Die Primärwicklung m_1 eines Transformators T ist mit dem Wechselstromnetz N verbunden. Die Netzspannung $E w$ wird durch die Sekundärwicklung m_2 auf einen geeigneten Betrag transformiert. m_2 ist in der Mitte über die zu ladende Batterie B mit der Quecksilberkathode K des entlüfteten Gefäßes G verbunden, die beiden Enden der Wicklung m_2 dagegen führen zu den Anoden A_1 und A_2 aus Eisen oder harter Kohle. Eine kleine zur Einleitung eines Lichtbogens bei der Inbetriebsetzung dienende Hilfsanode ist nicht gezeichnet.

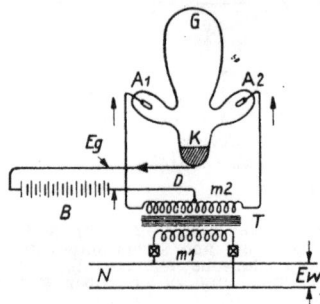

Abb. 9.

Da der Quecksilberdampf nur in Richtung von A_1 oder A_2 nach K leitend ist, dagegen nicht in umgekehrter Richtung, so wird die Batterie nur in Richtung von K nach D von Strom durchflossen, einerlei, welche Richtung die Spannung in m_2 besitzt. Die Verluste sind nur gering, so daß der Wirkungsgrad ziemlich hoch ist. Dieser hängt allerdings von der Spannung ab und wird um so höher, je größer die Gleichstromspannung ist. Da diesen Gleichrichtern alle beweglichen Teile fehlen, so bedürfen sie keiner Wartung, ihre Lebensdauer ist mehrere tausend Stunden.

Auch die Übertragung der Sprache beim Telephon geschieht durch Wechselströme, deren Frequenz entsprechend den zu übertragenden Tönen und Geräuschen etwa zwischen 40 und 10000 in der Sekunde schwankt und deren Spannung der jeweiligen Lautstärke entspricht. Von der Gleichmäßigkeit der Übertragung der verschiedenen Frequenzen hängt die Güte der Sprechverständigung ab. Die bei Messungen meist zugrunde gelegte mittlere Frequenz ist 800 Hertz, also $2 \cdot \pi \cdot f = \omega = 5000$.

b) Fortpflanzung von Wechselströmen in langen Leitungen.

Fernsprechströme sind Wechselströme veränderlicher Periodenzahl und Stromstärke. In langen Fernleitungen treten folgende Erscheinungen auf:

1. Die Spannung fällt gegen das Ende der Leitung ab, weil:
   a) der Ohmsche Widerstand R beim Durchfließen des Stromes einen Spannungsverlust bedingt,
   b) der Selbstinduktionskoeffizient L der Leitung gleichfalls einen Spannungsverlust verursacht.
2. Die Stromstärke wird gegen das Ende der Leitung geringer, weil:
   c) die Kapazität C zwischen den beiden Leitungen ein Abfließen von Strom durch das Dielektrikum hindurch von einer Leitung zur andern bewirkt,
   d) die Isolation zwischen beiden Leitungen und Erde nie vollkommen ist, sondern stets eine Ableitung G vorhanden ist. Diese letztere werde in Siemens (s. S. 22) gemessen.

Die Größen R, L, C, G seien pro Kilometer Leitungslänge angenommen.

Man unterscheidet dann zwei Fälle:

A. Kabelleitung: Bei dieser ist der Selbstinduktionswiderstand klein gegen den Ohmschen, ferner ist die Ableitung meist klein gegen die Stromverluste aus der Kapazität. Bezeichnet I_a den Strom am Anfange, I_e den am Ende der Leitung von 1 km Länge, so ist:

$$I_e = 2 \cdot I_a \cdot e^{-\beta \cdot l} = \frac{2 \, I_a}{e^{\beta l}} \quad \ldots \ldots (49)$$

$e = 2{,}718$, die Basis der natürlichen Logarithmen.

Man nennt β die spezifische Dämpfung, βl die Gesamtdämpfung der Leitung. Für die Kabelleitung berechnet sich β unter Annahme einer bestimmten Periodenzahl f der Sprechströme:

$$\beta = \sqrt{\frac{2 \, \pi \, f \cdot C \cdot R}{2}} \quad \ldots \ldots (50)$$

B. Freileitung: Hier sind alle Ursachen für die Schwächung der Sprechströme und Spannungen zu berücksichtigen. Es wird dann nach Breisig:

$$\beta = \frac{R}{2} \sqrt{\frac{C}{L}} + \frac{G}{2} \sqrt{\frac{L}{C}} \quad \ldots \ldots (51)$$

In manchen Fällen kann man die Ableitung G vernachlässigen, dann ist:

$$\beta = \frac{R}{2} \sqrt{\frac{C}{L}} \quad \ldots \ldots \ldots (52)$$

Diese Formel gilt jedoch nur, wenn $2 \, \pi f \cdot L$ groß gegen R ist

Kal. f. Schwachstrom-Install.   2

Für die Beziehung zwischen I_a und I_e gilt gleichfalls Formel (49).

Durch Versuche ist festgestellt, daß bei Verwendung der üblichen Energiemengen, wie sie am Anfang der Leitung von einem Mikrophon geliefert werden, die Sprechverständigung bei $\beta \cdot l = 2$ vorzüglich ist, dagegen bei $\beta \cdot l = 5$ kaum möglich ist.

Man muß also danach streben, die Dämpfung der Leitung möglichst zu verringern. Die kann dadurch geschehen, daß:

1. der Leiterquerschnitt möglichst groß gemacht und dadurch der Ohmsche Widerstand verringert wird,

2. die Kapazität verkleinert wird, z. B. durch Luftisolation der Leiter bei Kabeln,

3. die Selbstinduktion vergrößert wird (s. Formel 52).

Diese letztere Methode ist von Pupin durch Einschalten von Selbstinduktionsspulen in Kabeln und Freileitungen (Pupinisieren) und von Krarup durch Konstruktion eines Kabels, dessen Leiter mit dünnem Eisendraht umwickelt sind, mit Erfolg angewendet worden. Es sind Leitungen bis 5000 km für Fernsprechzwecke im Betriebe.

Ein weiteres Mittel zur Vergrößerung der Reichweite liegt in der Erhöhung der Anfangsenergie durch Benutzung besonders kräftiger Mikrophone, z. B. der Lautsprech-Mikrophone, oder in der Einschaltung von Lautverstärkern, die eine quantitative Vermehrung der Sprechenergie durch Steigerung ihrer Stromstärke und Spannungen bewirken (Anfangsverstärkung). Endlich kann man solche Verstärker auch am Ende der Leitung zur Verstärkung der schwachen dort ankommenden Sprechströme anwenden (Endverstärkung). Die in die Leitungen eingeschalteten Verstärker, die in beiden Sprechrichtungen verstärken, heißen Zwischenverstärker.

Elektronen-Entladungsröhren als Verstärker.

In einer möglichst vollkommen entlüfteten Glasröhre V (Abb. 10) befinden sich drei Elektroden, und zwar ein Glühfaden F,

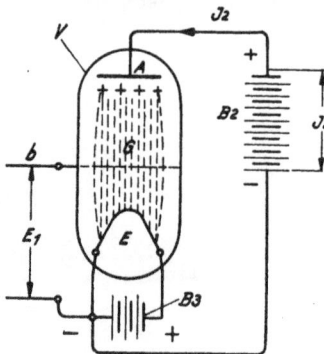

Abb. 10.

die sog. Glühkathode, ferner ein Gitter G aus Metall und eine Platte A aus Metall, die Anode. Die Glühkathode F wird auf schwache Rotglut oder bei Wolframfäden auf Weißglut durch eine Akkumulatorenbatterie B_3 geheizt, die meist eine Spannung E_3 von 2 bis 6 Volt, je nach den Abmessungen des Glühfadens, hat. Unter dem Einflusse der Erwärmung sendet nun der Glühfaden negativ geladene elektrische Teilchen, sog. Elektronen, aus, die sich in Form einer Wolke um den Faden herum lagern. Wird nun aber an die Anode A eine + Spannung E_2, herrührend von einer zweiten Batterie B_2, deren — Pol mit dem Faden verbunden ist, angelegt, so saugt die nunmehr positiv geladene Anode A

die negativen Elektronen des Fadens an, und ein ununterbrochener Elektronenstrom wird sich durch das Gitter G hindurch vom Faden F zur Anode A begeben. Er wird hier einen Teil der $+$ Ladung aufheben, und die Folge davon ist, daß aus der Batterie B_2 immer neue $+$ Elektrizität nachströmen muß, und zwar mit einer Stromstärke i_2, die der des Elektronenstroms in der Röhre entspricht.

Ladet man nun· aber das Gitter G durch Anlegen einer Spannung E_1 zwischen a und b negativ, so wird in der Gitterebene die Wirkung des positiven Anodenfeldes aufgehoben oder doch geschwächt, so daß die Elektronen an dieser Stelle ihre Geschwindigkeit, die ja durch die Stärke des dort herrschenden $+$ Feldes bedingt ist, einbüßen. Der Elektronenstrom wird geschwächt, sobald am Gitter G negative Ladung herrscht, und infolgedessen wird auch I_2 verringert. Bei $+$ Ladung des Gitters wird umgekehrt eine Beschleunigung der Elektronenströmung und damit eine Verstärkung von I_2 herbeigeführt, da die Ladung das von der Anode in der Gitterebene herrührende elektrische Feld verstärkt.

Die Ladung des Gitters mit positiver oder negativer Elektrizität kann nun durch sehr kleine Elektrizitätsmengen, also fast ohne Aufwendung von Energie erfolgen, da ein Energieverbrauch nicht stattfindet. In dieser Tatsache liegt die Verwendbarkeit der Einrichtung als Verstärker begründet. Die schwachen Fernsprechströme werden nur zur Herstellung der Gitterspannung, also der Gitterfelder benutzt, ohne sonst Arbeit zu verrichten, wie dies beispielsweise der Fall sein würde, wenn an derselben Stelle ein Telephon unmittelbar zu betreiben wäre. Die Feldänderungen am Gitter bewirken dann sehr erhebliche Änderungen des durch die Batterie B_2 gelieferten Elektronenstromes I_2, und dieser kann nun zum Betriebe eines Hörers benutzt werden, der die Sprache dann verstärkt wiedergibt. Als Anodenbatterie benutzt man kleine Trockenelemente.

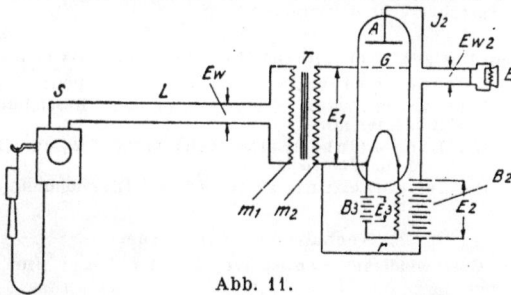

Abb. 11.

In Abb. 11 ist das Leitungsschema eines solchen Verstärkers wiedergegeben: Die Sendestation S schickt ihre Fernsprechströme in eine Fernleitung L. Am Ende der Leitung durchfließen die dort ankommenden schwachen Ströme die Primärwindungen m_1 eines Transformators T (2000 bis 5000 Windungen) und erzeugen in den Sekundärwindungen m_2 (16000 bis 40000 Windungen) eine entsprechend dem Übersetzungsverhältnis erhöhte Spannung E_1. Diese Spannung ist an das Gitter G der Röhre angeschlossen und dient zur Erzeugung des Gitterfeldes, beeinflußt also so den Strom I_2

des Anodenkreises, der nun den Fernhörer E und die Anodenbatterie B_2 enthält. Die Spannung dieser Batterie E_2 richtet
sich nach der Bauart der Röhre und beträgt im allgemeinen
50 bis 100 Volt. Die Heizung des Fadens erfolgt durch eine
Batterie B_3 von einer Spannung E_3 von 2 bis 6 Volt, die gegebenenfalls durch einen Vorschaltewiderstand R geregelt
werden kann. Die Stromstärke I_2 beträgt 0,5 bis 5 Milli-
ampere, die Verstärkung der Spannung. E_{w_2} am Hörer E gegen
die Spannung E_{w_1} am Ende der Fernleitung beträgt das 10-
bis 15fache, die Verstärkung der entsprechenden Ströme das
30- bis 50fache, so daß die Leistung um das Produkt beider,
also das 300- bis 750fache, verstärkt werden kann.

Häufig will man eine noch stärkere Wirkung erzielen;
man schaltet dann an Stelle des Hörers E eine weitere Induk-
tionsspule ein, deren Sekundärspannung man dem Gitter einer
zweiten Röhre zuführt, die im übrigen in ihrer Wirkung der
ersten gleicht, aber bereits verstärkte Sprechströme zugeführt
erhält, also auch größere Wirkung als eine Röhre allein geben
kann. Dieselbe Schaltung kann man mit noch mehr Röhren
wiederholen. Man bezeichnet eine solche als Kaskaden-
schaltung, wendet aber nicht gerne mehr als zwei oder drei
Röhren in Kaskade an, da sonst leicht die auch mitverstärkten
Nebengeräusche zu störend werden.

Die fast gänzliche Masselosigkeit der elektrischen
Teilchen, die als Träger der Verstärkerwirkung dienen, sowie
das Fehlen mechanisch beweglicher Teile sichern der
Elektronenentladungsröhre für Verstärkerzwecke ein weites
Gebiet der Anwendung in der Fernsprechtechnik. Durch die
Einführung der Doppelgitterröhren ist es gelungen, die Anoden-
spannung auf ca. 12 Volt zu reduzieren.

Diese Verstärker werden nur in der einen Richtung vom
Strom durchflossen, so daß ohne weiteres ein verstärktes
Gegensprechen in beiden Richtungen nicht möglich
ist wie bei Einschaltung einer gewöhnlichen Fernsprechstation.
Durch besondere Schaltungen läßt sich aber trotzdem ein
Gegensprechverkehr durchführen.

4. Das elektromagnetische Maßsystem (cgs-System).

Als Grundlage für die Maßeinheiten dienen:

Die Masseneinheit, das Gramm = g (Bezeichnung
der Masse: m).

Die Längeneinheit, das Zentimeter = cm (Bezeichnung der Länge: l).

Die Zeiteinheit, die Sekunde = s (Bezeichnung der
Zeit: t).

a) Mechanische Einheiten.

1. **Geschwindigkeit** = v ist Weg l in der Zeit t; also:

$$v = \frac{l}{t} = l \cdot t^{-1} = \text{cm} \cdot s^{-1}.$$

2. **Beschleunigung** = b ist Zunahme der Geschwindigkeit
in jeder Sekunde:

$$b = \frac{v}{t} = \frac{l \cdot t^{-1}}{t} = l \cdot t^{-2} = \text{cm} \cdot s^{-2}.$$

3. **Kraft** = P ist Masse mal Beschleunigung, Einheit das
Dyn:

$$P = m \cdot b = m \cdot l \cdot t^{-2} = g \cdot \text{cm} \cdot s^{-2} = \text{Dyn}.$$

4. Energie oder Arbeit, gleich Wärmemenge $= Q$. Eine Kraft v.errichtet die Arbeit 1, wenn sie während eines Weges von l cm wirksam ist. Einheit das Erg:

$$Q = m \cdot l \cdot t^{-2} \cdot l = m \cdot l^2 \cdot t^{-2} = g \cdot cm^2 \cdot s^{-2} = Erg.$$

5. Leistung $= N$ ist die Arbeit in jeder Sekunde. Einheit im elektromagnetischen Maßsystem das Watt.

$$W = m \cdot l^2 \cdot \frac{t^{-2}}{t} \cdot 10^{-7} = m \cdot l^2 \cdot t^{-3} \cdot 10^{-7}$$
$$= g \cdot cm^2 \cdot s^{-3} \cdot 10^{-7} = Watt.$$

Der Faktor 10^{-7} rührt aus der Definition des praktischen (elektrotechnischen) Maßsystems her.

b) Magnetische Einheiten.

6. Magnetische Polstärke $= p$. Ein Einheitspol ist derjenige, der auf einen gleichen im Abstande von 1 cm die Kraft eines Dyn ausübt. Die Kraft ist gleich dem Produkt aus den beiden sich beeinflussenden Polstärken und umgekehrt proportional dem Quadrat ihrer Abstände, also:

Kraft $= p_1 \cdot p_2$: Abstand$^2 = p^2 \cdot l^{-2}$, wenn $p_1 = p_2 = p$ ist. Kraft war nach 3: $k = m \cdot l \cdot t^{-2}$, also $m \cdot l \cdot t^{-2} = p^2 \cdot l^{-2}$ oder: $p^2 = m \cdot l^3 \cdot t^{-2}$, daraus:

$$p = m^{1/2} \cdot l^{3/2} \cdot t^{-1} = g^{1/2} \cdot cm^{3/2} \cdot s^{-1}.$$

7. Magnetische Feldstärke $= \mathfrak{H}$. Einheitsfeld ist dasjenige, in dem der Einheitspol p senkrecht zur Richtung der Kraftlinien mit der Kraft P gleich 1 beeinflußt wird. Diese Kraft P ist proportional der Feldstärke und der Polstärke:

$$P = \mathfrak{H} \cdot p; \quad \mathfrak{H} = \frac{P}{p},$$
$$\mathfrak{H} = \frac{m \cdot l \cdot t^{-2}}{m^{1/2} \cdot l^{3/2} \cdot t^{-1}} = m^{1/2} \cdot l^{-1/2} \cdot t^{-1}$$
$$= g^{1/2} \cdot cm^{-1/2} \cdot s^{-1}.$$

Dieselbe Dimension hat die magnetische Induktion $\mathfrak{B}$. Die Einheit wird als Gauß bezeichnet.

c) Elektrische Einheiten.

8. Stromstärke $= I$. Zwei Ströme, die durch zwei parallele Leiter von der Länge l im Abstande a voneinander fließen, üben aufeinander eine Kraft P aus, die, wenn die Stromstärke in beiden Leitern dieselbe $= I$ ist, geschrieben werden kann:

$$P = \frac{I^2 \cdot l^2}{a^2} = m \cdot l \cdot t^{-2} \text{ also:}$$
$$I^2 = \frac{m \cdot l \cdot t^{-2} \cdot a^2}{l^2} = m \cdot l \cdot t^{-2}, \text{ weil } a \text{ eine Länge ist.}$$
$$I = m^{1/2} \cdot l^{1/2} \cdot t^{-1} = g^{1/2} \cdot cm^{1/2} \cdot s^{-1}.$$

Die praktische Einheit heißt Ampere und ist der 10. Teil der vorstehenden, Weber genannten Einheit. Also:

$$1 A = \text{ein Ampere} = g^{1/2} \cdot cm^{1/2} \cdot s^{-1} \cdot 10^{-1}.$$

9. Elektromotorische Kraft oder Spannung. Bewegt man in einem magnetischen Felde $\mathfrak{H}$ einen Stromleiter von der Länge l mit einer Geschwindigkeit v senkrecht zur Richtung der Kraftlinien, so entsteht in ihm eine Spannung E:

$$E = v \cdot \mathfrak{H} \cdot l.$$

Die Einheit der Spannung kommt dann zustande, wenn $l = 1$, $v = 1$ und $\mathfrak{H} = 1$ wird, also:

$$E = l \cdot t^{-1} \cdot m^{1/2} \cdot l^{-1/2} \cdot t^{-1} \cdot l$$
$$= m^{1/2} \cdot l^{3/2} \cdot t^{-2} = g^{1/2} \cdot cm^{3/2} \cdot s^{-2}.$$

Als praktische Einheit gilt das 10^8 fache dieses Wertes. Sie heißt Volt.

$$1 \; V = \text{ein Volt} = g^{1/2} \cdot cm^{3/2} \cdot s^{-2} \cdot 10^8.$$

10. Elektrische Leistung $= N$ ist bereits unter 5 aus den mechanischen Maßen abgeleitet, ergibt sich aber auch als Produkt von Spannung und Stromstärke $=$ Watt $=$ V $\cdot$ A $= N$.

$$N = e \cdot i = g^{1/2} \cdot cm^{3/2} \cdot s^{-2} \cdot 10^{+8} \cdot g^{1/2} \cdot cm^{1/2} \cdot s^{-1} \cdot 10^{-1}$$
$$= g \cdot cm^2 \cdot s^{-3} \cdot 10^{-7} = \text{Watt}.$$

11. Elektrizitätsmenge $= Q$ ist das Produkt aus der Stromstärke und der Zeit t, also:

$$Q = I \cdot t = m^{1/2} \cdot l^{1/2} \cdot t^{-1} \cdot t = m^{1/2} \cdot l^{1/2}$$
$$= g^{1/2} \cdot cm^{1/2} \cdot 10^{-1} \; \text{Amperesekunden} = 1 \; \text{Coulomb}.$$

12. Kapazität $= C$. Die von einem Kondensator c aufgenommene Elektrizitätsmenge Q ist proportional der Spannung am Kondensator und der Kapazität C, also:

$$Q = E \cdot C; \quad C = \frac{Q}{E} = \frac{g^{1/2} \cdot cm^{1/2} \cdot 10^{-1}}{g^{1/2} \cdot cm^{3/2} \cdot s^{-2} \cdot 10^8} = cm^{-1} \cdot s^2 \cdot 10^{-9}$$

Diese Einheit heißt Farad, der 10^{-6}te Teil wird Mikrofarad μ F genannt.

13. Induktionskoeffizient $= L$. Die in einem Leiter induzierte Spannung ist proportional der Änderungsgeschwindigkeit v und der Stromstärke I, die während der betrachteten Zeit entsteht oder verschwindet; ferner dem Induktionskoeffizienten L:

$$E = \frac{I \cdot L}{t}, \text{ also: } L = \frac{E \cdot t}{I}$$
$$= \frac{g^{1/2} \cdot cm^{3/2} \cdot s^{-2} \cdot 10^{+8} \cdot s}{g^{1/2} \cdot cm^{1/2} \cdot s^{-1} \cdot 10^{-1}} = cm \cdot 10^9 = \text{Henry}.$$

Diese Einheit wird als Erdquadrant oder Henry bezeichnet.

14. Widerstand $= R$. Die Einheit kann aus dem Ohmschen Gesetz als Quotient aus Spannung E und Stromstärke I abgeleitet werden. Die Einheit ist das Ohm.

$$R = \frac{E}{I} = \frac{g^{1/2} \cdot cm^{3/2} \cdot s^{-2} \cdot 10^8}{g^{1/2} \cdot cm^{1/2} \cdot s^{-1} \cdot 10^{-1}} = cm \cdot s^{-1} \cdot 10^9 = \text{Ohm}.$$

Der reziproke Wert des Widerstandes wird als Leitfähigkeit bezeichnet. Einheit S $=$ Siemens. Außerdem ist namentlich bei physikalischen Betrachtungen das elektrostatische Maßsystem im Gebrauch, dessen Einheiten für die Elektrizitätsmenge mit der des elektromagnetischen Systems durch die Lichtgeschwindigkeit $= 3 \cdot 10^{10}$ cm in der Sekunde zusammenhängt.

II. Stromquellen.

1. Elemente.

Zur Speisung von Schwachstromapparaten für Gleichstrom verwendet man in den meisten Fällen Stromquellen, die auf Grund chemischer Vorgänge ihre elektrische Energie selbst erzeugen. Man unterscheidet hierbei nasse und sog. Trockenelemente. Eine besondere Abart der letzteren bilden die Füll- oder Dauerelemente. Für Trockenelemente wird die Erregerflüssigkeit durch Zusatz von bindenden Substanzen zu einer breiartigen Masse verdickt. Je nach der von den Elementen zu leistenden Arbeit unterscheidet man solche für intermittierenden Betrieb (Arbeitsstromelemente) und solche für dauernde Belastung (Ruhestromelemente).

a) Arbeitsstromelemente.

Die Entscheidung, ob nasse oder Trockenelemente aufzustellen sind, richtet sich lediglich nach dem Verwendungszweck und den örtlichen Verhältnissen. Nasse Elemente, welche meist Glasgefäße besitzen, werden nur für stationäre Anlagen verwendet, in welchen die Gläser gegen äußere Beschädigung und plötzlich auftretende hohe Temperaturunterschiede geschützt sind. Wo diese Bedingungen nicht zutreffen, vielmehr mit einem häufigen Wechsel des Standortes und der Lage der Elemente zu rechnen ist, wie z. B. Prüf- und Laboratoriumszwecke, tragbare Telephonstationen, Meßbrücken, Isolationsprüfer usw., verwendet man nur Trockenelemente. Die weitverbreitete Anwendung von Trockenelementen in der Radiotechnik, zu Taschenlampen usw. ist bekannt. Ein großer Vorteil der Trockenelemente besteht in der sofortigen Betriebsbereitschaft und der leichten und ungefährlichen Versandfähigkeit. Fertige Trockenelemente soll man jedoch nicht zu lange lagern lassen, da sie infolge Selbstentladung ihre Wirksamkeit nach längerer Zeit verlieren. Ist ein langes Lagern von Elementen, wie z. B. beim Überseetransport, nicht zu umgehen, so sind nachfüllbare Dauertrockenelemente zu empfehlen, welche eine unbegrenzte Lagerfähigkeit besitzen.

Oft tritt an den Installateur die Frage heran, welche Elemente in bezug auf Kapazität für Neuanlagen am vorteilhaftesten. und billigsten sind. Die Beantwortung dieser Frage hängt ganz davon ab, wie oft und wie lange und mit welcher Stromstärke das Element belastet wird. Je nach Belastung der Elemente ist auch die Kapazität zu bemessen. Man kann auch nicht in allen Fällen die Wahl der Größe der Elemente von der Größe der Anlage abhängig machen, denn es ist z. B. möglich, daß in einer Reihenschaltungsanlage für 3 Amtsleitungen und 15 Nebenstellen weniger und kürzere Gespräche geführt werden wie in einer Anlage für 2 Amtsleitungen und 10 Nebenstellen. Maßgebend ist also nur die Gebrauchszeit ·und nicht die Größe der Anlage.

Auf alle Fälle empfiehlt es sich, die Zahl der Elemente nach folgender Formel zu berechnen, da ein »Zuviel« fast nachteiliger ist als eine zu gering bemessene Zahl von Elementen. Wenn $i =$ die zum Betriebe der Apparate erforderliche Stromstärke, $z =$ den inneren Widerstand eines Elementes (neu 0,1, alt 1 Ohm), $W =$ den Apparatwiderstand, $w =$ den Leitungs-

widerstand, $e =$ die Spannung eines Elementes (neu 1,5, gebraucht 1,2 Volt) bezeichnet, so wird die erforderliche Zahl der
Elemente:

$$x = \frac{i \cdot (W + w)}{e - z \cdot i} \, .$$

Das Resultat ist auf eine volle Zahl abzurunden.

b) Ruhestromelemente.

Diese werden angewandt für Sicherheitsanlagen jeder Art.
Geeignet hierzu sind Beutelelemente mit ca. 25 cm hohem Glas.
Um die Erholungsfähigkeit dieser Elemente auszunutzen, werden zwei Serien vorgesehen, von denen die eine durch einen
doppelpoligen Umschalter täglich ein- und die andere ausge-
schaltet wird. Für größere Ruhestromanlagen bis zu 30 Milli-
ampere Dauerstromentnahme ist es vorteilhaft, große Mammut-
elemente aufzustellen. Diese sind ferner auch da vorteilhaft zu
verwenden, wo größere Stromentnahme für intermittierenden
Betrieb verlangt wird, wie z. B. für Grubensignalanlagen,
Feuermelderanlagen, kleinere Glühlampenschränke, Parallel-
schaltungsanlagen, Uhrenanlagen usw. Für größere Stromentnahmen sind stets Akkumulatoren zu verwenden.

c) Aufstellung und Wartung der Elemente.

Als Ort für die Aufstellung der Elemente wähle man
einen kühlen, frostfreien, nicht feuchten und nicht der direkten
Wärme ausgesetzten Raum. Ferner empfiehlt es sich, die Batterien in einem Elementschrank unterzubringen. Nachfüllbare
Trockenelemente sind nur an trockenen Orten aufzubewahren.
Je nach Beanspruchung der Elemente ist eine Wartung derselben nötig. Zum Neuansetzen löse man das Erregersalz in
einer drei- bis vierfachen Wassermenge auf. Als Wasser verwende. man möglichst destilliertes oder Regenwasser. Sobald
die ganze Erregermenge sich in dem Wasser aufgelöst hat,
setze man die Elemente an und fülle noch so viel Wasser nach,
daß der Braunsteinbeutel ca 1 cm unter Wasser steht. Beim
Ansetzen soll die Lösung möglichst Zimmertemperatur besitzen. Nach dem Ansetzen ist die Flüssigkeit mit einem
Holzstab vorsichtig umzurühren. Man verwende als Erregersalz nur die von uns speziell für Lunaelemente zusammen-
gesetzte Mischung, da der gewöhnliche Salmiak meist unrein
ist. Für Elemente, welche lange im Betrieb sein sollen, empfiehlt sich die Verwendung von 100 g Erregersalz auf 1 l Wasser.
Elemente, welche stärker beansprucht werden sollen, erhalten
vorteilhaft die doppelte Erregerlösung auf 1 l Wasser. In
letzterem Falle ist das verdunstete Wasser möglichst nachzufüllen. Besonders zu achten ist, daß eine Berührung zwischen Zink und Kohle nicht eintreten darf. Alle außerhalb
der Flüssigkeit befindlichen Teile müssen absolut trocken bleiben. Milchige Färbung der Erregerflüssigkeit sowie der Belag
von weißen Kristallen auf der Zinkoberfläche sowie auf den
Braunsteinbeuteln sind meist die Folge einer mangelhaften
Wartung oder einer zu großen Belastung. Die durchschnitt-
liche offene Spannung der Lunaelemente beträgt 1,4 Volt.
Beim Sinken der Spannung unter 1 Volt sind die Elemente
neu anzusetzen. Beutelelemente mit normaler Erregersalz-
lösung sind folgendermaßen zu erneuern. Die Zinke sind von
dem Belag zu reinigen oder durch neue zu ersetzen. Die Braunsteinbeutel sind zu erneuern.

Die nachfüllbaren Trockenelemente werden nur mit Wasser
gefüllt. Das überschüssige Wasser ist abzugießen. Ca. 2 Stunden hiernach ist das eingesogene Wasser nachzufüllen, die
Elemente sind dann gebrauchsfähig.

d) Prüfung von Elementen.

Die Prüfung von Trockenelementen wird gewöhnlich in sehr ungeeigneter Weise vorgenommen. Der »Verband Deutscher Elektrotechniker« hat Bestimmungen für die Messung von Elementen angegeben (siehe Tabelle »Vorschriften und Normen für galvanische Elemente«). Hiernach soll ein Element nicht über ein Amperemesser auf Kurzschlußstromstärke geprüft werden, da es hierdurch sehr geschwächt wird und außerdem die Kurzschlußstromstärke keinerlei Maß für die Brauchbarkeit ergibt. Um nicht nur die offene Spannung ohne Belastung durch ein Voltmesser festzustellen, ist eine Messung bei Belastung des Elementes mit einem Widerstand von 1 Ohm vorgesehen. Der Widerstand ist bei den Voltmessern mit einer Taste wahlweise einzuschalten. Es wird hierbei darauf hingewiesen, daß als mittlere Spannung eines Elementes bei Belastung etwa 0,9 Volt angenommen werden müssen, da die Anfangsspannung von 1,5 Volt verhältnismäßig schnell sinkt und der Hauptteil der Leistung unter 1,1 Volt Spannung liegt.

2. Akkumulatoren.

Für größere Stromentnahmen, bei denen Primärelemente zu leicht erschöpft werden oder nicht mehr ausreichen, verwendet man Sekundärbatterien oder Akkumulatoren. Man unterscheidet drei verschiedene Akkumulatorentypen:

a) Masseplattenakkumulatoren.

Sie sind besonders geeignet für ununterbrochene oder unterbrochene Entladungen mit geringen Stromstärken, so daß eine Wiederaufladung erst nach mehreren Wochen notwendig wird. Die Elemente sind vor zu starker Ladung und Entladung zu schützen. Die Säuredichte muß 1,24 (28° B.) betragen.

b) Akkumulatoren mit Großoberflächenplatten,

besonders für Entnahme von hohen Stromstärken geeignet. Sie sollen nach mindestens 6 Wochen wieder aufgeladen werden. Längeres Stehenlassen von vollständig oder teilweise entladenen Elementen ist zu vermeiden. Diese Akkumulatoren sind besonders für Dauerladung mit schwachem Strom und kurzzeitiger Abgabe starker Stromstöße geeignet. Die Säuredichte soll 1,18 (22° B.) betragen.

c) »Accomet«-Zellen als Ersatz für Primärelemente.

Sie sind in der Lage, bis zu 12 Monaten ohne Nachladung in Betrieb zu bleiben, da der Selbstverbrauch besonders niedrig ist. Der Akkumulator ist also für zeitweise Entladung mit geringen Stromstärken ohne besondere Wartung geeignet. Die Säuredichte beträgt 1,24 (28° B.).

d) Es wird besonders darauf hingewiesen, daß zur Füllung der Elemente nur chemisch reine Schwefelsäure und destilliertes Wasser zu verwenden ist (siehe »Werkstattrezepte«). Die Ladung der Zellen ist beendet, wenn jede Zelle eine Spannung von 2,6 Volt zeigt. Für diesen Zustand sind die oben angegebenen Säurewerte richtig. Bei der Entladung des Akkumulators sinkt die Säuredichte. Eine Entladung der Zellen unter 1,8 Volt ist schädlich, da sich auf den Platten weißes Bleisulfat bildet, welches sowohl die Kapazität, wie auch die Lebensdauer einer Zelle stark beeinträchtigt und sich nur schwer wieder umwandeln läßt. Langes Stehenlassen der Batterien in ungeladenem Zustande wirkt ebenfalls schädlich, besonders wenn es sich um Zelluloidzellen handelt. Bei normalem

Betriebe sind die Akkumulatoren nur mit destilliertem Wasser nachzufüllen, da die Säure stets mindestens 1 cm über dem oberen Plattenrand stehen muß. Beim Laden ist besonders darauf zu achten, daß die Pole des Akkumulators mit den gleichnamigen Polen der Ladestromquelle verbunden werden. In Anlagen, in welchen öfter Veränderungen und Umschaltungen vorgenommen werden, empfiehlt es sich, vor jedesmaligem Laden den Minuspol, der angefeuchtetes Polreagenzpapier rötet, festzustellen (s. »Werkstattrezepte« — Polreagenzpapier).

3. Ladung aus Gleichstromnetzen.

Die Anordnung einer Ladeeinrichtung zur kostenlosen Aufladung von Akkumulatoren gestaltet sich sehr einfach, wenn

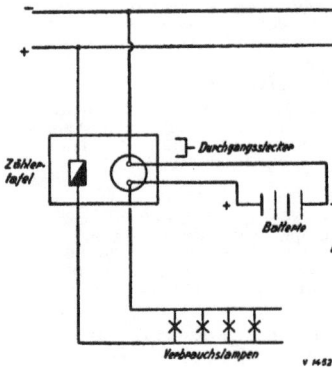

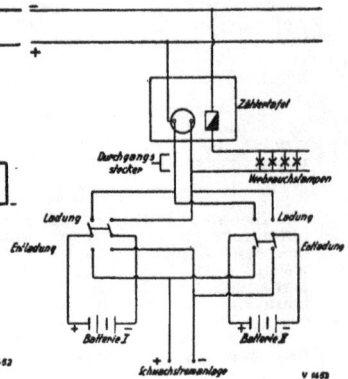

Abb. 12.   Abb. 13.

Abb. 14.

ein Gleichstromnetz zur Verfügung steht. In diesem Falle wird zweckmäßig der Verbrauchsstrom der Lichtanlage nach Schaltung Abb. 12 ausgenutzt. Die Ladung verursacht in diesem Falle gar keine Kosten, da die Lichtstärke der hierbei mit etwas geringerer Betriebsspannung brennenden Lampen keine merkliche Beeinträchtigung erfährt. In vielen Fällen empfiehlt sich die Anordnung zweier umschaltbarer Wechselbatterien nach Schaltung Abb. 13, von denen eine während der Lichtverbrauchsstunden unter Ladung steht und die andere gleichzeitig den Energiebedarf vermitteln kann. Eine derartige Ladeeinrichtung gestaltet sich sehr einfach. Aus dem Sicherungselement hinter dem Zähler wird die Sicherung herausgeschraubt, die Sicherungspatrone in den Ladekopf Abb. 14 gesteckt und an Stelle des entfernten Stöpselkopfes in das Sicherungselement geschraubt. Nach Beendigung der Ladung hat man nur noch den Durchgangsstecker in die Steckbuchsen des Ladekopfes einzufügen und die Anlage ist in demselben Zustand wie vorher.

4. Transformatoren, Gleichrichter und Polwechsler.

a) Wechselstrom-Klingeltransformatoren.

Das Bedürfnis, wechsel- oder drehstromführende Starkstromnetze ohne nennenswerte Leerlaufverluste auch für die Schwachstromtechnik als Ersatz für Elemente nutzbar zu machen, führte zur Konstruktion der Klingeltransformatoren (Abb. 15). Dieselben besitzen zwei Wicklungen, von welcher die primäre direkt an ein Wechsel- oder Drehstromnetz von 110 oder 220 Volt gelegt werden kann. (Für Gleichstromnetze sind die Transformatoren ungeeignet.) An die sekundäre Wicklung werden die zu betätigenden Apparate angeschlossen. Die an der Stromentnahmestelle herrschende Spannung beträgt meist 3 bis 12 Volt Wechselstrom. Die Klingeltransformatoren dienen zum Betriebe von elektrischen Läutewerken, Signalanlagen, Türöffnern, Fallklappen-, Kippklappen- und Emgeklappen Tablo-Anlagen, sowie für kleine Lichtsignalanlagen. Als Läutewerke nehme man stets gewöhnliche Gleichstromwecker mit Selbstunterbrecher bis zu einem Schalendurchmesser von ca. 8 cm. Für Wecker mit größerem Schalendurchmesser ist diese Stromart weniger geeignet. Lautschläger und Wechselstromwecker für Induktorbetrieb sind nicht zu verwenden, da sie in den meisten Fällen der hohen Periodenzahl des Transformators nicht folgen können und daher bei weitem nicht die gewünschte Lautstärke

Abb. 15.

geben. Sollen mehrere Apparate von dem Transformator gleichzeitig in Tätigkeit gesetzt werden, so sind sie parallel zu schalten. Hierbei ist jedoch stets auf die Leistung des Transformators Rücksicht zu nehmen, da derselbe meist nur eine Stromstärke bis zu ca. 1 Ampere abgibt. Erfordert die Anlage eine höhere Betriebsstromstärke, so sind Transformatoren für entsprechend größere Leistungen zu verwenden. Häufige Anfragen aus Installateurkreisen veranlassen uns, an dieser Stelle darauf hinzuweisen, daß in Telephonanlagen niemals Transformatoren an Stelle einer gemeinsamen Anruf- und Mikrophon-Speisebatterie benutzt werden dürfen, da das summende Geräusch des Wechselstromes die Verständigung unmöglich macht. Wenn in der Starkstromleitung, an welche der Transformator angeschlossen ist, eine Störung auftritt, ist auch der Betrieb der Anlage gestört. In Fällen, in denen eine Anlage ständig betriebsbereit sein muß, sind Elemente zu verwenden.

b) Gleichrichter.

Während die vorstehend erwähnten Transformatoren nur dazu dienen, Wechselstrom von höherer Spannung in solchen von niederer Spannung zu verwandeln, haben die Gleichrichter den Wechselstrom in Gleichstrom umzuformen. Diese Umformung geschieht so, daß die richtungswechselnden Impulse nur in einer Richtung durchgelassen, also in gleichgerichtete Impulse verwandelt werden. Für Leistungen bis 20 Amp. kommen neuerdings die Wehnelt-Gleichrichter, für noch größere Leistungen die rotierenden Wechselstrom-Gleichstrom-Umformer (Motorgeneratoren) in Frage. Gleichrichter sind in den meisten

Fällen nur für kleinere Leistung bestimmt und dienen vorwiegend zum Laden von Akkumulatoren. Bezüglich der Konstruktion der einzelnen Gleichrichtertypen unterscheidet man im wesentlichen die für geringere Leistungen bestimmten Pendel- und Glimmlichtgleichrichter, sowie neuerdings auch Glühkathodengleichrichter und die für höhere Leistungen bestimmten Quecksilberdampfgleichrichter. Die Pendelgleichrichter bestehen im wesentlichen aus einem Anker, der von einem im Wechselstromkreis liegenden Elektromagneten in Schwingung versetzt wird. Dieser Anker steuert eine besondere Kontaktvorrichtung derart, daß nur Strommpulse gleicher Richtung in dem Verbrauchsstromkreis auftreten. Dieser Gleichrichter hat verschiedene Nachteile, so u. a. die beweglichen Kontakte, welcher einer starken Abnutzung unterworfen sind. Bei den Glimmlichtröhren - Gleichrichtern wird die physikalische Eigenschaft der Glimmlichtröhre — unipolare Leitfähigkeit im Falle unsymmetrisch ausgebildeter Elektroden — zur Gleichrichtung von Wechselstrom ausgenutzt. Die Entladung bevorzugt die Richtung von der kleinen zur großflächigen Elektrode. In der Glimmlichtröhre wird jede zweite Halbwelle des Wechselstromes geschwächt oder unterdrückt, so daß nach Passieren der Röhre einseitig gerichtete Stromimpulse überwiegen und ein Gleichstromeffekt hervorgebracht wird. Besonders vorteilhaft bei den mit einem Gemisch aus Neon- und Heliumgas gefüllten Glimmlichtröhren - Gleichrichter ist der Umstand, daß sie ohne jede Hilfserregung, Kippzündung usw. sofort nach Schließen des Stromkreises in Betrieb kommen. Das wichtigste Anwendungsgebiet dieser Gleichrichter ist die Ladung kleiner Akkumulatorenbatterien, insbesondere die sog.» Dauerladung«, bei der die Batterie mit kleiner Stromstärke ständig unter Ladung gehalten wird, um die Verluste auszugleichen, die durch Selbst-

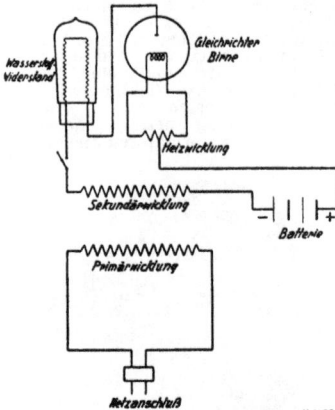

Abb. 16.

Abb. 17.

entladung oder geringe betriebsmäßige Stromentnahme entstehen.

Eine andere moderne Art von Gleichrichtern stellen die »Ramar-Gleichrichter« dar, die auf dem Prinzip der Glühkathoden - Ventilwirkung beruhen. Bei ihnen wird, ähnlich wie bei den Quecksilbergleichrichtern, Strom nur in der Richtung durchgelassen, die den Glühdraht zur Kathode macht, nicht umgekehrt. Bei dem Ramar-Gleichrichter besteht der Glühkathodendraht aus Wolfram, die Gasfüllung aus Argon, er weist zwei besondere Vorzüge auf: Die selbsttätige Wiedereinschaltung, wenn der Netzstrom vorübergehend ausbleibt und der sehr günstige Wirkungsgrad. Dieser Gleichrichter wird vorzugsweise zur Ladung von Kleinbatterien für Automobile, Notbeleuchtungen, Telephonund Signalanlagen, Radiobatterien im Anschluß an Wechsel- oder Drehstromnetze benutzt. Zu den Glühkathodengleichrichtern für Ladung von 1 bis 6 Akkumulatorenzellen in Hintereinanderschaltung mit ca. 1 Amp Stromstärke und 6 bis 30 Zellen mit einer Stromstärke, die mit wachsender Zellenzahl abnimmt und bei 25 bzw. 30 Zellen den für Anodenbatterien vorgeschriebenen Ladeströmen entspricht, gehört z. B. der Vartaxgleichrichter, dessen Schaltungsschema aus Abb. 16 ersichtlich ist. Den für Leistungen bis zu gleichstromseitig 110 Volt/10 bis 20 Amp. eingerichteten Wehnelt-Gleichrichter zeigen die Abb. 17 u. 18, die Schaltung zeigt Abb. 19.

Quecksilberdampfgleichrichter. Diese besitzen einen höheren Wirkungsgrad als rotierende Umformer und kommen

Abb. 18.

stets da in Frage, wo es sich um höhere Leistungen bzw. große Batterien handelt, die zu laden sind. Quecksilberdampfgleichrichter benötigen nur eine sehr geringe Wartung und sind, da keine rotierenden Teile vorhanden sind, nur einer sehr geringen Abnutzung unterworfen. Die Montage ist eine äußerst einfache und billige. Die primäre Wicklung des Transformators ist an das Wechselstromnetz gelegt, während die Enden der sekun-

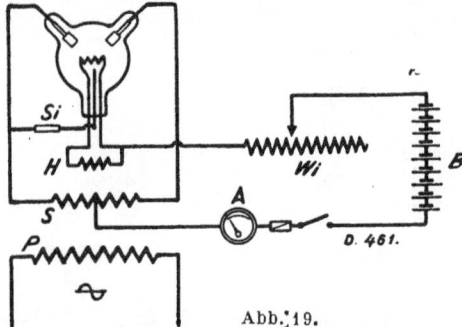

Abb. 19.

dären Wicklung des Transformators an die Anoden anzuschließen sind. Der Arm des Glaskörpers ist mit Quecksilber gefüllt. In den Ansatz dieses Glaskörpers ist die Zündanode eingeschmolzen, die mit Hilfe des Zündwiderstandes durch seitliches Umlegen der Lampe vermittelst der Kippvorrichtung zur Inbetriebsetzung des Gleichrichters dient. Beim Zurücklegen des Glaskörpers in seine Ruhelage zerreißt die leitende Quecksilberschicht, und es entsteht ein Induktionsfunke von sehr hoher Spannung. Der hierdurch erzeugte Quecksilberdampf leitet den Strom, kühlt sich dann an dem Glaskörper ab und fließt in kleinen Tropfen zur Quecksilberkathode zurück. Durch die Ventilwirkung der Gleichrichterröhre wird der Strom nur in einer Richtung geleitet.

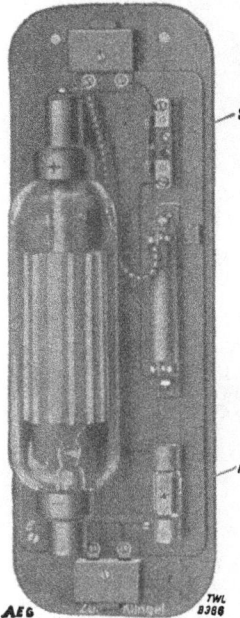

Abb. 20.

Die sekundäre Spule des Transformators ist in der Mitte geteilt. Der Wechselstrom fließt von der Mitte der sekundären Spule abwechselnd über die Anoden zur Kathode und von hier aus über die Batterie und Drosselspule zurück nach dem Transformator. Der Zweck der Drosselspuls besteht darin, den Lichtbogen aufrechtzuerhalten, und zwar jedesmal in dem Moment, wo die Spannung des Wechselstroms bei jedem Richtungswechsel auf den Nullpunkt sinkt. Beim Fehlen der Drosselspule müßte der Lichtbogen abreißen, da in dem Moment des Richtungswechsels eine derartig starke Abkühlung des Quecksilberdampfes eintritt, daß dieser kein Leitungsvermögen mehr besitzt. Quecksilberdampfgleichrichter werden für Stromstärken von 5, 10 und 20 Amp. gebaut

und dienen zum Laden von Akkumulatorenbatterien zum Betriebe von Motoren, Elektromagneten, Projektionslampen usw.
Neuerdings haben sich die sog. Quecksilberkleingleichrichter eingeführt, welche transportabel sind und mit Stromstärken bis zu 10 Amp. ausgeführt werden.

c) **VDE-Vorschriften über Akkumulatorenladung aus Starkstromnetzen.**

In allen Fällen, in denen Akkumulatorenbatterien aus dem Starkstromnetz geladen werden, muß nach den VDE-Vor-

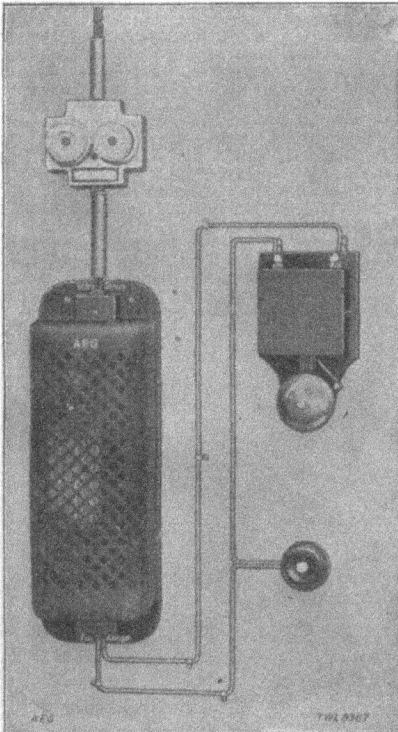

Abb. 21.

schriften die zu ladende Batterie von der Schwachstromanlage getrennt werden und ist während der Ladung als ein Teil der Starkstromanlage anzusehen. Unter einer besonderen Bedingung gestatten jedoch die VDE-Vorschriften den Anschluß von Starkstrom- an Schwachstromanlagen. Es muß eine Vorrichtung vorhanden sein, welche bewirkt, daß in der Schwach-

stromanlage bei Unterbrechung keine höhere Spannung als
40 Volt entsteht und außerdem eine Sicherung, welche die
Schwachstromanlage besonders gegen Überspannung sichert.
Diesen Zweck erfüllen z. B. die vorerwähnten Gleichstromklingel-
reduktoren, bei denen die Spannungsherabsetzung durch eine
Glimmlampe bewirkt wird. Der Gleichstromklingelreduktor mit
Glimmröhre, wie er z. B. von der A.E.G. hergestellt wird (Abb. 20
u. 21), kann daher in allen Anlagen ohne Auswechslung der Klin-
geln verwendet werden.   Jedoch ist auf eine besondere Eigenschaft Rücksicht zu nehmen. Klingelleitungen sind häufig sehr
nachlässig verlegt, z. B. ohne Isolation an feuchten Wänden,
so daß Erdschlüsse entstehen. Die äußern sich auf die Glimmröhre als Stromschluß und bewirken das Einsetzen der Glimm-
entladung auch bei geöffnetem Klingelkontakt. Die Glimmröhre,
die bei Stromdurchgang in pfirsichfarbenem Lichte aufleuchtet,
ist daher ein sehr feiner Indikator für alle Erdschlüsse, die auf
der Schwachstromseite auftreten. Ist dieser Erdstrom groß
genug, so bewirkt er sogar ein Durchschlagen der im Reduktor
angebrachten Streifensicherung; wo also die Beseitigung des
Schlusses in der Schwachstrominstallation ausführbar ist, leitet
der Glimmreduktor dazu an und gibt ein absolut zuverlässiges
Kontrollmittel.   Wenn jedoch die Anlage keine Abänderung
gestattet, kann der Glimmreduktor nicht benutzt werden,
sondern es müssen die alten Primärelemente beibehalten werden, über deren rasche Entladung man sich dann allerdings
nicht wundern darf.
    Für telephonische Zwecke in Hausanlagen kann man bei
Batterien bis zu 6 Volt Gleichrichter zum dauernden Aufladen
von Akkumulatoren verwenden. Durch den Wechselstrom-
transformator wird eine genügende Trennung zwischen Stark-
strom- und Schwachstromanlage bewirkt.

III. Spezial-Schwachstrom-Technik.

A. Leitungsbau

1. Innenleitung, Drahtmaterial und Verteiler.

Bei der Herstellung von Leitungsanlagen darf man sich nie von falschen Sparsamkeitsrücksichten leiten lassen, da eine mit minderwertigem Material ausgebaute Leitungsanlage eine dauernde Störungsquelle ergeben kann und somit das gute Funktionieren der gesamten Anlage in Frage gestellt wird. Nicht minder wichtig ist die sauberste und zuverlässigste Ausführung aller Montagearbeit. Vor allem kann die genaue und sauberste Ausführung aller Abzweigklemmen- und Lötstellen gar nicht sorgfältig genug erfolgen. Man mache es sich zum Prinzip, nach Möglichkeit, selbst bei Signalanlagen, Leitungsdrähte nicht direkt an die Wand zu nageln, denn gerade hierdurch entstehen die meisten Erdschlüsse, welche sehr bald eine völlige Erschöpfung der Batterie zur Folge haben. Einzelne Leitungsdrähte sind stets auf Isolierrollen zu setzen. Haben mehrere Leitungsdrähte einen gemeinsamen Weg, so vereinige man sie durch Umwickeln mit Isolierband zu einem Kabel. Für längere gemeinsame Leitungen verwende man fertig bezogenes Kabel, da sich dieses meist billiger stellt als selbstgewickeltes.

Will man die Leitungen gegen mechanische Beschädigung und Feuchtigkeit schützen, so verlege man sie in Isolierrohr. Die gebräuchlichste Type ist verbleites Eisenrohr, jedoch wird neuerdings vielfach Messingrohr oder Peschelrohr verwendet. Für feuchte Räume eignet sich nur Stahlpanzerrohr, welches, wie Gasrohr, mittels abgedichteter Verbindungsmuffen zusammengesetzt wird. Man verwende nicht zu schwache Rohre, die Drähte müssen sich leicht einziehen lassen, damit nicht ein weiterer Hauptvorteil, die leichte Auswechselbarkeit schadhaft gewordener Drähte, verloren geht. Aus diesem Grund müssen auch genügend Abzweigdosen gesetzt und scharfe Biegungen vermieden werden, notwendige Biegungen aber mit aller Sorgfalt ausgeführt sein. Handelt es sich um Rohrmontage auf Putz, so können im rechten Winkel aufeinanderstoßende Rohre mittels Winkeln oder auch T-Stücken mit abnehmbarem Deckel verbunden werden. Bei Unterputzverlegungen muß unbedingt eine Verbindungsdose gesetzt werden.

Die Befestigung des Isolierrohres auf Putz wird mittels Rohrschellen bewerkstelligt, die auf vorher eingegipste Holzdübel geschraubt werden. Eventuell können auch Stahldübel mit Metallschrauben verwendet werden, wenn das Mauerwerk bzw. der Putz ein gutes Festhalten gewährt. Unter Putz ist nur ein Festgipsen der Isolierrohre alle 1 bis 2 m nötig, da später der Putz selbst das Rohr hält.

Bei Leitungsdrähten für Schwachstromanlagen unterscheidet man nach der Art der Isolation im wesentlichen folgende Sorten: Wachsdraht, Asphaltdraht, Guttapercha- und Gummiaderdraht. Wachsdraht ist nur in vollkommen trockenen Räumen zu verwenden. Eine etwas bessere Isolation besitzt der Asphaltdraht, da dieser drei Lagen Baumwollisolation, von denen die beiden inneren mit Asphalt und die äußere mit Wachs getränkt ist, aufweist. Handelt es sich um feuchte Räume, wie Küchen, Badezimmer, Keller oder gar Neubauten, so ist Guttapercha- oder Gummiaderdraht zu verwenden. Bei diesem Draht ist die blanke Leitung erst mit einer Guttaperchaschicht umpreßt und dann mit Baumwolle isoliert.

Das Leitungsmaterial besteht für Schwachstromanlagen aus Kupfer. Für private Fernsprechanlagen mit maximalen Entfernungen bis zu mehreren hundert Metern verwendet man Drähte von 0,6 bis 0,8 mm Durchm., für Tablo- und Signalanlagen genügen im allgemeinen Drähte mit einem Durchmesser von 0,8 bis 0,9 mm, doch muß dabei sehr darauf geachtet werden, daß der Leitungswiderstand kleiner ist als der Widerstand der in den Stromkreis eingeschalteten Spulen bzw. Apparate. Für Uhrenanlagen sollte der Drahtdurchmesser nie unter 1 bis 1,5 mm gewählt werden. Soweit Anlagen in Verbindung mit Starkstrom herzustellen sind, müssen für die Bemessung des Drahtquerschnittes die Vorschriften des »Verbandes Deutscher Elektrotechniker« beachtet werden.

Auf die Verbindung der Leitungsdrähte miteinander ist größte Sorgfalt zu legen. Nach einer guten Verwürgung der Drähte müssen die Würgestellen gut verlötet werden. Lötverbindungen dürfen bei Rohrmontagen nie im Rohr selbst sein bzw. in dasselbe eingezogen werden, sondern immer in den Verbindungsdosen kontrolliert werden können. Sind mehrere Verbindungen notwendig oder auch, wie bei Telephonanlagen, Abzweigungen, so verwendet man Klemmenkasten- oder Lötösenverteiler. Diese werden hergestellt aus Klemmen mit zwei oder mehreren Klemmschrauben, die auf Grundbrettern oder Leisten montiert sind. Unter eine Klemmschraube sollte nach Möglichkeit nur ein Draht geklemmt werden. Ist es unbedingt notwendig, daß eine Klemmschraube mehrere Drähte hält, so muß je eine Unterlegscheibe dazwischen gelegt werden. Außerdem ist die Öse des Leitungsdrahtes stets derartig unterzuklemmen, daß durch das Festziehen der Schraube nicht ein Öffnen, sondern ein Schließen der Öse erreicht wird (Rechtswindung des Drahtendes). Die Ösen müssen stets vor dem Unterklemmen angebogen werden und dürfen nur um ein weniges weiter sein als der Durchmesser der Klemmschraube. Bei sehr großen Anlagen ist es empfehlenswert, statt der Verteiler mit Klemmenleisten solche mit Lötösenleisten zu verwenden, weil es hierdurch möglich wird, die Abmessungen des Verteilers erheblich zu verringern, ohne die Übersichtlichkeit zu beeinträchtigen. Durch die Verwendung von Klemmenkasten gewinnt man eine außerordentliche Übersichtlichkeit in der Leitungsanlage, insbesondere wenn man jede einzelne Klemme bezeichnet, andererseits hat man den Vorteil, beim Eingrenzen später auftretender Störungen ohne Schwierigkeiten Trennungen vornehmen zu können. Diese Übersichtlichkeit wird noch dadurch beträchtlich erhöht, daß man die an den Verteiler heranführenden Drähte durch Abbinden zu Kabeln formt.

2. Freileitungen.

Zu Freileitungen werden in erster Linie Silizium-Bronzedraht, ferner Eisendraht und bei umfangreicheren Signal- und Telephonanlagen Kabel verwendet. Der Querschnitt von Freileitungen, der von Fall zu Fall errechnet werden muß, ist abhängig von der Leitfähigkeit (Widerstand) sowie der Zugfestigkeit des Materials. Die gebräuchlichsten Stärken sind bei Siliziumbronze 2 mm, bei Eisen 3 mm Durchm. Freileitungen werden stets an Isolatoren verlegt, die mit Hanf und Gips oder Vergußmasse auf geraden oder gebogenen Eisenstützen befestigt sind, welche Holz-, Stein- oder Metallschrauben besitzen und dementsprechend an Masten, Mauerwerk oder Gestängen anzubringen sind. Handelt es sich nur darum, zwei Gebäude miteinander zu verbinden, die bis zu 50 m voneinander entfernt sind, so erübrigt sich die Aufstellung eines besonderen Mastes. Bei weiteren Entfernungen müssen Stützmaste aufgestellt werden. Zur Ausführung ausgedehnterer Freileitungsanlagen sind nur geschulte Kräfte zu verwenden, da nur solche ein einwandfreies und preiswertes Leitungsnetz schaffen können. Nachstehend einige praktische Winke für den Streckenfreileitungsbau:

Die Masten werden in Abständen von 40 bis 80 m je nach Belastung und Bodenbeschaffenheit sowie event. vorhandenen Kurven aufgestellt. Die Abstützung schwacher Stangen, insbesondere in den Kurven, kann durch Streben oder auch durch Ankerseile bzw. einen zweiten Mast erfolgen. Die Masten, welche im Durchschnitt ca. 7 m lang sein sollen, kommen mit ca. $^1/_8$ ihrer Länge in den Erdboden. Es empfiehlt sich, stets das untere Stammende mit Karbolineum oder einem der sonstigen bekannten Fäulnisschutzmittel zu imprägnieren, ebenso auch die Mastspitze dachartig abzuschrägen, um das Regenwasser abzuleiten. Die Isolatoren werden am Aufstellungsort vor dem Aufrichten der Masten eingeschraubt, und zwar der erste 15 cm von der Mastspitze entfernt, die übrigen 25 cm tiefer, und zwar abwechselnd rechts und links. Bei einigermaßen festem Boden genügt ein spatenbreites Loch, welches am besten stufenförmig gegraben wird, da hierdurch das Einsetzen des Mastes erleichtert wird. Bei leichtem sandigen oder auch in Sumpf- und Moorboden ist das Loch größer zu machen; der Mast selbst muß dann auf einen großen Stein gestellt und das Loch selbst unter Verwendung von Steinen, Kies, Sand und Wasser ausgefüllt und festgestampft werden. Erst nachdem alle Masten aufgestellt sind, wird die Leitung verlegt. Dies kann durch Abrollen des Leitungsdrahtes mit der Hand erfolgen, jedoch muß jegliche Torsion des Drahtes vermieden werden. Es empfiehlt sich jedoch, bei der Verlegung eine Haspel zu verwenden, welche eventuell auf einen Handwagen montiert wird, da andernfalls zwei Personen notwendig werden.

Drahtverbindungen stellt man mit Hilfe der handelsüblichen Drahtverbindungsröhrchen her. Hierbei werden die zu verbindenden Drähte in entsprechend starke bzw. lange Kupferhülsen geschoben und mit Hilfe von Hebelkluppen schraubenförmig verdreht. Es ist jedoch darauf zu achten, daß die Verdrehung das richtige Maß erhält, was mit etwa 5 bis 6 Umdrehungen erreicht wird. Sind Drahtverbindungsröhrchen aus irgendeinem Grunde nicht verwendbar, so macht man Wickelstellen, welche hinterher gut verlötet werden, auf keinen Fall aber Würgestellen. Nach Auflegung des Drahtes mit Hilfe von Stangen wird derselbe gespannt, und zwar starke Drähte mittels Flaschenzuges, an welchem eine Froschklemme angebracht ist. Das Spannen der Leitungsdrähte ist Gefühlssache und muß sehr sorgfältig ausgeführt werden, da jeder Draht hierbei die durchaus notwendige Belastungsprobe durchmachen muß und sich fehlerhafte Stellen bemerkbar machen. Es können je nach der Stärke des Drahtes 300 bis 500 m in einer Länge abgespannt werden. Nach Abspannung muß der Draht jedoch wieder nachgelassen werden, bis er den notwendigen Durchhang hat. Dieser richtet sich je nach der Jahreszeit, d. h. nach der Temperatur und dem Mastenabstand. Es empfiehlt sich die in der nachstehenden Durchhang- bzw. Spannungstafel des VDE angegebenen Werte einzuhalten.

Spannungstafel

für Leitungen aus Bronze- und Hartkupferdraht von rd. 45 kg
Zugfestigkeit für das Quadratmillimeter Querschnitt.

Luftwärme in °C	Spannung in kg mm² für folgende Feldlängen					
	30 m	40 m	50 m	60 m	80 m	100 m
— 25	11,25	11,25	11,25	11,25	11,25	11,25
— 20	10,2	10,2	10,3	10,4	10,4	10,5
— 15	9,2	9,3	9,4	9,5	9,7	9,9
— 10	8,2	8,4	8,5	8,7	9,1	9,4
— 5	7,3	7,5	7,7	8,0	8,4	8,8
— 0	6,5	6,6	7,0	7,2	7,9	8,4
5	5,7	6,0	6,3	6,7	7,3	7,9
10	5,0	5,4	5,8	6,2	6,9	7,5
15	4,2	4,8	5,2	5,7	6,5	7,2
20	3,7	4,2	4,8	5,4	6,1	6,9
25	3,2	3,8	4,4	5,0	5,8	6,6

Durchhangstafel

für Leitungen aus Bronze- und Hartkupferdraht von rd. 45 kg
Zugfestigkeit für das Quadratmillimeter Querschnitt.

Luftwärme in °C	Durchhang in cm für folgende Feldlängen					
	30 m	40 m	50 m	60 m	80 m	100 m
— 25	9	16	25	36	63	100
— 20	10	17	27	39	68	106
— 15	11	19	30	42	73	113
— 10	12	21	33	46	78	119
— 5	14	24	36	50	85	126
0	15	27	40	55	91	133
5	18	30	44	60	97	141
10	20	33	48	65	103	148
15	24	37	53	70	109	155
20	27	42	55	75	116	162
25	31	47	64	80	122	169

Bei niedrigerer Temperatur muß der Durchhang entsprechend geringer gewählt werden. Nachdem der Durchhang der Leitungen entsprechend reguliert ist, werden dieselben mit Hilfe von weichem Bindedraht an den Isolator gebunden, und zwar derartig, daß die Leitung im Hals desselben liegt. Der Bindedraht wird hierbei zweimal um den Isolator gelegt, so daß er die Leitung kreuzförmig schneidet und dann mit den Enden stramm um die Leitung gewickelt.

Die Einführung der Freileitung ins Gebäude erfolgt, wenn nicht sehr zahlreiche Leitungen verlegt sind, derartig, daß am Endisolator an das überstehende Stück Freileitungsdraht Bleikabel oder Gummiaderdraht angelötet und dieses mit Hilfe von Einführungstüllen durch das Mauerwerk geführt wird. Handelt es sich um ein ausgedehntes Leitungsnetz, so wird an das Mauerwerk eine Kabelgarnitur in wasserdichter Ausführung angebracht und das Bleikabel oder der Gummiaderdraht erst hierhinein auf Klemmen geführt und dann durch ein Blei- oder eisenarmiertes Kabel ins Gebäude.

Jede Freileitungsanlage muß gegen Blitzschutz gesichert werden, und zwar am günstigsten eine kombinierte Grob- und Feinsicherung, welche sofort nach der Einführung in das Gebäude zwischen das Leitungsnetz gelegt wird und eine gute Erdverbindung zur Ableitung erhalten muß.

3. Kabelleitungen.

Bei umfangreichen Signal- oder Telephonanlagen verwendet man an Stelle der in ein Isolierrohr eingezogenen Einzeldrähte fertige Kabel, da die Verlegung eines solchen schneller vorgenommen werden kann und eine größere Zuverlässigkeit bietet. Die handelsüblichen Kabel für Schwachstromanlagen besitzen im Durchschnitt eine Kupferseele von 0,6 bis 0,8 mm Durchm. Unter den je nach Verwendungszweck aufgebauten Kabeln unterscheidet man: einfache Signalkabel, Fernsprechkabel für Einfachleitungen bzw. für Doppelleitungen und Kabel für Mehrfachleitungen. Signalkabel wird zu Klingel-, Tablo-, Türöffner-, Türschließer-, Uhren-, Feuermelder-, Wasserstands- fernmelder-, Diebesschutz- und Wächter-Kontrollanlagen verwendet, Fernsprechkabel für Einfachleitungen in Telephon- Linienwähleranlagen. Bekanntlich werden Linienwählerapparate meist aus Sparsamkeitsrücksichten für Einfach- leitungsbetrieb gebaut, d. h. es ist zur Verbindung der Apparate untereinander für jede Linie nur eine Leitung notwendig, während für die zweite, sonst für jede Linie noch notwendige Leitung, eine gemeinsame Rückleitung, welche als blanke Ader in jedem Kabel läuft, verwendet wird. Für Fernsprechanlagen mit Einfachleitung dürfen nur Kabel in induktionsfreier Ausführung verwendet werden. Bei diesem Kabel ist jede einzelne Ader noch mit einem fortlaufenden Stanniolband umgeben, wodurch das sonst in Einfachleitungsanlagen so störend wirkende Mit- oder Überhören — eine Induktionserscheinung — nahezu völlig beseitigt wird.

Fernsprechkabel für Doppelleitungen wird in Doppel- leitungs-Linienwähleranlagen sowie Zentralanlagen verwendet. Bei diesem Kabel sind je zwei Adern zu einem Paar verseilt und die paarigen Adern gemeinsam verdrillt. Neben diesen rein schaltungstechnisch bedingten Unterschieden werden beim Aufbau der Kabel auch gewisse weitere Anforderungen in bezug auf äußere Einflüsse, z. B. mechanische Beschädigung, Feuchtigkeit usw. berücksichtigt.

Das einfachste Kabel ist das Zimmerkabel, welches nur in geschlossenen und vollkommen trockenen Räumen Verwendung finden kann, da die einzelnen Drähte nur mit weißem Isolierband vielfach zweimal umwickelt sind und das Ganze dann paraffiniert ist. Für feuchte Räume, wie Badezimmer, Keller, Neubauten, Wäschereien usw., darf nur Bleikabel verwendet werden, welches ein mit einem nahtlosen Bleimantel umpreßtes Zimmerkabel ist. Wegen der geringen Widerstands- fähigkeit des Zimmerkabels gegen Feuchtigkeit hat man von seiner Verwendung fast überall Abstand genommen und verwendet nur noch Bleikabel.

Wird Bleikabel als Luft-(Schwebe-)Kabel verwendet, so kann man dasselbe nicht wie bei Freileitungen direkt spannen, vielmehr muß hier erst ein Trageseil aus 2 bis 7 mm-Stahldraht, je nach Belastung, angebracht und an diesem das Bleikabel mit Hilfe von S-Haken aufgehängt werden. Bleikabel darf auch nicht auf kurze Strecken in der Erde verlegt werden, da der Bleimantel allein schon durch die Erdbewegungen zu sehr auf Zug beansprucht wird. Wenn es dennoch geschehen muß, ist das Bleikabel in Gasrohr einzuziehen und gegen Beschädigungen mit Ziegelsteinen abzudecken. Bleikabel kann auch ohne weiteres unter Putz verlegt werden, jedoch ist dringend zu empfehlen, an Stellen, wo Gefahr für äußere Beschädigung durch Einschlagen von Nägeln usw. vorliegt, Schutzrohre überzuziehen.

Erdkabel, die wegen ihrer großen Vorzüge gegenüber dem Freileitungsnetz sehr zu empfehlen sind, bestehen aus Bleikabeln, die mit einer Eisendraht- oder Eisenbandarmierung versehen sind, welche zwischen zwei Lagen imprägnierter Jute liegt. Die normal aufgebauten Kabel, bei welchen die einzelnen Drähte durch paraffinierte Papierumspinnungen, Guttapercha- oder Gummischichten isoliert sind, eignen sich infolge ihrer großen Kapazität nur für kurze Strecken als Erdkabel. Man verwendet daher für weitere Entfernungen besondere Kabel, die in ihrem inneren Aufbau diesen Umständen Rechnung tragen, indem sie an Stelle der festen Isolierung eine lose erhalten, und zwar durch Papier, welches derartig gewickelt ist, daß zwischen jeder einzelnen Ader und der Papierisolation eine Luftschicht entsteht. Diese Kabel werden kurz »Fernsprech-Papierkabel« genannt. Bei der Verlegung von Erdkabel ist besonderes Augenmerk darauf zu richten, daß das Kabel keine Feuchtigkeit annimmt. Es muß daher beim Transport und auch sonst, wenn es abgeschnitten wird, an seinen Enden sofort wieder gegen die eindringende Feuchtigkeit geschützt werden, am besten durch Eintauchen in Vergußmasse bzw. Verlöten des aufgeschnittenen Bleimantels. Aus dem gleichen Grunde ist auch die Verbindung am Hauptverteiler, Abzweigung und Einführung von Kabeln sehr sorgfältig auszuführen und nur mit Hilfe der besonderen Kabelarmaturen möglich. Diese werden nach Herstellung der Verbindung derartig mit Vergußmasse ausgegossen, daß das Kabelinnere von der Luft hermetisch abgeschlossen ist.

Außer den bereits erwähnten Kabeln wird neuerdings sehr viel sog. »Systemkabel« verwendet. Dieses besteht aus verzinnten Kupferleitern von 0,6 mm Durchm., die zweimal mit Papier und einmal mit Baumwolle besponnen und gewachst sind. Je 2 oder 3 solcher Adern sind miteinander verdrillt und je 11 bis 21 solcher Adernbündel sind miteinander verseilt. Die Kabelseele ist mit einer Lage Papier, Bleiband und nochmals Papier umwickelt, mit Baumwollgarn umklöppelt und mit grauer Ölfarbe getränkt. Verwendet wird das Systemkabel in den Zentralräumen. Es dient zur Verbindung des Hauptverteilers, welcher die aus dem Netz kommenden Kabel sammelt mit dem Zentralumschalter und dem Relais- bzw. Wählergestell. Diese Kabel dürfen aber nicht, wie dies früher vielfach geschah, unter hölzernen Schutzkanälen auf den Fußböden geführt werden, sondern müssen auf eisernen Rosten, sog. Kabelrosten, durch die Luft geführt werden, am geeignetsten in mindestens 2 m Höhe, damit keine Behinderungen entstehen.

4. Mauer- und Deckendurchführungen.

Alle durch Mauern und Decken hindurchzuführenden Leitungen, ganz gleich ob aus einzelnen Drähten oder Bleikabeln bestehend, müssen in Schutzrohr durch die Mauern hindurchgeführt werden. Sie dürfen niemals fest eingegipst werden. Bei Leitungsnetzen, die in Bleikabeln hergestellt sind, empfiehlt es sich stets, eine oder mehrere Reservedurchführungen, bestehend aus je einem Stück Isolierrohr von knapp Mauerstärke mit zwei Endtüllen versehen, in die Wand einzugipsen. Hierdurch wird eine sehr große Beweglichkeit des Leitungsnetzes erreicht, wodurch wiederum bei der Verlegung bzw. Installation neuer Apparate die Herstellung von Mauerdurchbrüchen erspart wird.

5. Leitungen in Akkumulatorenräumen.

In Räumen mit säuregeschwängerter Luft, wie z. B. Akkumulatorenräumen, dürfen nur blanke, aus Massivkupfer bestehende Einzeldrähte verlegt werden, die, wie bei Freileitungen, auf sog. Kellerisolatoren gespannt werden. Die Durchführungen durch die Wände eines Akkumulatorenraumes müssen mittels Porzellanpfeifen erfolgen. Bei Großanlagen ist es empfehlenswert, eine Durchführungstafel aus Marmor oder Schiefer in die Wand einzufügen.

6. Der Hauptverteiler.

Bei allen Fernsprechzentralenanlagen ist es unbedingt erforderlich, vor den Zentralumschalter und die Relaisgestelle einen Hauptverteiler anzuordnen, auf dem alle aus der Anlage kommenden Leitungen gesammelt werden. Dieser Verteiler bietet den außerordentlichen Vorteil, daß nach Fertigstellung der Anlage beim Verlegen von Anschlüssen das Arbeiten im Zentralumschalter nicht mehr nötig ist. Dieser Hauptverteiler besteht aus zwei Reihen Lötösenleisten, die, bei kleinen und mittleren Anlagen durch ein Holzgehäuse geschützt, bei Großanlagen auf einem offenen Eisengestell angeordnet werden. Der Verteiler muß zweimal soviel Lötösenstreifen für je 10 oder 20 Doppelleitungsanschlüsse enthalten, als Anschlußmöglichkeiten vorhanden sind. Durch die Anordnung der zwei Reihen Lötösenstreifen wird erreicht, daß die aus dem Netz kommenden Leitungen an die eine Reihe, die zum Zentralumschalter führenden Leitungen an die andere Reihe Lötösenstreifen angeschlossen werden können. Die Verbindung zwischen beiden Reihen erfolgt durch einzelne Doppeldrähte. Diese Anordnung ermöglicht es, daß bei Umlegung von Abteilungen eines Betriebes in andere Räume jeder angeschlossene Teilnehmer seine alte Anschlußnummer behalten kann, da hierzu nur ein Umlöten des Verbindungsdrahtes zwischen den beiden Reihenlötösenstreifen nötig ist.

B. Sicherungen gegen Blitzschlag, Starkstrom und Hochspannung[1]).

Bei allen Schwachstromanlagen ist es unbedingt notwendig, sowohl die Leitungen und die Apparate selbst, als auch die die Apparate bedienenden Personen nach Möglichkeit gegen atmosphärische Entladungen und zufällige Starkstromübergänge zu schützen. Der einfachste und betriebssicherste, aber immerhin auch kostspieligste Schutz besteht in der Verlegung der Außenleitungen als Erdkabel. Bei Anlagen mit langen Außenleitungen und wo das Projekt an den hohen Kabelkosten scheitern könnte oder wenn die örtlichen Verhältnisse selbst die Erdkabelverlegung nicht oder nur teilweise zulassen würden, ist man auf die Freileitung angewiesen. In solchen Fällen kommen die nachstehenden Sicherungselemente zur Anwendung.

1. Sicherungen gegen Blitzschlag.

Um der atmosphärischen Entladung einen leichten Übergang zum Erdreich zu verschaffen, ist das besondere Augenmerk stets auf eine gute Erdung zu legen. Ihren Zweck können die Sicherungen naturgemäß nur dann erfüllen, wenn die zu schützenden Apparate nicht direkt von einem Blitzstrahl getroffen werden, da es infolge der außerordentlich hohen Spannung eines vollen Blitzstrahls eine Sicherung der Apparate nicht gibt. Solche direkten Schläge gehören allerdings zu den

---

[1]) „Nach den Regeln des Ausschusses für Blitzableiterbau (ABB) Berlin-Schöneberg".

größten Seltenheiten. In den meisten Fällen wird die atmosphärische Entladung bereits in die Freileitung erfolgen und teilweise zur Erde abgeleitet, so daß nur ein Bruchteil der außerordentlich hohen Gesamtspannung bis zu den Apparaten selbst gelangen kann. Man unterscheidet zwei Arten von Sicherungen, und zwar solche zur Betätigung von Hand, sog. Erdungsschalter, und selbsttätig wirkende.

Ein Erdungsschalter in seiner einfachsten Ausführung ist der Stöpselschalter. Soll bei plötzlich auftretenden Gewittern eine größere Anzahl von Apparaten, wie dies häufig bei gewöhnlichen Fernsprechzentralen der Fall ist, gleichzeitig abgeschaltet und die Leitungen geerdet werden, so benutzt man vorteilhaft Kurbelerdungsschalter. Die Konstruktion ist so getroffen, daß beim Umlegen der Kurbel sämtliche Apparate durch eine exzentrische Achse gleichzeitig abgetrennt und die Außenleitungen geerdet werden. Diese Stöpsel- und Erdungsschalter sind jedoch nur da anzuwenden, wo eine Aufsichtsperson dauernd anwesend ist, welche das Umschalten vornehmen kann. In Hochantennenanlagen müssen unbedingt Erdungsschalter eingebaut werden, und zwar am besten Messerschalter. Wo diese Aufsicht fehlt, benutzt man selbsttätig wirkende Sicherungen. Die Eigenschaft der atmosphärischen Elektrizität, infolge ihrer hohen Spannung viel leichter einen kürzeren Luftzwischenraum zu überspringen, als durch Spulen mit hohen Windungen und Selbstinduktion hindurchzugehen, führte zur Konstruktion der Platten-, Spitzen- und Kohlenblitzableiter. Die beiden ersten bestehen aus zwei Metallplatten, welche durch eine kurze Luftstrecke voneinander getrennt sind. Zum besseren Ausgleich der Spannung sind die gegenüberliegenden Flächen der Metallplatten mit scharfen Kanten oder Verzahnungen versehen. Beim Kohlenblitzableiter sind zwei übereinanderliegende Kohlenplatten durch eine dünne Glimmerscheibe isoliert. Der Vorteil des Kohlenblitzableiters gegenüber den Platten- und Spitzenblitzableitern besteht außer einer größeren Empfindlichkeit darin, daß infolge einer geringeren Flammenbogenbildung ein Zusammenschmelzen nicht zu befürchten ist.

Ist die Freileitung als Doppelleitung ausgeführt, so sind stets beide Leitungen zu sichern. Ferner soll an allen Stellen, wo die Freileitung in ein Gebäude führt, eine Sicherung erfolgen. Die Sicherungen sind entweder, wie z. B. bei Telephonapparaten für große Entfernungen, in die Stationen eingebaut oder aber besonders zu montieren. Anders liegen die Verhältnisse zum Schutz der Freileitungen selbst. Hier werden sog. Stangenblitzableiter verwendet, welche an den Gestängen angebracht werden. Solche Sicherungen sind besonders an allen Stellen vorzusehen, wo eine Freileitung zu einer Kabelleitung übergeht. Das Prinzip der Stangenblitzableiter entspricht im allgemeinen demjenigen der Plattenblitzableiter, mit dem Unterschied, daß die Platten gegen direktes Eindringen von Feuchtigkeit gekapselt sind.

2. Sicherungen gegen Starkstrom und Hochspannung.

An Orten mit elektrischer Licht- oder Kraftversorgung läßt es sich häufig nicht vermeiden, Schwachstromleitungen mit Starkstromleitungen zu kreuzen oder mit solchen parallel zu führen. Hier liegt die Gefahr nahe, daß beim Zerreißen einer Leitung durch Herabfallen eines Drahtes Starkstrom in die Schwachstromleitung gelangt. Hiergegen schützt man sich durch Anbringung eines Fangnetzes zwischen der Stark- und Schwachstromleitung. Dieser Schutz allein genügt jedoch nicht, vielmehr wendet man hier noch Grobsicherungen an. Diese sowie die nachstehend erwähnten Feinsicherungen beruhen auf der Wärmewirkung des elektrisches Stromes. Diese Sicherungen, welche aus in Glasröhren eingeschmolzenen Metallfäden bestehen, werden für Starkstromspannungen bis 500 Volt für Abschmelzstromstärken von 1, 3 und 5 bis 6 Amp. und über 500 Volt hinaus für Hochspannungen bis 6000 Volt für Abschmelzstromstärken von 0,3, 1 und 4 Amp. geliefert. Um bei einer etwaigen atmosphärischen Entladung, durch welche die Grobsicherung beschädigt ist, oder um einem hochgespannten Strom die Möglichkeit zu geben, in die Erde zu gelangen, können die Starkstromsicherungen noch mit Grobblitzableitern versehen werden. Ein Durchschmelzen des Metallfadens ist nur dann möglich, wenn die auftretende Stromwärme so lange andauert, daß der Draht schmilzt. Für geringe Stromstärken von lang andauernder Wirkung, wie solche leicht durch Erd- oder Nebenschlüsse auftreten können, genügen die Grobsicherungen nicht. Man schaltet daher zum Schutze der empfindlichen Apparatspulen noch eine Feinsicherung in die Leitung. Diese Feinsicherungen werden in verschiedenen Ausführungen hergestellt. Bei allen diesen besteht jedoch das Prinzip, daß durch die Wärmewirkung, welche in der aus dünnen Drähten bestehenden Spule erzeugt wird, das Loslöten eines leichtflüssigen Metalls erfolgt. Hierdurch wird ein Kontaktstift mittels Federdrucks in eine andere Lage gezogen und die Leitung an der entlöteten Stelle unterbrochen. Eine besondere Ausführung bilden die sog. selbstlötenden Feinsicherungen. Bei diesen ist das eine Ende eines Stiftes mit einem mehrzackigen Stern versehen. Das andere Ende ist mit dem Kern der Schmelzspule durch leicht schmelzbares Metall fest verbunden. Bei Betätigung durch einen Fremdstrom schmilzt das Lot, der Stern wird durch eine Federspannung verdreht und die Leitung unterbrochen. Nach Erkalten der Lötstelle und Beseitigung der Störung ist die Sicherung durch Einstellen der Feder in den nächsten Zahn wieder gebrauchsfähig. Der Vorteil dieser Sicherungen besteht darin, daß diese ohne Auswechslung der Schmelzspule mehrmals benutzt werden können. Diese Sicherungen können auch mit Alarmvorrichtungen versehen werden. Die Reichspostverwaltung verwendet in ihren Fernsprechanlagen komplett auf einen Porzellansockel montierte Blitzschutzüberspannungs- und Feinsicherung, die aus einem Kohlenblitzableiter, Grob- und Feinsicherung mit selbstlötender Schmelzspule bestehen.

C. Gebäude-Blitzableiter.

Der Schutz der Gebäude gegen Blitzschlag wird durch zusammenhängende metallische Leitungen erzielt, die über die dem Blitzschlag besonders ausgesetzten Teile eines Gebäudes hinweggeführt sind und an mindestens zwei Stellen mit den Leitungen der Erde im Zusammenhang stehen. Als besonders gefährdete Teile eines Gebäudes gelten über das Dach hervorragende Türme, Dachreiter, Schornsteine, Entlüftungsschächte, Frontspieße sowie Zier- und Seitengiebel, ferner First, Grate, Giebel und Traufkanten. Diese Haupteinschlagstellen sind in erster Linie mit Auffangvorrichtungen zu versehen. Als Auffangvorrichtungen verwendet man Fangstangen aus verzinktem, oben zugespitzten Rundeisen in einer Länge von 1 bis 2 m oder die Leitung selbst, indem man sie als Fangspitze oder sternförmig enden läßt. Die Auffangvorrichtungen müssen die zu schützenden Gebäudeteile überragen. Falls die vorher genannten Einschlagstellen mit Metallbekrönungen oder Abdeckungen versehen sind, so können diese ohne besondere Vorkehrungen an ihrem untersten Ende mit den Ableitungen verbunden werden. Ein Aufstellen von besonderen Fangstangen erübrigt sich dann an diesen Stellen.

Die Luftleitungen dienen nicht nur allein zur Verbindung der Auffangvorrichtungen unter sich und mit der Erdleitung, sondern gelten selbst als Auffangvorrichtungen. Dies trifft in allererster Linie bei der Firstleitung zu, die jedesmal über den ganzen First zu verlegen ist. Für verzweigte Luftleitungen verwendet man verzinktes Eisendrahtseil L 2012 von 10 mm Durchmesser, während man für unverzweigte Leitungen Eisendrahtseil L 2011 von 110 qmm Querschnitt und 13,5 mm Durchmesser oder L 2010, 100 qmm Querschnitt und ebenfalls 13,5 mm Durchmesser vorzugsweise verwendet. Die Verlegung der Luftleitung hat stets in wagerechter oder abfallender Richtung zu erfolgen. Ansteigende Leitungsführungen und starke Krümmungen sind unter allen Umständen zu verwerfen. Die Grate und Giebel werden, falls sie nicht, wie schon erwähnt, mit Metall abgedeckt sind, gleichfalls durch Leitungen geschützt, die über diese Gebäudeteile hinweggeführt werden. Falls Regenrinnen vorhanden sind, bedarf es eines besonderen Schutzes der Traufkanten nicht. Jedoch müssen die Rinnen metallisch mit dem Leitungsnetz verbunden werden, ebenso die unteren Enden der Regenabfallrohre mit den Ableitungen.

Der Anschluß der im Innern der Gebäude enthaltenen Metallmassen, wie eiserne Dachstühle, eiserne Säulen, Treppen und Unterzüge sowie das Rohrsystem der Gas-, Wasser- und Heizungsanlage an die Blitzableitung hat ebenfalls zu erfolgen. Hierunter fallen auch größere Maschinen und deren eiserne Fundamente. Es ist zu beachten, daß der Anschluß der erwähnten Metallmassen an ihrem höchsten und tiefsten Punkt herzustellen ist. Das Vorhandensein senkrecht das Gebäude durchziehender Metallteile macht die Anordnung besonderer Ableitungen für diese Teile überflüssig. Wichtig ist, daß derartige Eisenkonstruktionen sowie sämtliche andere Eisenteile, die nicht mit dem Erdreich direkt in Verbindung stehen, geerdet bzw. an die Erdleitung der Blitzableiteranlage angeschlossen werden. Die Ableitungen vermitteln die Verbindung des Dachleitungsnetzes mit den Erdleitungen. Sie müssen stets die Fortsetzung der von den Hauptentladungspunkten herabführenden Leitungen bilden, wobei zu bemerken ist, daß jede Einschlagstelle mindestens zwei Ableitungen erhält. Der Abstand der Ableitungen voneinander kann je nach Ausdehnung des Gebäudes bis zu 20 m betragen.

Die Befestigung der wagerechten Leitungen erfolgt in einem Abstand von ca. 1,3 m, die der senkrechten in ca. 2 m Abstand. Als Leitungsstützen verwendet man für die First- und Gratleitungen bei Ziegeldächern nach Eindeckung des Daches die Firstbügel L 2030, bei Schiefer- und Pappdächern die Schelleisen L 2034 mit Dichtungsblech L 2050. Für die Befestigung sonstiger Leitungen ist die Anwendung der Leitungsstützen L 2032 bei Ziegeldächern und L 2034 bei Schiefer- und Pappdächern zu empfehlen. Die Ableitungen werden am Mauerwerk mit den Schelleisen L 2040 und am Holzwerk mit L 2042 durch Eingipsen bzw. Einschlagen befestigt.

Den Zusammenhang der Leitungen mit den Regenrinnen stellt man durch Lötung unter Verwendung des Überlegers L 2061 her. Die T-Stücke L 2071 sowie die Kreuzstücke L 2080 dienen der Herstellung von Abzweigungen. Zur Verbindung zweier Leitungsenden verwendet man die Verbindungsmuffe L 2091. Der Anschluß einer Fangstange wird durch die Reduktionsmuffe L 2101 oder, falls das untere Ende der Fangstange hierfür nicht benutzbar ist, durch die Fangstangenschelle L 2110 bewirkt.

Sind Eisenkonstruktionsteile oder Metallabdeckungen an die Blitzableitung anzuschließen, so verwendet man hierzu die Anschlußstücke L 2121 unter Verwendung einer Zwischenlage aus Weichblei. Die Abdichtung der Durchführung der Blitzableitung durch das Dach zum Anschluß der im Innern vorhandenen Metallmassen nimmt man mittels der Dachdurchführung

L 2130 vor. Jede Ableitung muß, bevor sie mit der Erdleitung verbunden wird, eine leicht lösbare Abtrennmöglichkeit erhalten. Dies geschieht unter Zwischenschaltung der Ausschaltevorrichtungen L 2141. Zum Schutze des Überganges der Erdleitungen in das Erdreich dienen die Schutzrohre L 2151, welche mit den Schelleisen L 2057 am Mauerwerk befestigt werden. Anschlußschellen für den Anschluß der Blitzableitung an die Rohrleitungen und Regenabfallrinnen sind für 25 bis 127 mm äußeren Rohrdurchmesser lieferbar.

Besondere Beachtung verdient die Verteilung der Erdleitungen. Man verwendet hierfür vorzugsweise verzinktes Eisendrahtseil L 2011 von 110 mm Querschnitt und 13,5 mm Durchmesser. Zum Schutze gegen Säure- und Feuchtigkeitseinflüsse wird ein dauerhafter Teer- oder Asphaltanstrich empfohlen. Vorhandene Wasserleitungen sind allen anderen Erdungen vorzuziehen. Über die sonstige Ausführung der Erdleitungen können keine allgemein gültigen Vorschläge gemacht werden, da die jeweilige Bodenbeschaffenheit der ausschlaggebende Faktor ist. Zur Verwendung gelangen Erdplatten L 2160, Erdleitungszylinder für Brunnen oder L 2175 Netzplatten aus 2 mm Streckmetall. Gute Erfolge hat man auch mit sogenannten Ringleitungen erzielt, welche um das ganze Gebäude in der Erde herumführen. Sind mehrere Erdungen vorhanden, so empfiehlt es sich, dieselben ebenfalls durch eine Ringleitung zu verbinden. Befinden sich in der Nähe des Gebäudes feuchte Stellen, wie Wassergräben, Dunggruben usw., so sind diese in das Leitungsnetz einzuschließen oder durch Ausläufer mit der Ringleitung zu verbinden. Eiserne Saugrohre von Röhrenbrunnen lassen sich ebenfalls mit Vorzug als Entladungspunkte verwenden, da dieselben dauernd mit Grundwasser in Verbindung stehen. Die Ausdehnung der Erdleitungen richtet sich nach den jeweiligen Untergrundverhältnissen.

Die Untersuchung der Blitzschutzanlagen geschieht am besten alljährlich im Frühjahr. Sie erstreckt sich auf die Besichtigung des ganzen Leitungsnetzes, wobei ev. bauliche Veränderungen zu berücksichtigen sind, und auf die galvanische Messung des Widerstandes der Luftleitungen sowie der Übergangswiderstände der Erdleitungen. Die Messungen sind mittels der Meßbrücke K 3000 vorzunehmen. Eine genaue Gebrauchsanweisung liegt jeder Meßbrücke bei. Das Luftleitungsnetz muß hierbei einen Widerstand von weniger als 1 Ohm aufweisen. Einen entsprechenden Widerstand müssen auch die Erdleitungen besitzen, die an ein ausgedehntes Wasserrohrnetz angeschlossen sind. Über die Höhe des Widerstandes der Erdleitungen kann keine bindende Angabe gemacht werden, da sich der Widerstand nach der örtlichen Bodenbeschaffenheit bestimmt. Es kann daher nur die Forderung aufgestellt werden, daß die Erdleitung einen geringeren Erdausbreitungswiderstand aufweisen muß als alle anderen in der Nähe befindlichen Entladungspunkte. Bei normaler Bodenbeschaffenheit ist ein Widerstand bis zu 20 Ohm für eine einzelne Erdung zulässig.

Für jede Blitzableiteranlage ist eine Zeichnung herzustellen, die bei einfachen Gebäuden als Handskizze ausgeführt sein kann. Die folgenden Bezeichnungen sind von dem Ausschuß für Blitzableiterbau in dem Buche »Der Blitzschutz« 1924 zusammengestellt worden:

Blitzableiter einschl. aller Teile . . . . rot
Rohrleitungen . . . . blau
Andere Metallteile einschl. Dachrinnen
   und Abfallrohre . . . . grün
sichtbare Teile. . . . . durchgezogen
verdeckte Teile . . . . gestrichelt
geplante Erweiterung bestehender Anlagen punktiert

Auffangstangen . . . . roter Kreis
Fangendigung . . . . rote Kreisscheibe
Trennstellen . . . . 2 sich berührende
                                     Kreisscheiben
Anschlußstellen . . . . ein zur Blitz-
                                     ableitung senk-
                                     rechter Strich
Abfallrohre . . . . grüner Kreis
Träger, senkrecht . . . . grüne Kreis-
                                     scheibe
Träger, wagerecht . . . . grün strich-
                                     punktiert
Erdung (allgemein). . . . . rotes Rechteck

Falls nähere Form der Erdung angegeben werden soll:

    a) Platte . . . . rotes Rechteck
                                      mit schraffier-
                                      ter Ecke
    b) Netz . . . . rotes Rechteck
    c) Rohrkörper . . . . roter Kreis im
                                      Rechteck
    d) eiserne Pumpe . . . . blauer Punkt mit
                                      Mittelpunkt
    e) Brunnen . . . . } blaues Quadrat
    f) Sickergrube . . . . }

Die Resultate der einzelnen Blitzableiter-Prüfungen sind
der Reihenfolge nach geordnet zu notieren. Am praktischsten
geschieht dies mit Hilfe eines sogenannten Prüfungsbuches,
von dem hier ein Muster gegeben ist.

Muster für ein Prüfungsbuch.

Ort . . . .
Besitzer . . . .
Bestimmung des Gebäudes . . . .
Bauart . . . .
Größere Metallteile in und an dem Gebäude . . . . . .
Untergrundverhältnisse . . . .
Bodenart . . . .
Wann ist die Anlage errichtet? . . . .
Blitzableiter-Anlage: (Lageplan mit Angabe von haupt-
    sächlichen Entladungsstellen sowie mit eingezeichneter
    Leitungsführung.)

Prüfungen:

Datum und Tageszeit . . . .
Wetter . . . .
Oberirdische Leitung . . . .
Allgemeiner Zustand der Dachleitungen, Verbindungs-
    stellen usw. . . . .
Erdleitung . . . .
Meßresultat . . . .
Beschaffenheit etwa sichtbarer Wasserleitungsanschlüsse .
Verwendete Hilfserden . . . .
Eventuelle Verbesserung der Erdleitung . . . .
Am Gebäude, seinen Metallteilen und seiner Umgebung sind
    Änderungen eingetreten, welche folgende Veränderun-
    gen der Blitzableiter-Anlage bedingen . . . .
Datum . . . .   Unterschrift . . . .

Die Mängel, die durch obigen Prüfungsbericht festgestellt
wurden, sind am . . . . von . . . .
beseitigt worden (ev. Einzeichnung in den Lageplan).

Datum . . . .   Unterschrift . . . .

Um einen Anhalt für die Projektierung der Blitzableiteranlagen zu geben, ist im folgenden eine Zusammenfassung der
notwendigen Materialien aufgeführt. Jedoch ist diese Zusammenstellung nur als Anleitung aufzufassen und richtet sich der tat-
sächliche Bedarf nach Größe und Art der zu schützenden Gebäude.

Zusammenstellung.

L 2000—2004: Fangstangen aus verzinktem Rundeisen,
L 2005: Fangstangenbefestigungen,
L 2101: Reduktionsmuffen und
L 2110: Fangstangenschellen zum Anschluß einer 10 mm-
    Leitung an die Fangstangen,
L 2012: Eisendrahtseil, 10 mm Durchmesser, bestehend
    aus 7 Adern zu je 3,3 mm Durchmesser, 60 qmm
    Querschnitt, für die Gebäudeleitungen,
L 2030: Firstbügel für die Befestigung der Dachleitungen
    (nach der Dacheindeckung zu verwenden),
L 2032: Schelleisen zur Befestigung der Dachleitungen auf
    Ziegeldach,
L 2034: desgleichen, jedoch für Schiefer- oder Pappdach,
L 2040: Schelleisen, zur Befestigung der Ableitungen am
    Mauerwerk mittels Steinschraube,
L 2041: desgleichen, für Holzfachwerk,
L 2060: Überleger zum Anschluß der Leitungen an die
    Regenrinnen,
L 2071: T-Stücke
L 2080: Kreuzstücke   } zur Verbindung der Leitungen
L 2091: Verbindungsmuffen } untereinander,
L 2121: Anschlußstücke zum Anschluß an Eisenkonstruk-
    tionen,
L 2141: Ausschaltevorrichtungen zum Trennen der Luft-
    von der Erdleitung zwecks galvanischer Unter-
    suchung,
L 2150: Schutzrohr zum Schutze der unteren Enden der
    Leitungen an ihrem Übergang in das Erdreich, aus
    verzinktem Eisenrohr, 2,50 m lang,
L 2155: Schelleisen zur Befestigung des Schutzrohres
    L 2150 am Mauerwerk,
L 2010: Eisendrahtseil, 13,5 mm Durchmesser, bestehend
    aus 12 Adern zu je 3,3 mm Durchmesser, Quer-
    schnitt 110 mm, für die Erdleitungen,
L 2160: Erdplatte aus 3 mm starkem verzinkten Eisen-
    blech, Größe 1 × 0,5 m,
L 2165: Erdleitungszylinder aus verzinktem Eisenrohr,
    2 m lang, 102 mm äußerer Durchmesser,
L 2175: Netzplatte aus 2 mm verzinktem Streckmetall,
    Größe 2 × 0,5 m.

Es sei bemerkt, daß sämtliches von der Firma Mix & Genest
gelieferte Blitzableitermaterial aus stark verzinktem Eisen besteht, und daß sich diese Ausführungsart in der Praxis bestens
bewährt hat. Die hier ausgezogenen Nummern sind aus der
Teilliste »L« über Blitzableitermaterial der Firma Mix & Genest
entnommen und für einen Leitungsdurchmesser von 10 mm
berechnet.

D. Spezialwerkzeuge für Schwachstromanlagen.

In der Praxis hat sich vielfach die bedauerliche Tatsache
herausgestellt, daß bei Montagen leider noch viel zu wenig Wert
auf Spezialwerkzeuge gelegt wird, obwohl bei dem heutigen
außerordentlich hohen Stande der Schwachstromtechnik allgemein besonderer Wert auf Präzision in der Ausführung der

benutzten Teile gelegt wird, kann man immer noch beobachten, daß leider noch sehr häufig seitens der Monteure an diese mitunter recht empfindlichen Präzisionsteile mit improvisierten Werkzeugen herangegangen wird. Sehr beliebt ist es immer noch, Messer als Schraubenzieher zu verwenden usw. Wer sich vor Schaden bewahren und sorgfältige und zuverlässige Arbeit liefern will, muß den Monteuren auch entsprechende Werkzeuge in die Hand geben. Dies ist um so mehr erforderlich, als jedes Material zu seiner Verarbeitung andere Werkzeuge erfordert und den Monteuren nur in den seltensten Fällen die Hilfsmittel der Werkstätten zur Verfügung stehen.

Außer den allgemeinen Werkzeugen, wie zwei verschieden schweren Hämmern, Kneif-, Champagner-, Schnabel-, Flach- und Rundzangen, Schraubenziehern verschiedener Größe und Stärke, Stein-, Spitz- und Flachmeißel'usw., sind für die Innenmontage Rohrbohrer aus Mannesmannröhren, welche kronenförmig ausgearbeitet und mit einem seitlichen Schlitz zum Herausfallen des Mauerstaubes versehen sind, für das Durchbohren von Mauerwänden erforderlich; zum Durchbohren von Balken und Holzdecken Spiralstangenbohrer mit doppelten Messern und angeschmiedeten Ösen zum Durchstecken eines Griffes oder mit Vierkant versehen, zum Einspannen in eine Bohrknarre.

Zur Montage von Isolierrohr mit verbleitem Eisenmantel oder Messingmantel werden gebraucht: Eine Metallsäge mit auswechselbarem Sägeblatt zum Durchsägen des Rohres, Rohrbiegezangen, passend für alle Rohrstärken, und zwar für Rohre von 7, 9, 11, 13,5, 16, 21, 23, 29 und 36 mm l. W., Lochzangen zum Herstellen der Einführungsöffnungen in Verbindungsdosen; für die Rohrbefestigung Setzeisen und Mutterschlüssel, Stahlband, vorn mit Kugel versehen zum Einziehen der Leitungsdrähte oder eines Hilfseisendrahtes. Für die Bearbeitung von Peschelrohr wird zur Beseitigung des Grates Dreikantfeile und Krauskopf erforderlich. Um Stahlpanzerrohre verarbeiten zu können, müssen die Monteure einen transportablen Rohrbock, eine Spezialbiegevorrichtung und eine Gewindeschneidkluppe mit einem Satz Gewindeschneidbacken für Gasgewinde mit bekommen. Ebenso wie Stahlpanzerrohr erfordert auch Rohrdraht ganz spezielles Werkzeug für seine Bearbeitung.

Außerdem dürfen in keinem Werkzeugkasten fehlen: Nagel-, Löffel-, Zentrum-, Spiral- und Gewindeschneidbohrer, Feilkloben, Stechbeitel, Bohrmaschine und Brustleier mit Knarre, Seitenschneider, Fuchsschwanz und Stichsäge, Blechscheere, Druckzange für Drahtverbindungshülsen, Spirituslötlampe, sogenannte Tinollampe und Benzinlötlampe, verschiedene Lötkolben (sehr bewährt haben sich auch elektrische Lötkolben). Schmiege, Bandmaß, Senklot und Wasserwage, Holzraspel, Feilen, Ölkännchen, Gipsgeschirr mit Spachtel, Staub- und Wasserpinsel usw.

Für den Freileitungsbau werden an Spezialwerkzeugen noch gebraucht: Handbohrer, Erdbohrer, Schneckenbohrer, Spitzhacke, Säge, Beil, Flaschenzug, Froschklemme, Spannklemme, Steigeisen, Sicherheitsgürtel, Drahthaspel, Hebekluppe usw.

Für automatische Fernsprechanlagen sind außerdem noch besondere Werkzeuge erforderlich, wie: Stecklehren, Kopfhörer mit Kondensator, verschiedene Federbieger, Steck- und Mutterschlüssel, Kontaktreiniger, Justierzangen und Federwagen.

Von den bisher genannten Werkzeugen, welche hauptsächlich für die Installation von neuen Anlagen gebraucht werden, unterscheiden sich die Werkzeuge der Reparaturmonteure nicht unwesentlich. Da bei einwandfreier Herstellung eines

Leitungsnetzes, Reparaturen an den Leitungen kaum erforderlich werden, müssen die Werkzeuge dieser Monteure hauptsächlich für Apparatjustierungen und Reparaturen geeignet sein. Es muß deshalb mehr Wert auf feinere Werkzeuge gelegt werden, die sich in kleinen Handkoffern und Werkzeugtaschen unterbringen lassen. Neben den Spezialwerkzeugen für Automatenmonteure kommen in Betracht: mittlere und feine Schraubenzieher, leichte Hämmer, kleine Schlichtfeilen, Gewindeschneidbohrer, Spiralbohrer, Feilkolben, Schnabel-, Flach- und Rundzange, Federbiegezange, Federspanner, Kontaktfeile, Tinollampe, kleiner Spitz- und Flachlötkolben, elektrischer Lötkolben, Linsen und Lampenzieher, Schaber usw. Zur Prüfung der Batterien ist unbedingt ein kombiniertes Volt- und Amperemeter, zur Feststellung von Isolationswerten ein Isolationsprüfer oder Ohmmeter erforderlich. Vielfach bringen die Großfirmen fertig zusammengestellte Werkzeugtaschen für Reparaturmonteure in den Handel.

IV. Selbstanschluß (SA)-Anlagen.

1. Allgemeines.

Während in den Hand-vermittlungsämtern Personal erforderlich ist, um die Teilnehmer des Fernsprechnetzes untereinander zu verbinden und nach Beendigung des Gespräches zu trennen, erfolgt bei automatischen Fernsprechanlagen sowohl die Herstellung als auch die Trennung von Verbindungen durch Schaltwerke (Wähler), die vom Teilnehmer aus mit Hilfe der an jedem Fernsprechapparat angebrachten Nummernscheibe über Relais im Amt elektrisch gesteuert werden.

Die wesentlichsten Bestandteile dieser Wähler (Abb. 22) sind der Heb- und Drehmagnet, vermittelst derer die an einer Schaltwelle angebrachten Wählerarme durch Heben und Drehen auf den gewünschten Teilnehmeranschluß eingestellt werden, sowie ein Auslösemagnet, der die Rückführung der Schaltwelle in die Ruhelage bewerkstelligt. Die Arme der Wähler schleifen über ein halbzylindrisches Kontaktfeld, an welches die Teilnehmerleitungen herangeführt sind. Da ein Wähler zehn Hebschritte und ebensoviel Drehschritte machen kann, so hat er damit die Möglichkeit, ein Kontaktfeld von 100 Teilnehmeranschlüssen zu bestreichen. Man hat auch bereits mehr als 100 teilige Wähler in Betrieb, doch soll an dieser Stelle nichtnäher darauf eingegangen werden. Jedenfalls ist bei dem sog. Strowger[1])-Wähler das Dekadensystem gewahrt.

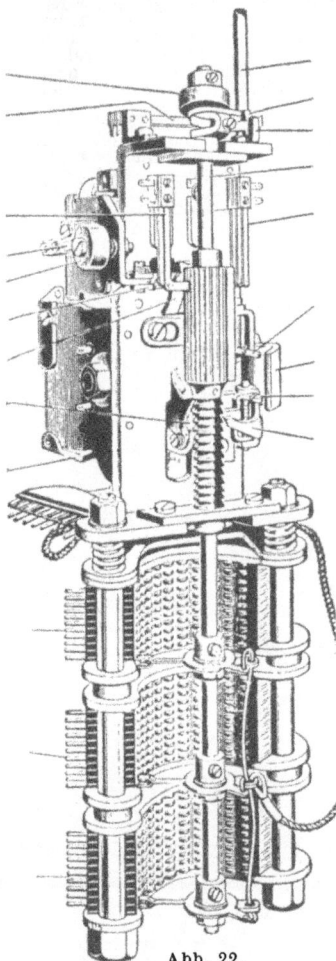

Abb. 22.

---

[1]) Benannt nach den Gebr. Strowger, Chicago, denen die Erfindung des Wählers in seinem Grundprinzip zugeschrieben wird.

Von den drei Armen des **Wähler**s führen zwei (a- und b-Arm) die Sprechadern, während der dritte Arm (c-Arm) zur Signalisierung und für Hilfszwecke (Rufen, Auslösen usw.) benötigt wird. Dieser Anordnung entsprechend ist auch jede Teilnehmerleitung mit a, b und c an den Kontaktsatz der Wähler herangeführt, der Anschluß der Stationen erfolgt jedoch nur mit zwei Leitungen. Für die Steuerung befinden sich am Wähler außerdem noch Kopf- und Wellenkontakte, die beim Heben bzw. Drehen der Schaltwelle mechanisch betätigt werden. Das automatische Weiterschreiten eines Wählers in der Drehrichtung wird durch einen sogenannten Selbstunterbrecher bewirkt.

Da' nun über die Teilnehmerleitungen nur ein schwacher Strom fließt, die Magnete der Wähler jedoch bedeutend mehr Energie benötigen, so werden leichtempfindliche Relais (Abb. 23) eingeschaltet, welche die vom Teilnehmer gegebenen Stromimpulse von der Linienleitung auf die Arbeitsmagnete übertragen. Diese Relais bestehen aus einem bewickelten Eisenkern, einem Joch und einem Eisenanker, wobei ganz besonders auf einen guten magnetischen Schluß zu achten ist. Die auf dem Joch isoliert montierten Federsätze werden durch den Relaisanker betätigt.

Die Herstellung einer Verbindung geschieht auf folgende Weise:

Der Teilnehmer hebt ab und wählt mit seiner Nummernscheibe die gewünschte Teilnehmernummer. So wird z. B. der Anschluß »375« erreicht, wenn zuerst die »3«, dann nacheinander die »7« und die »5« gewählt werden. Der Ruf beim gewünschten Teilnehmer erfolgt automatisch in Abständen von 8 bis 10 Sekunden, bis der Gerufene sich meldet. Außerdem erhält der rufende Teilnehmer ein besonderes akustisches Zeichen, je nachdem der gewünschte Teilnehmer »frei« oder »besetzt« ist. Nach Beendigung des Gespräches erfolgt die Trennung automatisch durch Auflegen des Hörers.

Man unterscheidet im wesentlichen zwei Systeme, nach denen zurzeit Anlagen ausgeführt werden, und zwar:

1. das Anrufsuchersystem und
2. das Vorwählersystem.

Abb. 23.

Der prinzipielle Aufbau dieser beiden Systeme soll nachstehend kurz erläutert werden.

Das Anrufsuchersystem ist in seiner Durchbildung vergleichbar dem Zweischnursystem des Handamtsbetriebes (Abb. 24).

Jeder Teilnehmer liegt an einem Kontakt des Anrufsuchers und des Leitungswählers. Die Schaltarme des Anrufsuchers, vergleichbar der Abfrageschnur, suchen die Kontakte der entsprechenden Dekade des Kontaktsatzes ab und bleiben auf dem rufenden Anschluß stehen. Die Schaltarme des Leitungs-

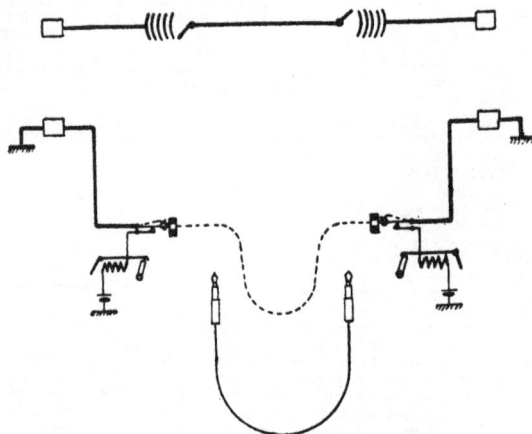

Abb. 24.

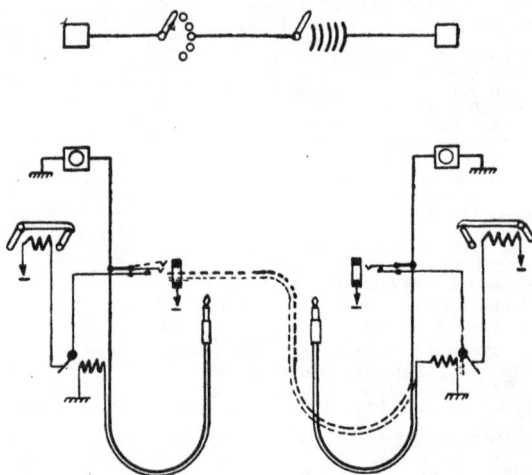

Abb. 25.

wählers, vergleichbar den Verbindungsschnüren, werden vermittelst der Nummernscheibe vom rufenden Teilnehmer aus gesteuert und stellen sich auf den gewünschten Anschluß ein.

Das Vorwählersystem entspricht dem Einschnursystem des Handamtsbetriebes (Abb. 25).

Bei diesem System besitzt jeder Teilnehmer seinen eigenen Drehwähler (Vorwähler, Abb. 26), dessen Schaltarme durch Bestreichen ihres Kontaktsatzes einen freien Leitungswähler aussuchen und auf diesem stehen bleiben. Die vom Rufenden gegebenen Stromimpulse werden nun auf diesen Leitungswähler übertragen, und die Arme desselben werden auf die Kontakte des gewünschten Teilnehmers eingestellt.

Abb. 26.

Der Ruf zum verlangten Teilnehmeranschluß erfolgt bei beiden Systemen automatisch, desgleichen wird die Verbindung nach Gesprächsschluß durch Auflegen des Hörers selbsttätig getrennt.

Beide Systeme sind durch Zwischenschaltung von Gruppenwählern erweiterungsfähig, wobei die Einfügung jeder weiteren Gruppenwahlstufe eine weitere Wählergruppe bedingt.

2. Überwachung von Selbstanschluß (SA)-Fernsprechanlagen.

Eine Überprüfung automatischer Fernsprechanlagen darf nur von der Person vorgenommen werden, der die Wartung der betreffenden Zentralanlage obliegt.

Bei Auftreten einer Störung ist in allererster Linie mit Hilfe des Prüfschrankes festzustellen, ob die Störung zwischen Teilnehmerstation und Hauptverteiler oder in der Zentraleinrichtung liegt.

Bevor irgendwelche Arbeiten am Wählergestell vorgenommen werden, ist vor allen Dingen die Betriebsspannung auf ihre Richtigkeit nachzuprüfen. Des weiteren sind sämtliche im Wählergestell vorhandenen Sicherungen nachzusehen.

Die Wählerarme sämtlicher Wähler sind auf richtige Einstellung nachzuprüfen, desgleichen sind die Kontaktleisten der eingehängten Relaissätze auf gute Kontaktgabe zu kontrollieren.

Es sind Stichproben zu machen, ob die Wähler richtig justiert sind.

Unter genauer Beobachtung der Lichtsignale am Signaltableau sind vom Prüfschrank aus einige Verbindungen durchzuschalten und festzustellen, in welchem Arbeitsstadium die Störung eintritt. Dieser Vorgang ist an Hand des dazugehörigen Übersichtsschemas zu klären und die Störung so weit einzugrenzen, daß der fehlerhafte Apparat einwandfrei bezeichnet werden kann. Dieser Apparat ist dann, soweit derselbe auswechselbar ist, auszuhängen, durch ein Reserveaggregat zu ersetzen und zur Reparatur an das zuständige Bureau weiterzuleiten.

Sollte die Feststellung einer Störung nicht ohne besondere Schwierigkeiten möglich sein, so ist vom zuständigen Bureau ein Spezialist für die Revision anzufordern.

Es ist zu beachten, daß durch unsachgemäßes Eingreifen in ein automatisches Wählergestell gegebenenfalls mehr verdorben als verbessert werden kann, und ist bei den zuständigen Stellen darauf hinzuwirken, daß jegliche Eingriffe durch Nichtfachleute vermieden werden.

3. Spezialwerkzeuge für Selbstanschluß (SA)-Installationen.

Für Montage und Revision vollautomatischer Zentralanlagen sind besondere Werkzeuge erforderlich:

Ein kompletter Satz derjenigen Spezialwerkzeuge, welche sich auf Grund praktischer Erfahrungen als notwendig und zweckmäßig erwiesen haben, ist von der Firma Mix & Genest zusammengestellt worden.

Es sei hierbei besonders aufmerksam gemacht auf die »Federbieger«, »Federwagen«, »Stecklehre« usw., ohne welche eine sachgemäße und den Vorschriften entsprechende Justierung der Relais und Federsätze nicht möglich ist. Ein Kopfhörer mit Kondensator und Umschalter, welcher für Arbeiten am Wählergestell, insbesondere bei der Eingrenzung von Störungen und zur Verfolgung von Schaltungsvorgängen von äußerster Wichtigkeit ist, gehört gleichfalls zur vollständigen Werkzeugausrüstung.

V. Schaltungen.

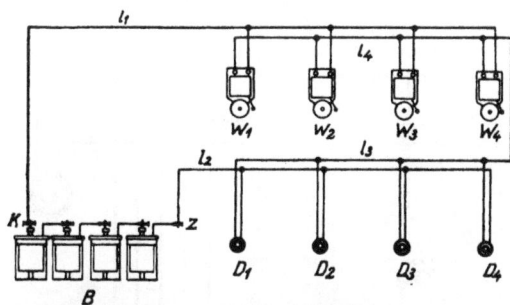

1. Signal-Anlage mit parallel geschalteten, höher-
ohmigen Weckern und gleichmäßiger Verteilung
der Spannung.

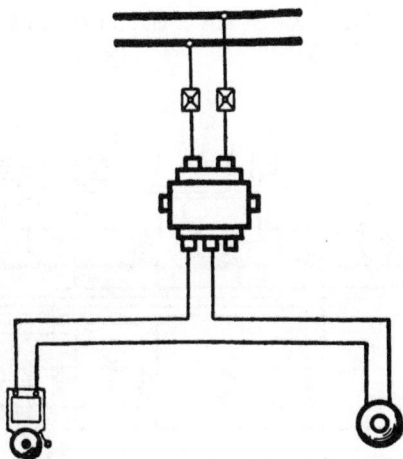

2. Schaltung eines Klingeltransformators.

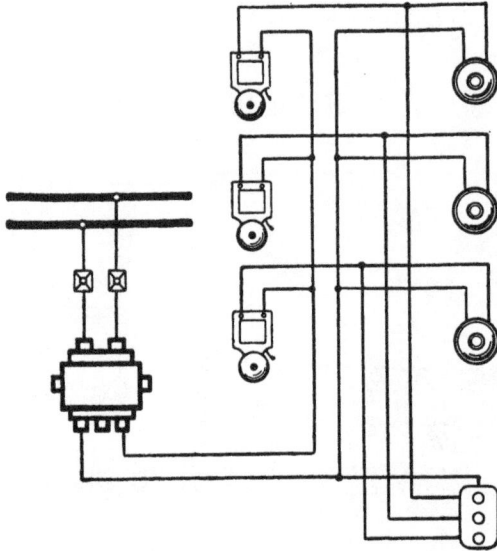

3. Signal-Anlage mit Klingeltransformator.

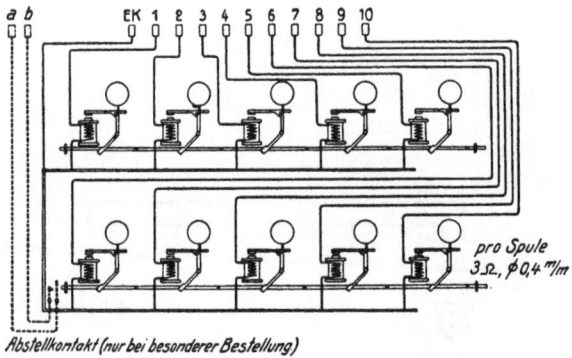

Abstellkontakt (nur bei besonderer Bestellung)

4. Innenschaltung eines Fallklappen-Tablos.

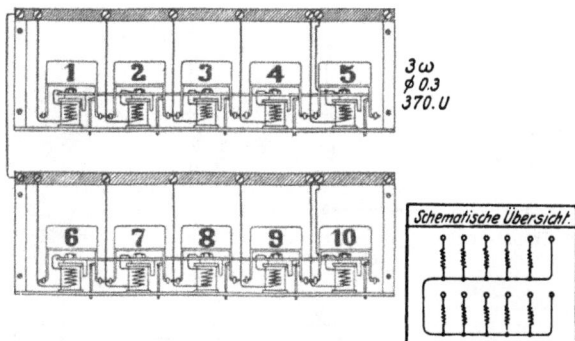

3ω
∅ 0.3
370. U

Schematische Übersicht.

5. Innenschaltung eines Emge-Klappentablos mit mechanischer
Abstellung.

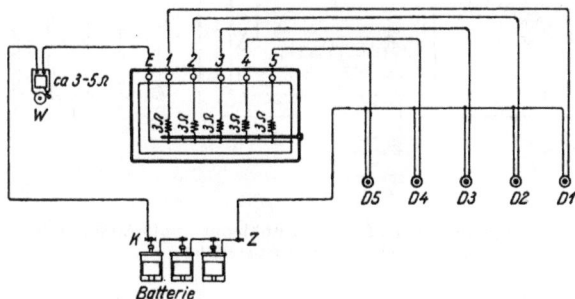

ca 3-5Ω

W

3Ω 3Ω 3Ω 3Ω 3Ω

D5 D4 D3 D2 D1

K   Z

Batterie

6. Tablo-Anlage mit Fallklappen oder Emge-Klappen
(mechanische Abstellung).

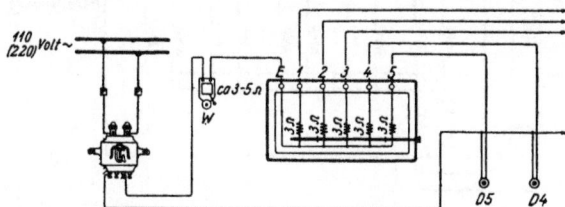

110
(220) Volt ~

ca 3-5Ω

W

3Ω 3Ω 3Ω 3Ω 3Ω

D5 D4

7. Fallklappen-Tablo-Anlage mit Transformator.

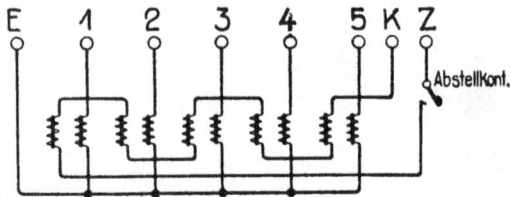

8. Innenschaltung eines Kippklappen-Tablos mit 5 Klappen und elektrischer Abstellung.

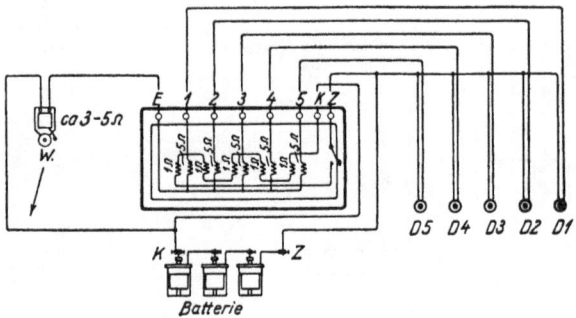

9. Prinzipschaltung einer Kippklappentablo-Anlage mit elektrischer Abstellung.

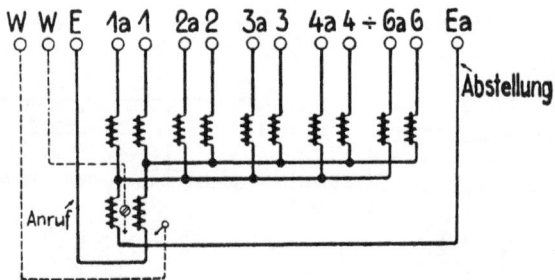

10. Kippklappen-Kontrolltablo mit 5 Klappen und einer Relaisklappe mit Dauerkontakt.

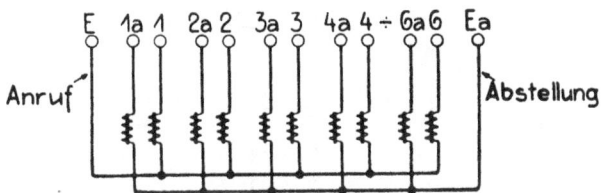

11. Kippklappen-Kontrolltablo mit 5 Klappen
(Einzelabstellung).

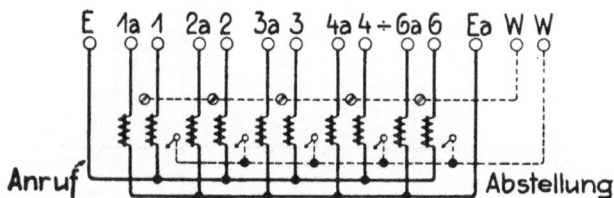

12. Kippklappen-Kontrolltablo mit 5 Klappen mit Relais-
Dauerkontakten.

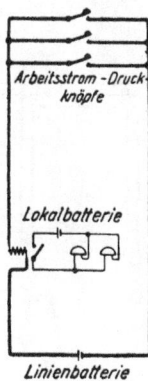

13. Relaisschal-
tung für Arbeits-
strom.

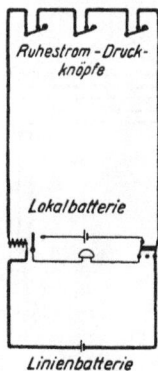

14. Relaisschal-
tung für Ruhe-
strom.

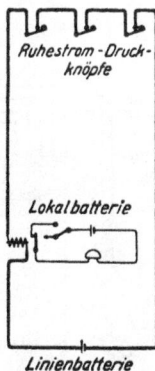

15. Relaissicher-
heits-Schaltung
für Ruhe- und
Arbeitsstrom.

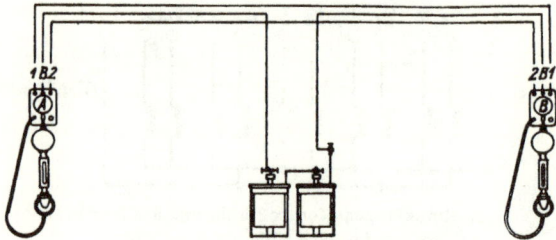

16. Emgephon-Korrespondenz-System.

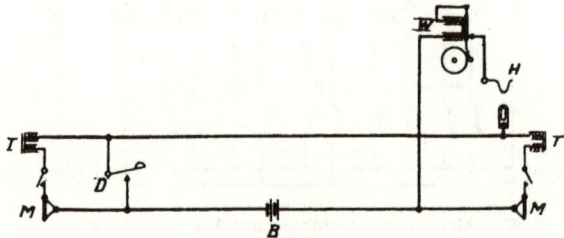

17. Prinzipschaltung einer Haustelephon-Anlage unter Verwendung der Klingelleitung mit Anruf nach einer Richtung.

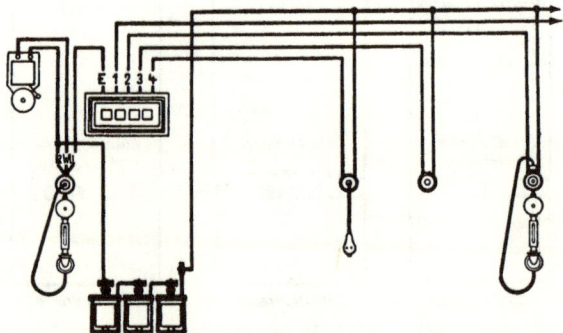

18. Emgephon-Anlage in Verbindung mit Fallklappen-Tablo (einseitiger Verkehr).

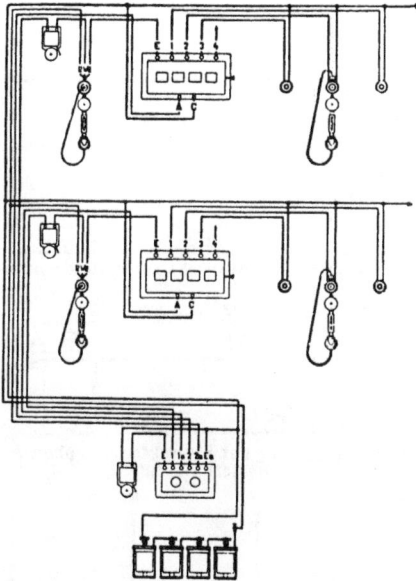

19. Tablo-Anlage mit Emgephon-Sprechver-
kehr von den Zimmern nach dem Etagentablo.

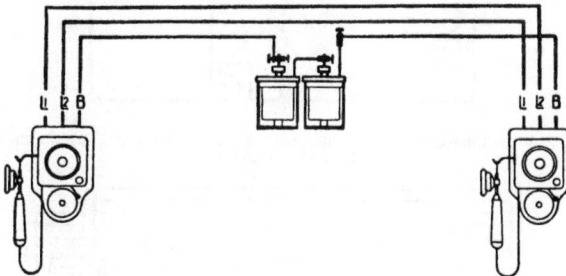

20. Korrespondenz-Telephon-Anlage mit 2 Stationen (direkte
Schaltung).

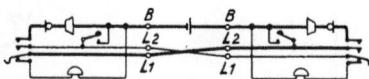

21. Prinzipschaltung der direkten Telephon-Anlage.

V. Schaltungen.

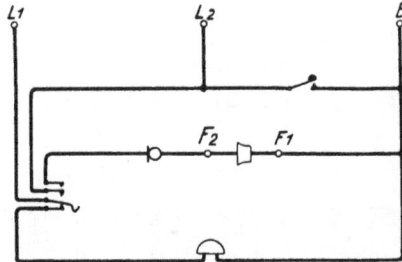

22. Innenschaltung eines direkt geschalteten Apparates.

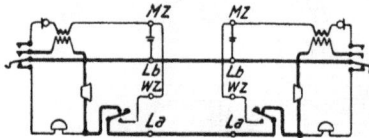

23. Prinzipschaltung der indirekten Telephon-Anlage
(Batterie-Anruf).

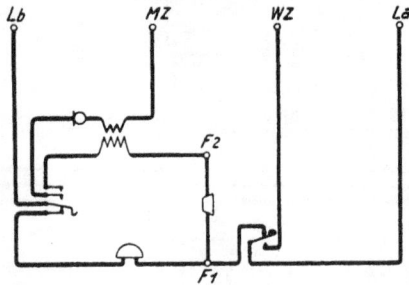

24. Innenschaltung eines indirekt geschalteten Apparates
(Batterie-Anruf).

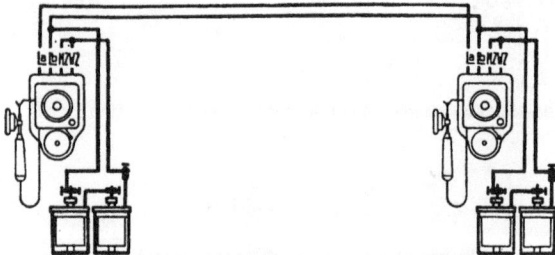

25. Telephon-Korrespondenz-Anlage mit 2 Stationen
(Batterie-Anruf).

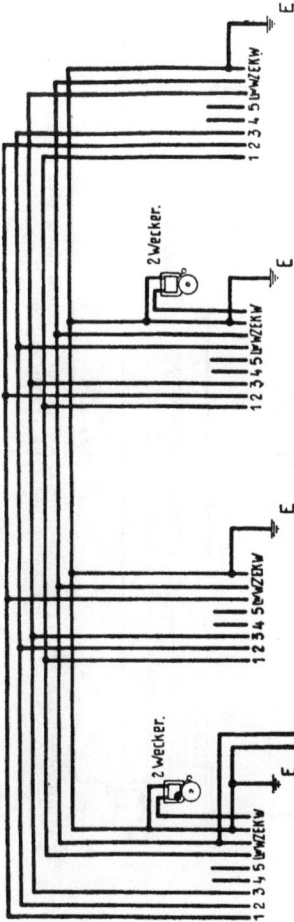

26. Druckknopf-Linienwähler für Einfachleitung.

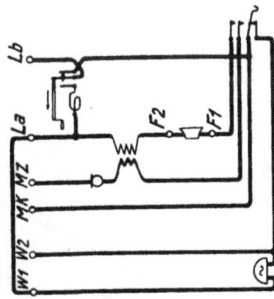

27. Prinzipschaltung einer Induktor-Telephon-Anlage.

28. Innenschaltung eines Induktor-Telephon-Apparates.

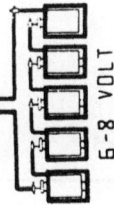

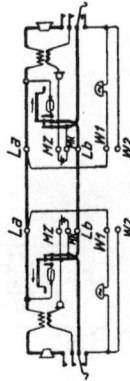

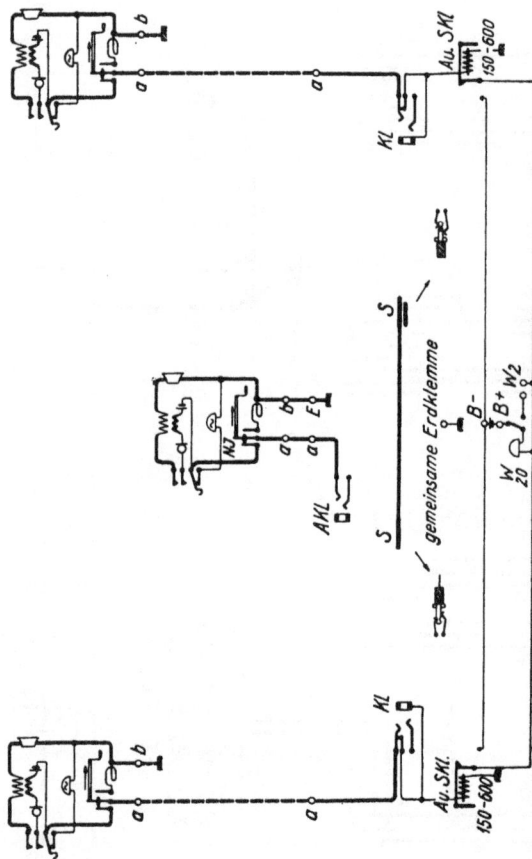

29. Prinzipschaltung einer Telephon-Zentral-Anlage für Einfachleitung und Induktoranruf mit Klappenschrank D 1102/D 1150.

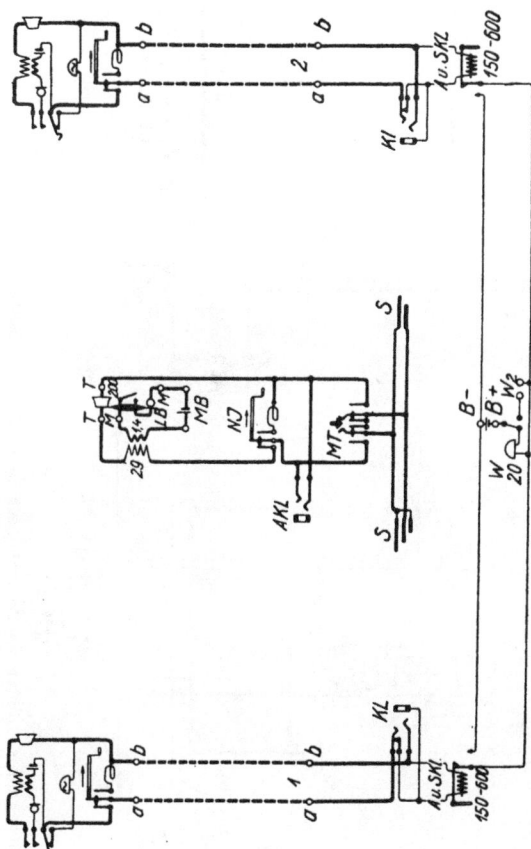

30. Prinzipschaltung einer Telephon-Zentrale für Doppelleitung und Induktoranruf mit Klappenschrank D 1104a/D 1150a.

32. Prinzipschaltung eines ZB-Apparates.

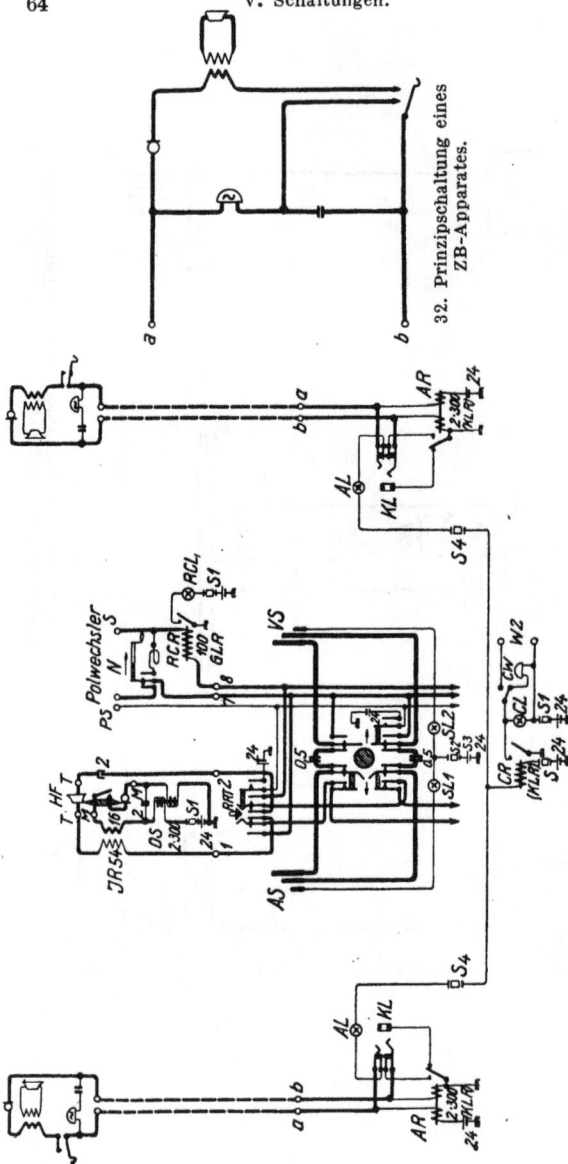

31. Prinzipschaltung eines Glühlampen-Zentralumschalters mit Zentralbatterie (ZB)-Betrieb.

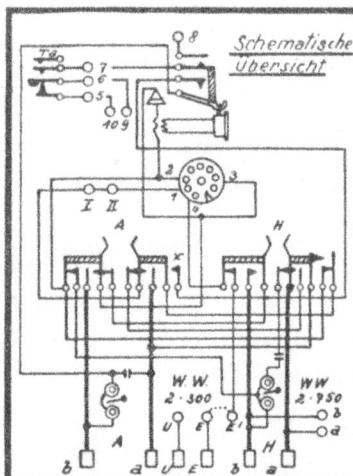

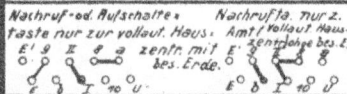

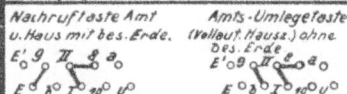

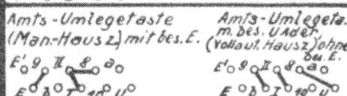

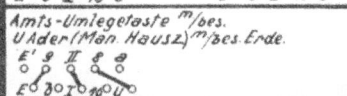

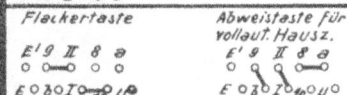

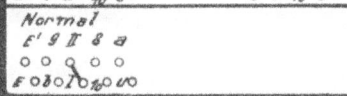

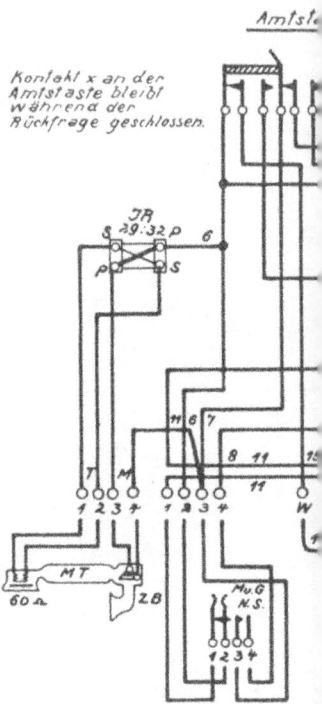

33. Innenschaltung einer Tischstation

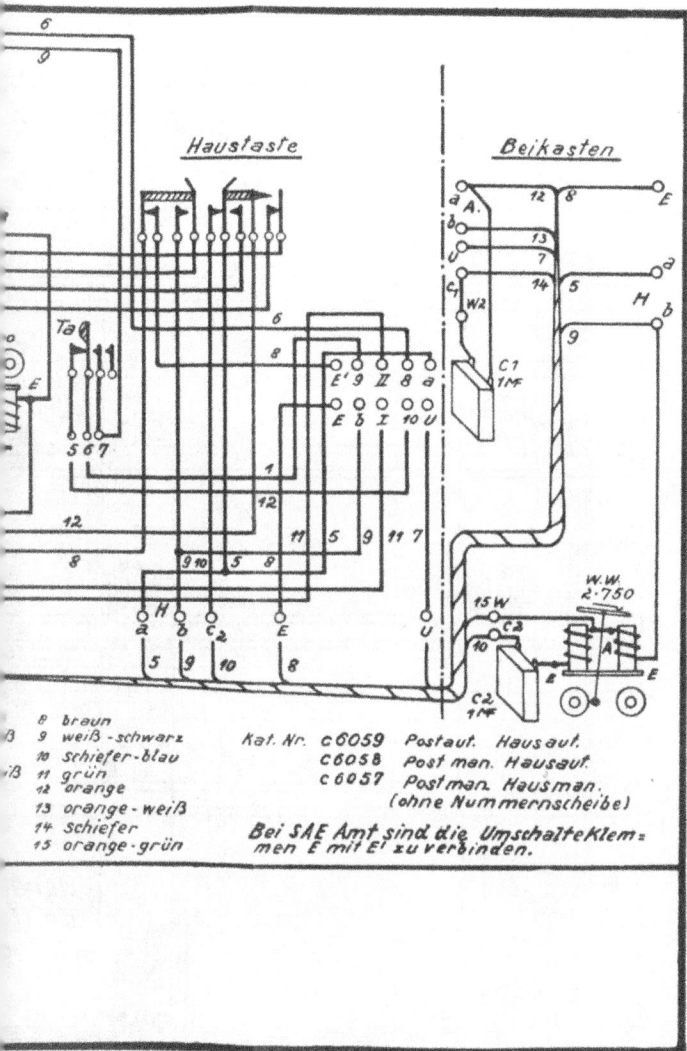

Kat. Nr. c 6059 Postauf. Hausauf.
c 6058 Post man. Hausauf.
c 6057 Postman. Hausman.
(ohne Nummernscheibe)

*Bei SAE Amt sind die Umschalte Klem-
men E mit E' zu verbinden.*

8 braun
9 weiß-schwarz
10 schiefer-blau
11 grün
12 orange
13 orange-weiß
14 schiefer
15 orange-grün

und einer umschaltbaren Zusatztaste.

34. Reihenschaltung

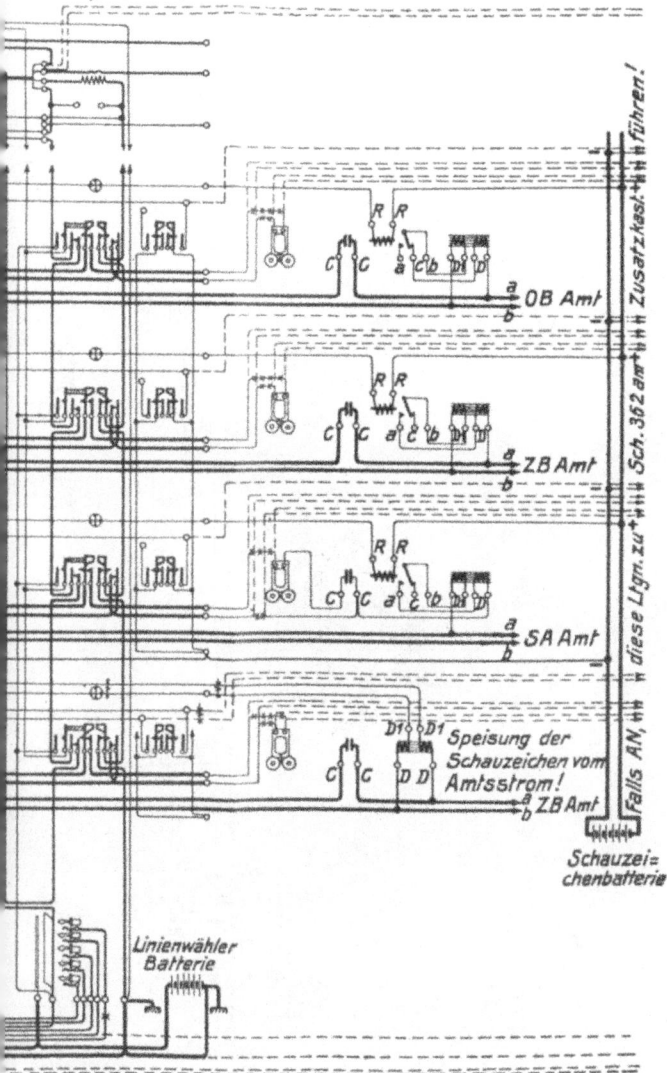

Tafel II.

Hauptstelle

R R
C C a c b
OB Amt
a
b

R R
C C a c b
Z.B Amt
a
b

R R
C C a c b
SA Amt
a
b

D1 D1 Speisung der
Schauzeichen vom
C C D D Amtsstrom!
a
b Z.B Amt

Schauzei=
chenbatterie

Falls A.N. diese Ltgn. zu Sch. 362 am Zusatzkast. führen!

Linienwähler
Batterie

zem Janusschalter.

Geheimklinke
Privatklinke
Klinken zum Verbinden der außenliegenden Nebenstellen untereinander.

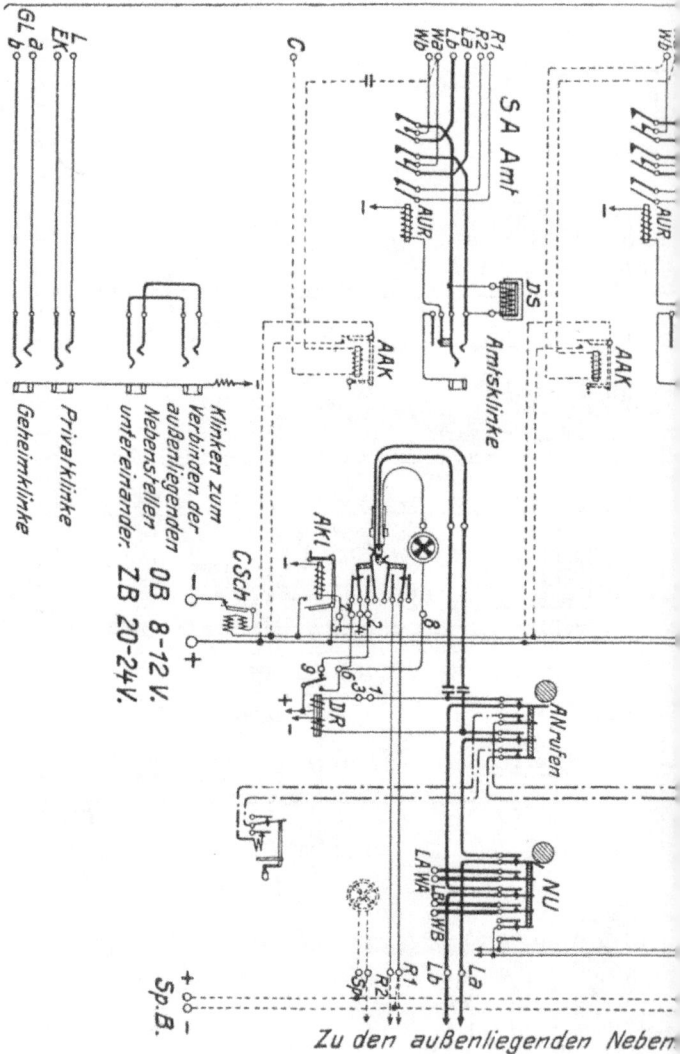

OB 8–12 V.
ZB 20–24 V.

S A Amt
AUR
AUR
Amtsklinke
DS
AAK
AAK
WD
R1
R2
La
Lb
Wa
WD
C
L
Ek
GL
b

AKl
CSch
DR
ANrufen
NU
LAWA
La
Lb
WB
R1
R2

Sp.B.
+
–

Zu den außenliegenden Neben

35 a. Innenschaltung für Zusatzkasten

(punktierte Leitungen)

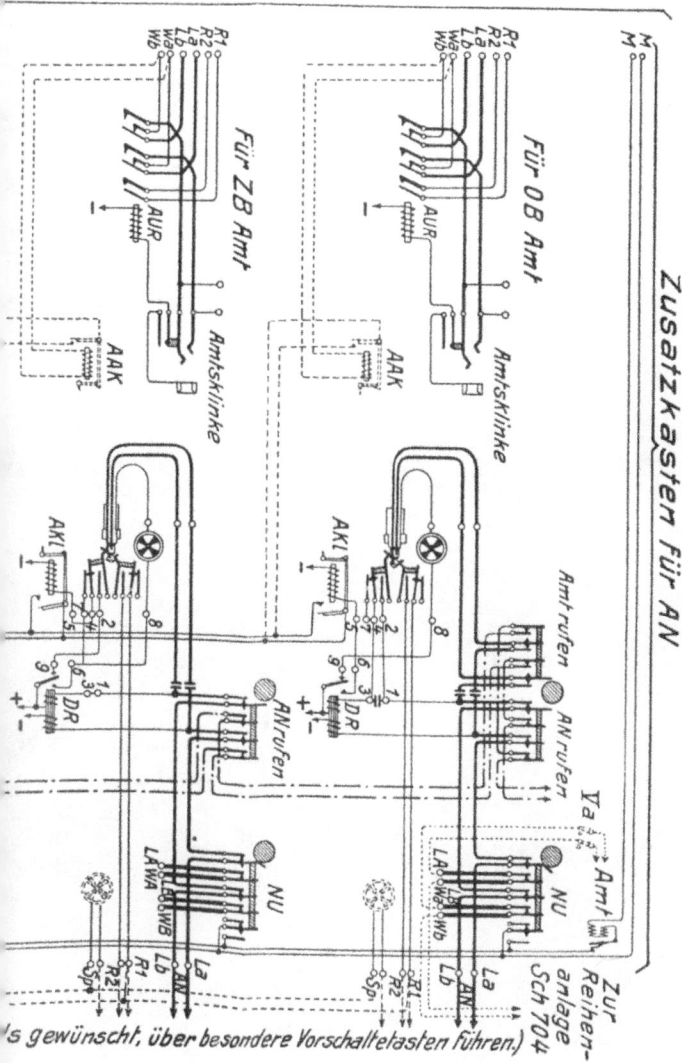

Zusatzkasten für AN

Für ZB Amt

Für OB Amt

AUR

AUR

AAK

AAK

Amtsklinke

R1
R2
La
Lb
Wb

R1
R2
La
Lb
Wa
Wb

M
M

AKI

AKI

DR

DR

AN-rufen

Amt-rufen

AN-rufen

NU

NU

LAWB

LAWA

LA WB

LB

Ya ↔ Amt

Zur Reihen-
anlage
Sch 704

Sp

R2

R1

AN

La

R L1

R2

Lb

AN

La

...ls gewünscht, über besondere Vorschalttasten führen.)

ende Nebenstellen, auf Stöpsel endend.

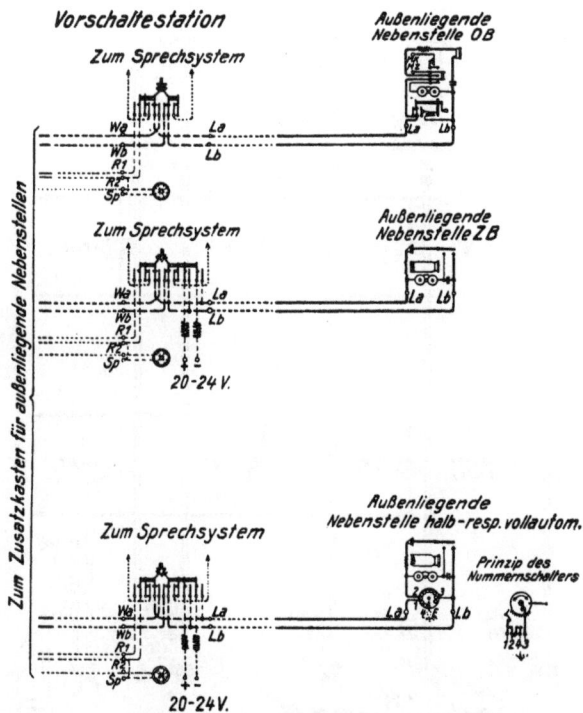

35 b. Außenliegende Nebenstellen und Vorschaltekasten zum Zusatzkasten für außenliegende Nebenstellen.

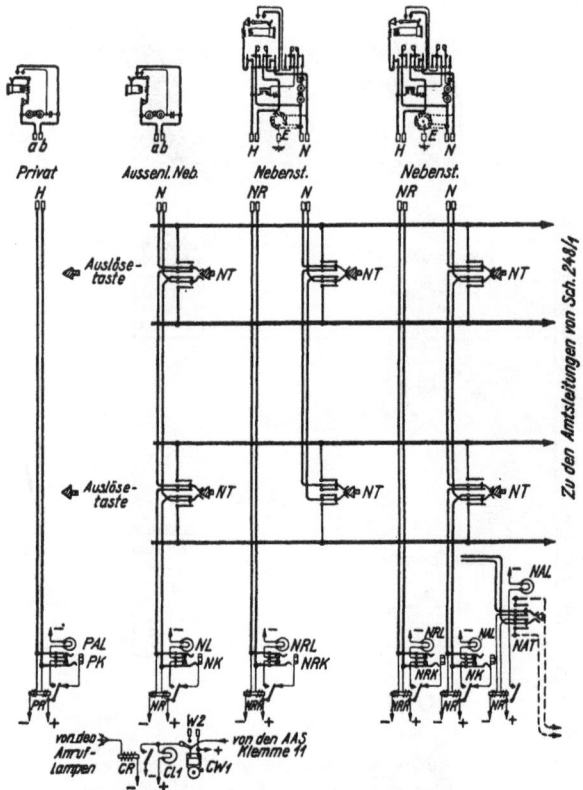

36 a.   Schaltung für Janusdruckknopfschränke
(Nebenstellenleitungen).

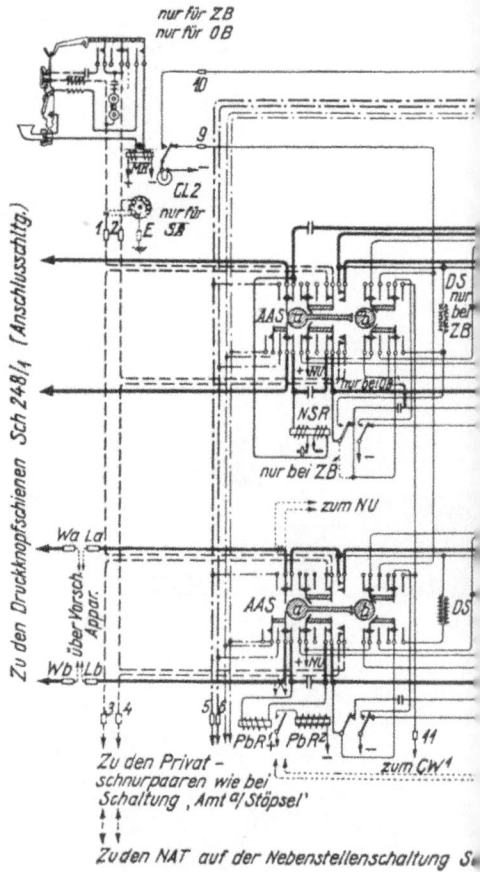

nur für Z.B.
nur für O.B.

10

9

CL2
nur für
SN

1 2
E

Zu den Druckknopfschienen Sch 248/4 (Anschlusschltg.)

AAS

DS
nur
bei
ZB

WU nur bei OB

NSR

nur bei ZB

zum NU

Wa La

über Vorsch.
Appar.

AAS

DS

+ NU

Wb Lb

3 4

5 6

PbR4 PbR4

11

zum CW4

Zu den Privat-
schnurpaaren wie bei
Schaltung „Amt a/Stöpsel"

Zu den NAT auf der Nebenstellenschaltung S

36 b. Schaltung für Jan

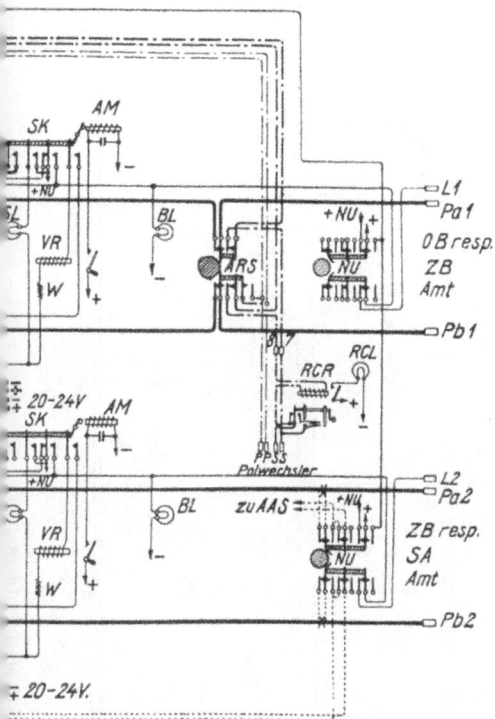

SK AM

L1
Pa1

BL
+NU +

OB resp.
ZB
Amt

ARS   NU

Pb1

RCL
RCR

VR
W

20-24V AM
SK

PPSS
Polwechsler

L2
Pa2

BL   zuAAS   +NU

ZB resp.
SA
Amt

NU

Pb2

20-24V.

chränke (Amtsleitungen).

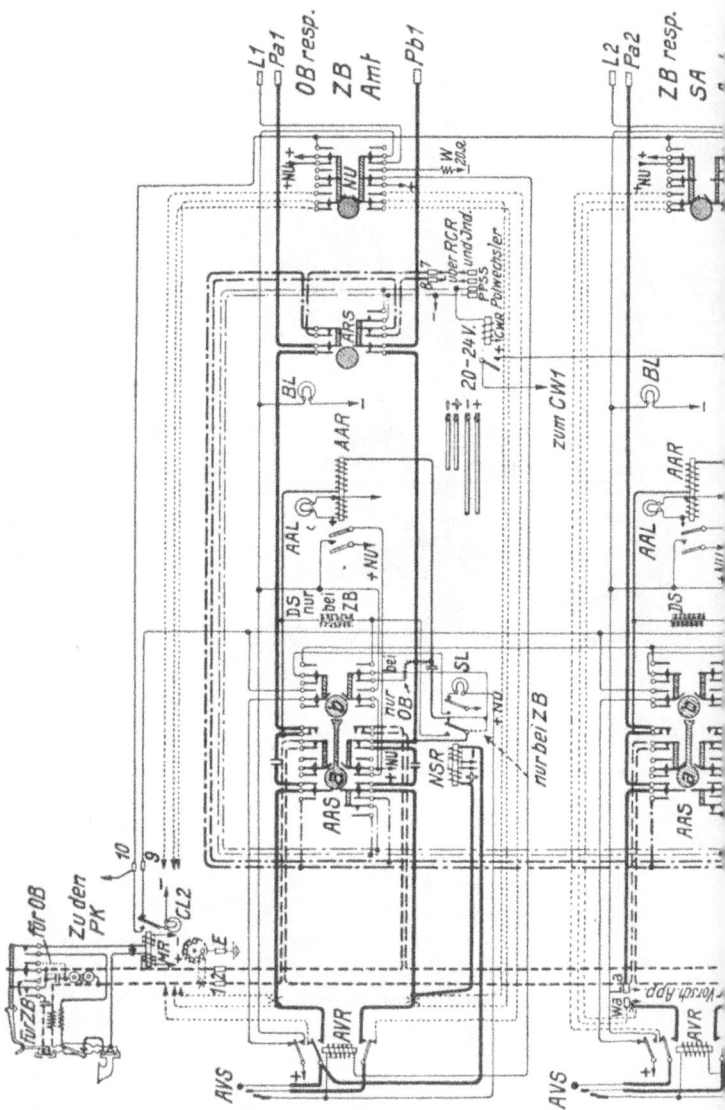

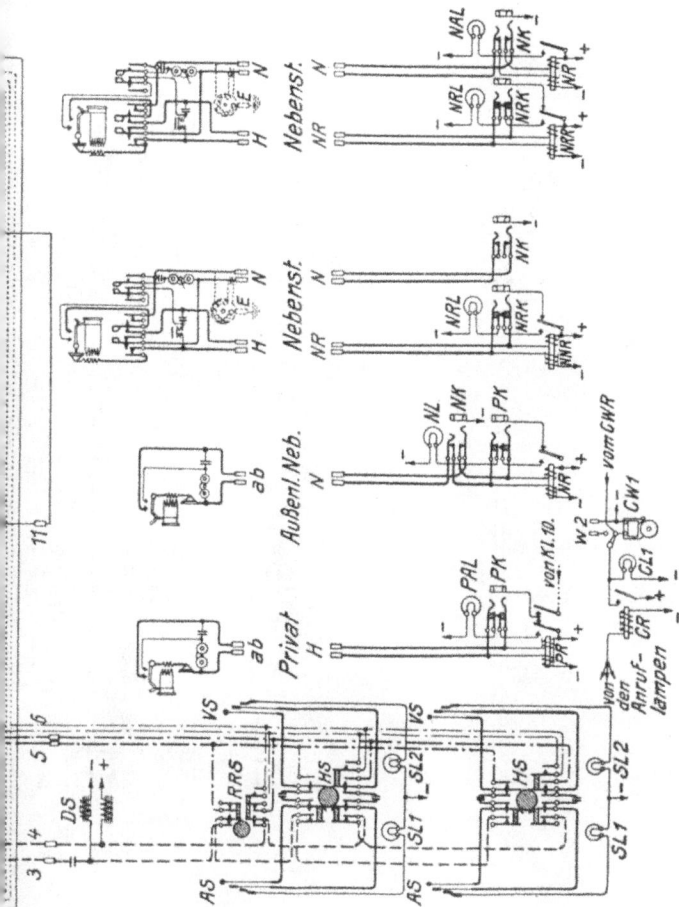

37. Janusschaltung für Amt auf Stöpsel.

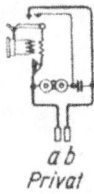

a b
Privat

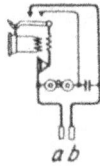

a b
Aussenl. Neb.

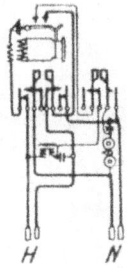

H   *N*
Nebenst.

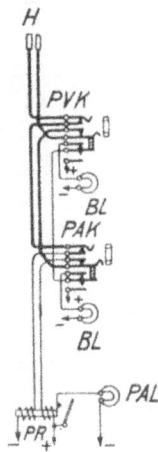

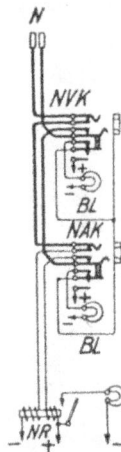

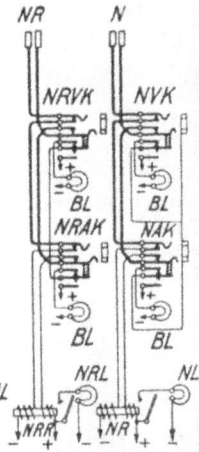

von den
Anruflampen

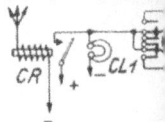

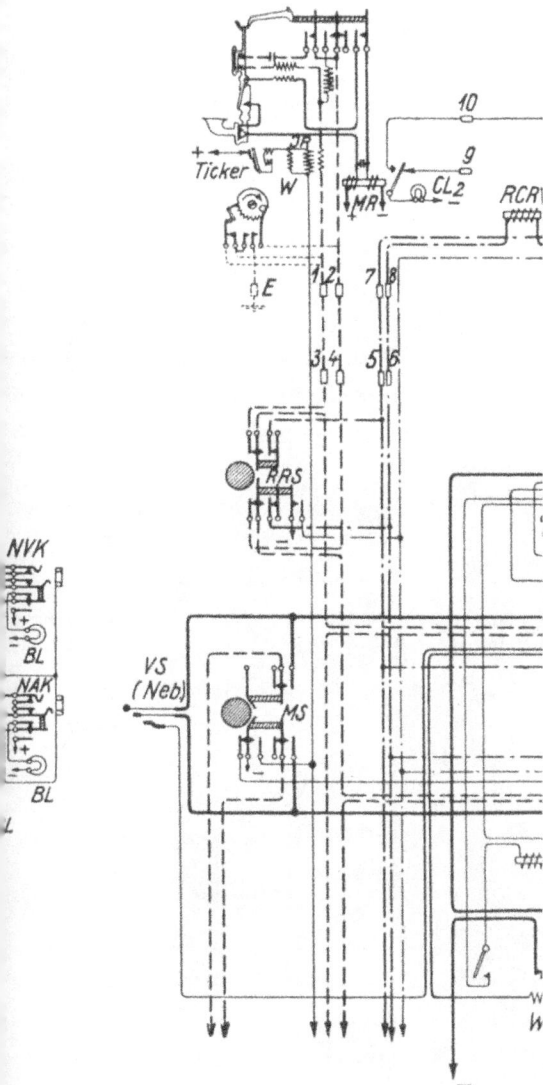

38. Schaltung für Januss

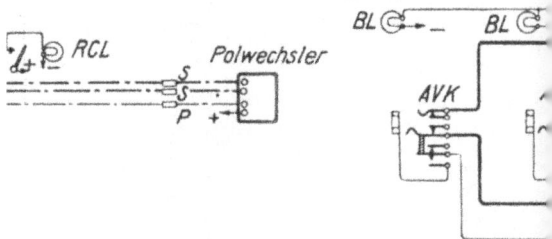

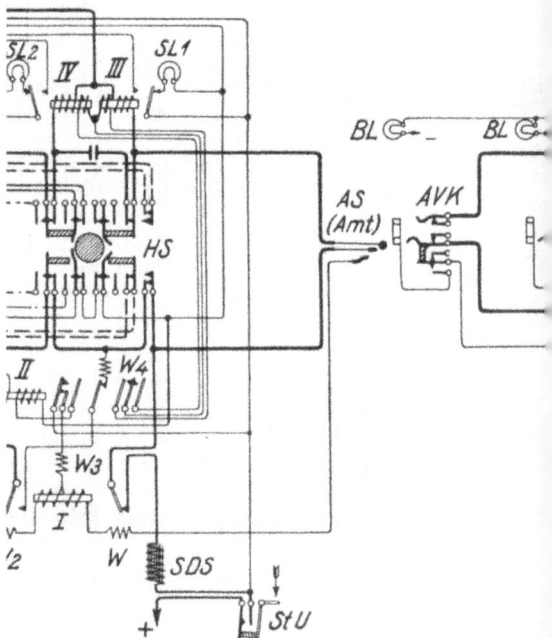

chränke, Amt auf Klinke.

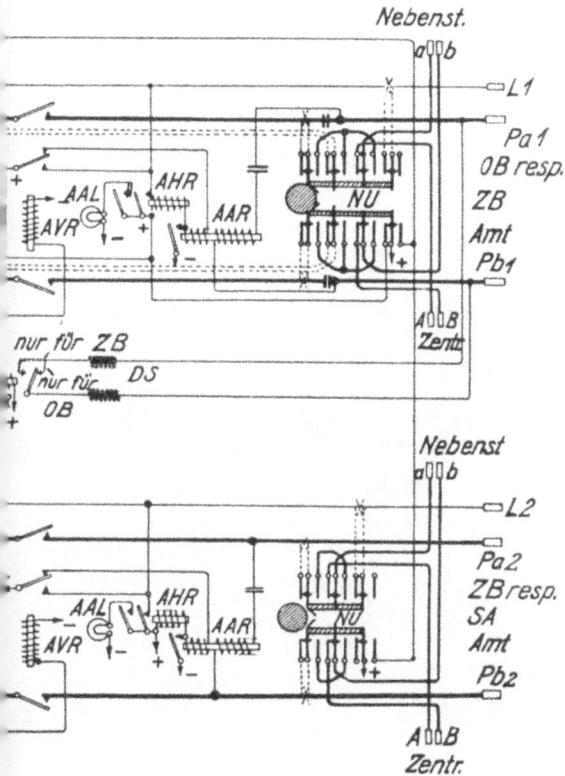

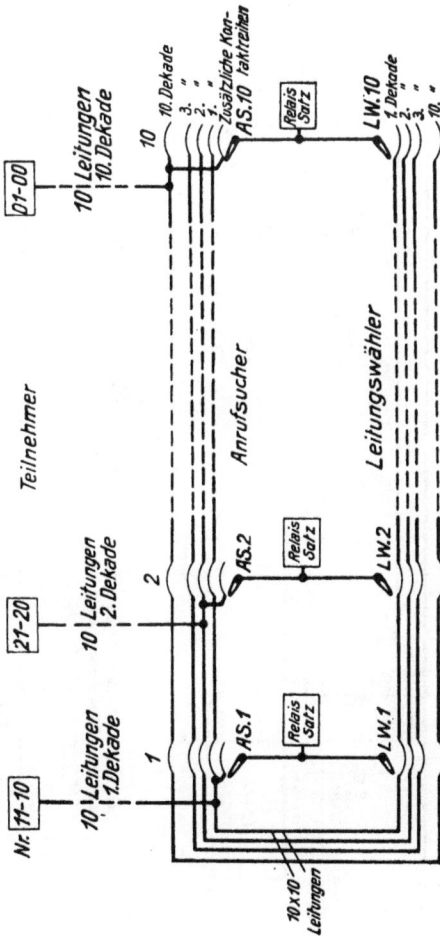

39. Verbindungsweise beim 100er SA-System (Prinzipdarstellung).

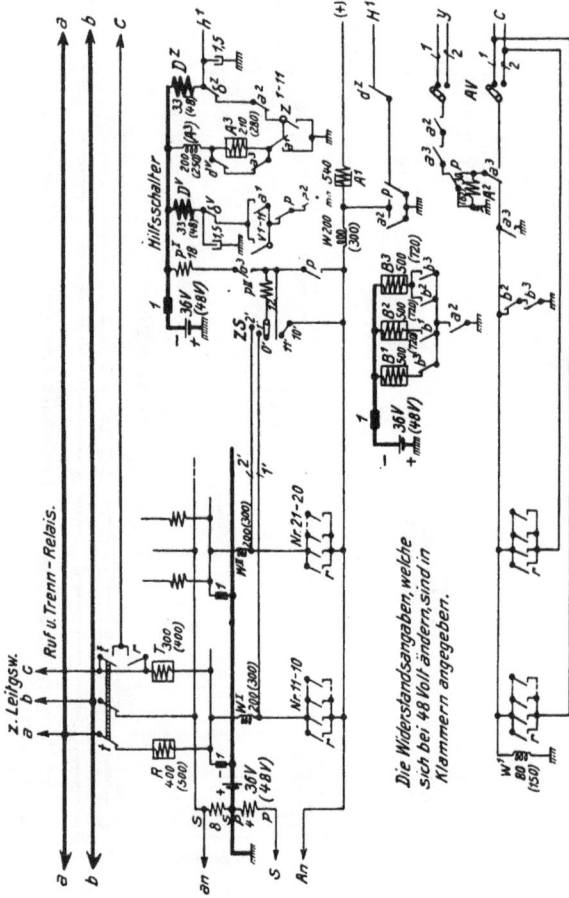

40. Teilnehmer-Relais und Anrufverteiler (Prinzipschaltung).

Die Widerstandsangaben, welche sich bei 48 Volt ändern, sind in Klammern angegeben.

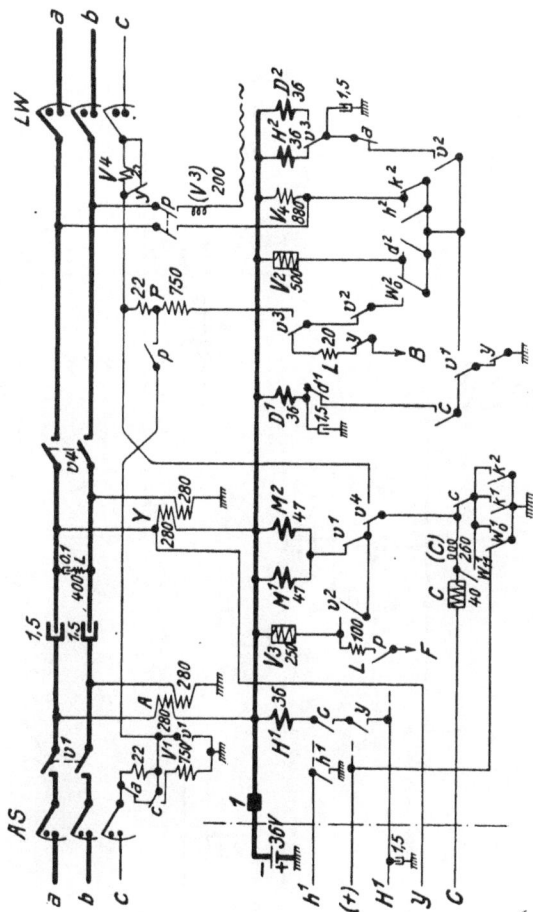

41. Anrufsucher und Leitungswähler (Prinzipschaltung).

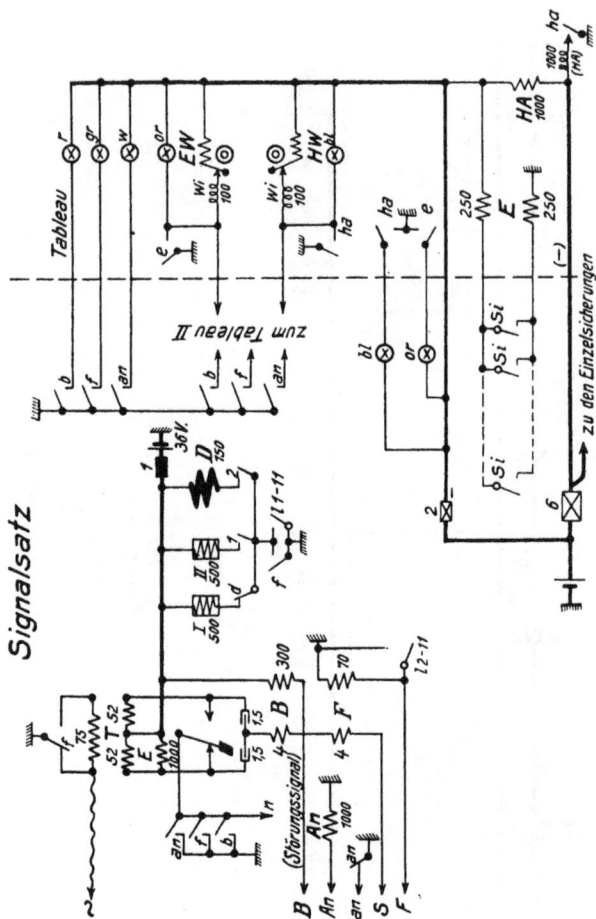

42. Signalsatz mit Störungstablo.

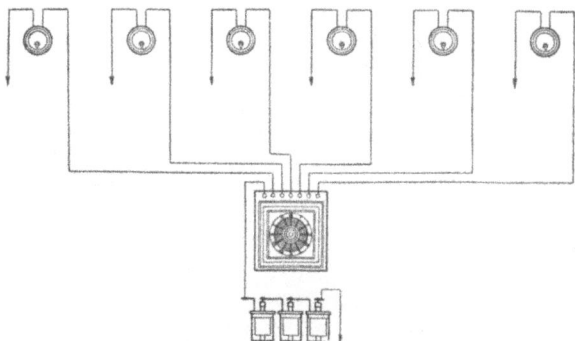

43. Schaltung für Wächterkontrollanlagen mit Registrierapparat.

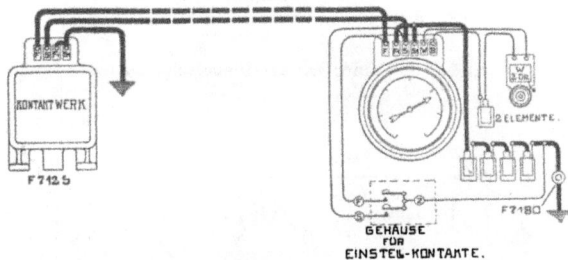

44. Schaltung für Wasserstands-Fernmeldeanlagen mit
Kontakt- und Zeigerwerk mit Voll- und Leer-Alarm.

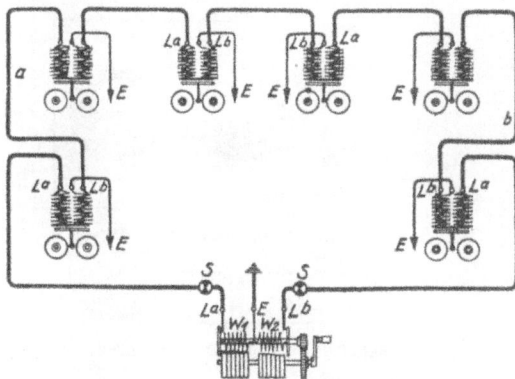

45. Sicherheitsverbundschaltung für Feueralarm-Anlagen.

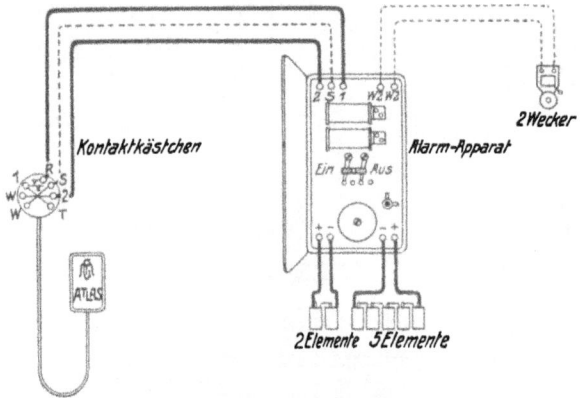

46. Schaltung einer »Atlas«-Diebesschutz-Anlage.

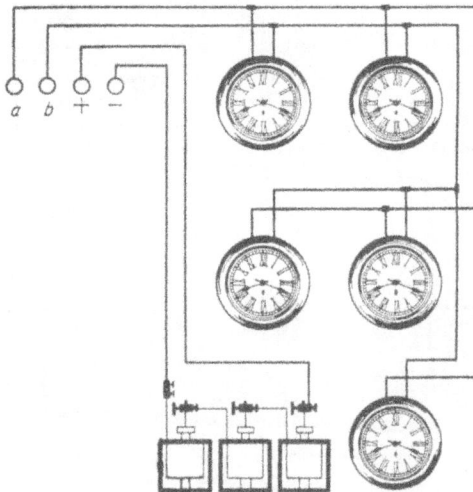

47. Schaltung für elektrische Uhren.

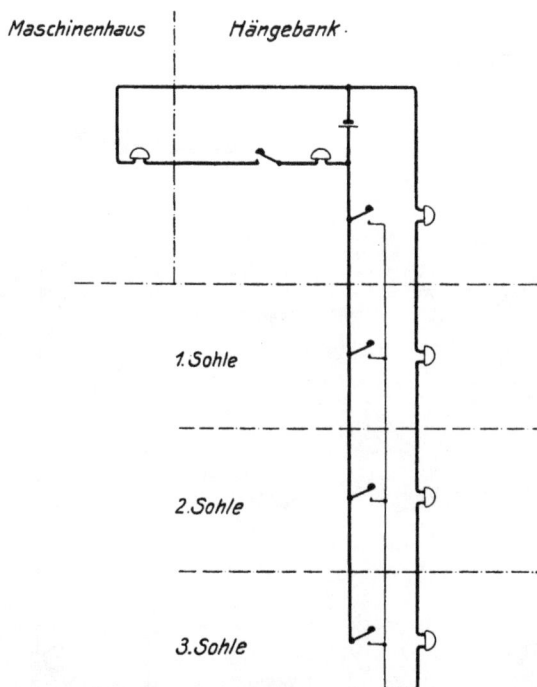

Maschinenhaus   Hängebank·

1.Sohle

2.Sohle

3.Sohle

48. Grubensignal-Anlage (Prinzipschaltung).

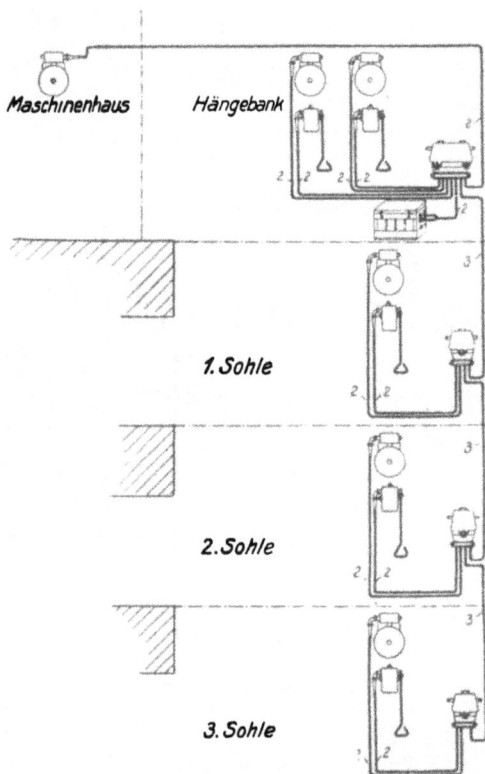

Maschinenhaus   Hängebank

1. Sohle

2. Sohle

3. Sohle

49. Grubensignal-Anlage (Montageschaltung).

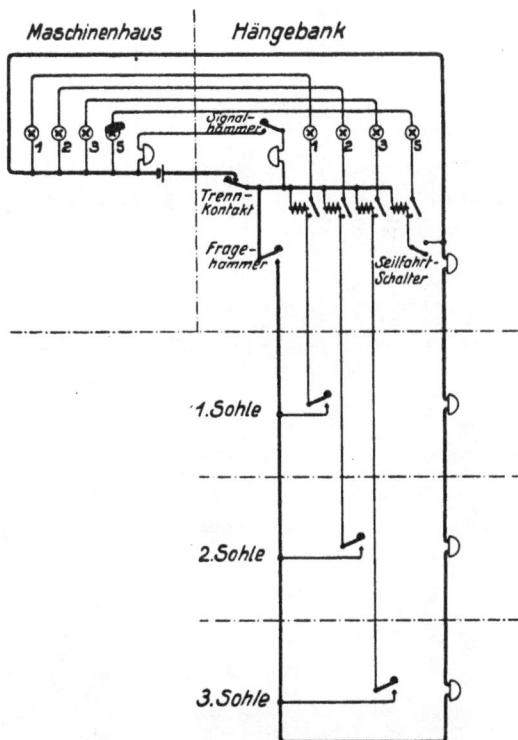

Maschinenhaus | Hängebank

Signalhämmer

TrennKontakt

Fragehammer

SeilfahrtSchalter

1.Sohle

2.Sohle

3.Sohle

50. Grubensignal-Anlage mit Glühlampentablos
(Prinzipschaltung).

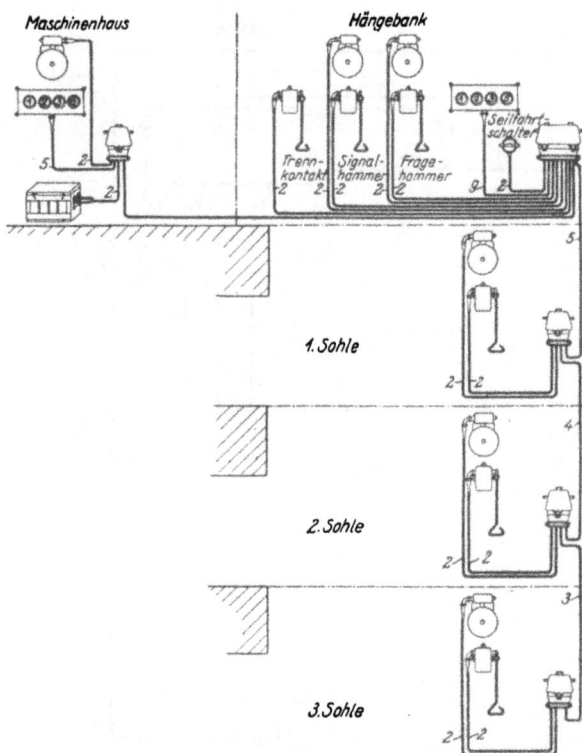

51. Grubensignal-Anlage mit Glühlampentablos (Kabelplan).

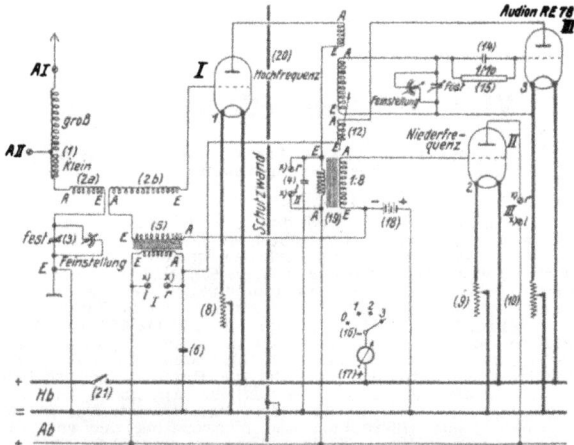

x) *Links bezw. rechts bezieht sich auf Ansicht von vorn!*

52. Schaltung eines 3 Röhren-Reflexempfängers (Hochfrequenz,
Audion und Niederfrequenz) »Emgefunk *K*« der A.-G.
Mix & Genest.

VI. Postnebenstellen-Anlagen.

1. Anforderungen an private Fernsprech-Nebenstellenanlagen gemäß Fernsprechordnung vom 21. Juni 1924.

a) Die Schaltungszeichnungen.

Die mit einer Nummer od. dgl. zu versehenden Schaltungszeichnungen müssen so eingerichtet sein, daß an der Hand der beizugebenden Beschreibung leicht ein genaues Bild über die Wirkungsweise der Schaltung in allen Einzelheiten, soweit der Amts-, Nebenstellen- und Querverbindungsverkehr in Betracht kommt, gewonnen werden kann. Auch über den Verkehr mit dem Hausnetz (Hausstellen) muß ein allgemeiner Überblick möglich sein. Bei Reihenschaltungen muß die Zeichnung außer der Hauptstelle mindestens eine Nebenstelle umfassen. Die Zeichnung muß deutlich sein und die Darstellungsweise sich der für posteigene Schaltungen üblichen anpassen. Die sog. Schaltungskurzschrift ist zu vermeiden. Anzustreben ist im allgemeinen die Übernahme und Verwendung der von der Telegraphenverwaltung für ihre Apparate und Einrichtungen angewendeten Schaltungen.

b) Die Betriebsforderungen allgemeiner Art.

1. Die privaten Sprech- und Höreinrichtungen dürfen den von der Telegraphenverwaltung verwendeten nicht nachstehen. Anzustreben ist die Verwendung einheitlicher Apparatmuster, die sich denen der Telegraphenverwaltung anpassen und mit ihnen, soweit sie von Firmen herrühren, die auch für die Telegraphenverwaltung liefern, tunlichst übereinstimmen. Auch die sonst verwendeten Zubehörteile und Baustoffe (Kabel, Drähte, Batterien usw.) müssen so beschaffen sein, daß die Sicherheit und Zuverlässigkeit des Betriebes im öffentlichen Fernsprechnetz nicht beeinträchtigt wird. Wecker, die von Rufwechselstrom durchflossen werden können, müssen Wechselstromwecker (polarisiert) sein. Der Rollengleichstromwiderstand muß bei Weckern, die als Brücke in der Sprechverbindung bleiben, mindestens 600 Ohm bei hoher Selbstinduktion, sonst mindestens 300 Ohm betragen. Bei der Ausführung der Anlagen sind die vom Verband Deutscher Elektrotechniker (VDE) aufgestellten Leitsätze für die Errichtung elektrischer Fernmeldeanlagen und die Normen für isolierte Leitungen in Fernmeldeanlagen usw. zu beachten. Im besonderen muß die Zimmerleitung in den Sprechstellen bei offener Verlegung stets über Isolierrollen geführt werden. Der Isolationswiderstand der inneren Nebenstellenleitungen soll im allgemeinen nicht unter 6 Megohm betragen. Der Wirkungsgrad der Sprechstellenapparate wird mit Hilfe künstlicher Fernsprechleitungen großer Dämpfung (Eichleitungen) geprüft. Die Messung erfolgt bei den Vermittlungsstellen vom Prüfschrank aus über den Vorschalteschrank bei dessen normaler Schaltung; die Eichleitung wird zwischen Prüfschrank und Vorschalteschrank geschaltet. Bei den Prüfungen muß bei Gesprächen der Nebenstellen über die Hauptstelle bei Durchsprechschaltung und eingeschaltetem Vorschalteschrank im Amte noch über eine zugeschaltete Dämpfung von $\beta l = 3$ oder 3,5 ausreichende Verständigung sein.

Die Telegraphenverwaltung übernimmt durch die Abnahme der Anlagen keine Gewähr dafür, daß die Vorschriften usw. des Verbandes Deutscher Elektrotechniker befolgt sind; auch der Abnahmebeamte ist in dieser Beziehung nicht verantwortlich.

2. Die Amtsleitungen und sonstige posteigene Leitungen sind an die privaten Einrichtungen in der Regel mit Wechselschaltern (Postprüfschaltern) so anzuschalten, daß mit einem Postprüfapparat jederzeit leicht festgestellt werden kann, ob ein Fehler in dem posteigenen oder in dem privaten Teile der Anlage liegt. Die Postprüfschalter und der Postprüfapparat sind in der Regel mit einer privaten Sprechstelle im gleichen Raum unterzubringen, und zwar für Schrankanlagen tunlichst bei der Hauptstelle und für Reihenanlagen tunlichst bei der der Einführung am nächsten gelegenen Reihenstelle. Bei umfangreichen Anlagen, bei denen Hauptverteiler, Wählereinrichtungen usw. nicht mit der Hauptstelle usw. im gleichen Raume untergebracht sind, darf die Postprüfeinrichtung auch im Verteilerraum aufgestellt werden. An den Postprüfapparaten dürfen Zusatzeinrichtungen nicht angeschlossen werden. Auf Wunsch der Teilnehmer können an Stelle von Wechselschaltern auch Postprüfschränke (mit Kniehebelumschaltern) verwendet werden. Die Verwendung von Prüfschränken ist überall da erwünscht, wo sich die Zahl der erforderlichen Prüfumschalter häuft. Bei neuen privaten Nebenstellenanlagen mit mehr als 20 Amtsleitungen und posteigenen Nebenanschlüssen müssen Postprüfschränke aufgestellt werden.

Private Nebenstellenanlagen müssen aus einer privaten Hauptstelleneinrichtung (Anruf-, Sprech- und Vermittlungseinrichtung) und wenigstens einem privaten Nebenanschluß bestehen. Es ist deshalb bei Hauptstellen ohne private Vermittlungseinrichtung nicht zulässig, private Apparate nur durch Kurbelumschalter, Anschlußdosen od. dgl. an die Amtsleitung anzuschließen.

An post- oder teilnehmereigene Nebenanschlüsse dürfen private Zusatzapparate (Ersatzappate) nicht angeschaltet werden. In OB-Netzen dürfen die OB-Apparate posteigener Nebenanschlüsse auf Antrag des Teilnehmers gegen ZB-Apparate ausgewechselt werden, wenn der Betrieb der privaten Vermittlungsstelle ZB-Apparate erfordert. Werden für private Nebenstellen posteigene Leitungen bereitgestellt, so enden diese bei den Nebenstellen an posteigenen Sicherungen. Prüfschalter brauchen bei den Nebenstellen nicht angebracht zu werden. Die vorhandenen Prüfschalter werden gelegentlich ohne Kosten für den Teilnehmer entfernt. Nach der Entfernung endet auch bei diesen Stellen die posteigene Leitung an den posteigenen Sicherungen. Im übrigen verbleiben die vorhandenen Prüfschalter, bis sich die Gelegenheit zur Entfernung bietet, gebührenfrei in den Anlagen. Beantragt ein Teilnehmer bei der Mitteilung, daß ein Prüfschalter entfernt werden soll, die Beibehaltung, so werden vom Beginn des nächsten Vierteljahres ab die bestimmungsmäßigen Gebühren berechnet.

Die privaten Nebenstellenanlagen dürfen im allgemeinen so geschaltet sein, daß Hausanschlüsse auf dem Grundstück der Hauptstelle (innenliegende Hausanschlüsse) und auch Hausanschlüsse außerhalb des Grundstückes der Hauptstelle (außenliegende Hausanschlüsse) mit den — posteigenen und privaten — Nebenstellen und mit den Abfragestellen für den Amtsverkehr verbunden werden können, jedoch bedarf es für Hausanschlüsse außerhalb des Anschlußbereiches des Ortsnetzes und Hausanschlüsse, die ausnahmsweise so geschaltet werden sollen, daß sie als Querverbindungen (Fernsprechordnung § 6) benutzt werden können, der Genehmigung der Oberpostdirektion. Die Einbeziehung derartiger Hausanschlüsse unterliegt auch dann der Genehmigung, wenn zu den Verbindungen mit den Nebenstellen nicht die Nebenstellen-Anschlußleitungen selbst, sondern besondere (posteigene oder private) an die Nebenstellenapparate mit herangeführten Rückfrageleitungen verwendet werden. Für die Nebenstellen- und Hausanlagen der Reichsbahnen gelten diese Einschränkungen nicht. Im übrigen müssen die Hausanschlüsse allgemein so geschaltet sein, daß sie innerhalb der Nebenstellenanlage weder unmittelbar noch mittelbar, etwa über Nebenanschlüsse oder Abfragestellen, mit Amtsleitungen verbunden werden können. Insbesondere müssen auch die Schaltungen von Hausleitungen, die — z. B. für Rückfragezwecke — an Nebenstellen angeschlossen sind, bei diesen so eingerichtet sein, daß Verbindungen mit den Nebenanschlußleitungen nicht ausführbar sind. Die Verbindung von Hausanschlüssen über Querverbindungen mit Amtsleitungen ist verboten.

Die Schaltungen zum Anschluß an Ämter mit OB-Betrieb müssen so eingerichtet sein, daß sie durch entsprechende von vornherein vorzusehende Umschaltungen usw. auch für den ZB-Amtsbetrieb verwendet werden können; in gleicher Weise müssen sich die Schaltungen für ZB-Betrieb dem selbsttätigen Amtsbetrieb anpassen lassen. Am erwünschtesten sind Schaltungen, die den Übergang zu allen Amtsbetriebsarten vorsehen.

Nummernscheiben für den Amtsbetrieb, die nicht den Mustern der Telegraphenverwaltung entsprechen, bedürfen der Zulassung durch das Reichspostministerium. Die Verwendung von Zifferblättern mit selbstleuchtenden Ziffern ist gestattet.

3. Das Amt und die Nebenstellen müssen der Hauptstelle ein sichtbares und bei nicht dauernd bedienten Umschalteeinrichtungen auch ein hörbares Anrufzeichen geben können. Das Schlußzeichen der Nebenstellen nach der Hauptstelle muß ebenfalls sichtbar und bei nicht dauernd bedienten Umschalteeinrichtungen auch hörbar sein.

4. Ein Amtsanrufzeichen muß bei der Hauptstelle in ZB- und SA-Netzen auch dann sichtbar oder hörbar sein, wenn die Amtsleitung schon mit einer anderen Stelle verbunden ist, und zwar darf es keinen Unterschied machen, ob die bestehende Verbindung trotz Erscheinens des Schlußzeichens noch nicht getrennt worden ist oder ob die verlangte Sprechstelle nicht geantwortet hat. Ein Amtsanruf bei der Hauptstelle muß auch wahrnehmbar sein — unter Umständen nur für die Dauer des Anrufes —, wenn die Hauptstelle nach dem Abfragen in Rückfragestellung gegangen ist.

5. Das Amtsüberwachungszeichen muß bei Schrankschaltungen bei der Weitergabe einer vom Amte her verlangten Verbindung an eine Nebenstelle selbsttätig unterdrückt bleiben, und zwar auch dann, wenn die Hauptstelle vor der Weiterverbindung zunächst eine Rückfrage bei einer Nebenstelle hält. Die Unterdrückung muß auch aufrechterhalten bleiben, wenn die mit einer Nebenstelle verbundene Amtsleitung auf eine andere Nebenstelle umgelegt wird. Bei Anlagen kleinen Umfangs kann von der Erfüllung dieser Forderungen ausnahmsweise abgesehen werden.

Amtsschlußzeichen müssen im allgemeinen von der Nebenstelle nach der Hauptstelle und nach dem Amte gegeben werden können. Soll das Amtsschlußzeichen nur von der Hauptstelle aus gegeben werden können, so muß die dauernde gute Bedienung der Hauptstelle sichergestellt sein. Die Haupt- oder Nebenstellen müssen dem Fernamt und, abgesehen von SA-Netzen, auch dem Ortsamt Flackerzeichen geben können.

6. Getrenntes Schluß- und Überwachungszeichen im Amtsverkehr und zweiseitiges Schlußzeichen im Nebenstellenverkehr (von beiden Seiten gesteuert) sind erwünscht.

7. Bei Anlagen an Ämter mit Induktoranruf muß im allgemeinen das Amt von den Nebenstellen unmittelbar angerufen werden können; die Nebenstellen müssen eintretendenfalls auch das Schlußzeichen zum Amte durch dreimaliges Abwecken geben können. Die Vermittlung des Anrufes usw. durch die Hauptstelle ist nur zulässig, wenn die Hauptstelle dauernd gut bedient wird.

8. Das in einer Verbindung Amt-Nebenstelle von der Nebenstelle gegebene Schlußzeichen muß bei der Hauptstelle erkennbar bleiben, auch wenn das Amt früher als die Hauptstelle trennt. Das Schlußzeichen darf sich nicht zurückstellen lassen, ohne daß die Verbindung aufgehoben wird.

9. Bei Anlagen ohne selbsttätige Schlußzeichengebung muß die Hauptstelle ohne Trennung der Verbindung prüfen können, ob das Gespräch beendet ist.

10. Die Hauptstelle in Schrankanlagen muß einen Amtsanruf beantworten können, auch wenn eine mit dem Amte verbundene Nebenstelle sich in Rückfragestellung befindet.

11. Die Hauptstelle (in getrennten Reihenanlagen die betreffende Abfragestelle für den ankommenden Amtsverkehr) muß mit jeder Nebenstelle und jede Nebenstelle mit jedem Hauptanschluß, der für ankommenden Verkehr in Frage kommt, in Verkehr treten können. Diese Forderungen brauchen für Geheimstellen, die im ankommenden Amtsverkehr überhaupt nicht angerufen werden sollen, nicht erfüllt zu werden.

12. Das Zurücklegen der Schalter in die Ruhestellung muß zur Vermeidung falscher Zeichengebung gesichert sein.

13. Die Reihenfolge der Handgriffe bei der Umschaltestelle darf auf die richtige Zeichengebung nach dem Amte keinen Einfluß haben, es muß z. B. gleichgültig sein, ob bei Trennung einer Verbindung zuerst der Abfragestöpsel und dann der Verbindungsstöpsel oder umgekehrt gezogen wird usw.

14. Die Hauptstelle in Schrankanlagen muß bestehende Verbindungen zugunsten wichtigerer Verbindungen (Fernverbindungen) trennen und die Sprechenden verständigen können.

15. Mithörschaltungen an Amtsleitungen müssen so eingerichtet sein, daß eine merkliche Schwächung der Sprechverständigung durch mittelbare oder unmittelbare Sprechstromverluste vermieden wird; am zweckmäßigsten ist die Einschaltung eines Kondensators von 0,25 Mf in jeden Zweig der Mithörleitung.

16. Die gleichzeitige Anschaltung mehrerer Nebenstellen an eine Amtsleitung wird nur unter der Voraussetzung zugelassen, daß die Betriebsweise des Amtes dies gestattet und daß die Sprechströme nicht in unzulässiger Weise geschwächt werden.

17. Kondensatoren in den Sprechwegen müssen im allgemeinen mindestens 2 Mf haben. Wenn mehr als zwei hintereinander liegen, muß die Kapazität zur Vermeidung merklicher Sprechstromverluste eintretenden Falles vergrößert werden.

18. Die Zahl der Brücken in der Sprechverbindung ist tunlichst zu beschränken.

19. Bei Fernhörern mit polarisierten Elektromagneten, deren Wicklungen vom Batteriestrom durchflossen werden, darf durch dessen Richtung die Lautwirkung nicht beeinträchtigt werden.

20. Private Batterien müssen doppelseitig gegen die Amtsleitung gesperrt sein und mit dem Pluspol an Erde arbeiten.

21. Dauerverbindungen Amt-Nebenstelle (auch Außenneben-
stellen) müssen ohne Beeinträchtigung des Amtsbetriebes hergestellt werden können. Für den Anruf in Dauerverbindungen
dürfen Nebenstellen nach Bedarf Induktoren erhalten. Sind
Dauerverbindungen nach der Schaltung nicht möglich, so muß
der Teilnehmer vor Inbetriebnahme solcher Anlagen ausdrück-
lich erklären, daß er Dauerverbindungen nicht wünscht. Es
muß sichergestellt werden, daß die Dauerverbindungen bei
Beginn des Dienstes der Hauptstelle aufgelöst werden, d. h.
daß die Regelschaltung am Umschalteschrank in der Weise
wieder hergestellt wird, daß die Amtsanrufe bei der Hauptstelle
wahrgenommen werden.

22. Die Schaltungen dürfen keine Störung des Gleich-
gewichts in den Amtsdoppelleitungen oder den Leitungen der
außenliegenden Nebenstellen hervorrufen.

23. Das mit vorgeschaltetem Kondensator in Brücke zur
Amtsleitung liegende Amtsanrufzeichen darf durch Ladungs-
oder Entladungsströme beim Aufheben der Verbindungen nicht
zum Ansprechen gebracht werden.

24. In privaten Nebenstellenanlagen, die an ZB-Ämter
Anschluß erhalten, kann der zum Betrieb der Schauzeichen und
der Mikrophone erforderliche Strom für den Amtsverkehr der
Haupt- und Nebenstellen unentgeltlich aus der Amtsbatterie
entnommen werden. Voraussetzung ist, daß Änderungen der
technischen Einrichtung der Vermittlungsstellen (z. B. Einbau
von Speisebrücken) nicht erforderlich werden. Die Schauzeichen
dürfen nicht in Erdabzweigungen liegen; ihr Widerstand muß
so bemessen sein, daß sich für den Amtsbetrieb keine Schwierigkeiten ergeben, insbesondere daß die Zeichengebung beim Amte
und die Sprechverständigung nicht beeinträchtigt werden. Den
vom Amtsstrom gespeisten Mikrophonen der Handapparate ist
ein Gleichstromwiderstand von 750 Ohm mit hoher Selbstinduktion parallel zu schalten, damit keine Unterbrechung des Amts-
stromes und dadurch eine vorzeitige Schlußzeichengabe eintreten kann, wenn die Handapparate während einer Gesprächs-
pause vorübergehend aus der Hand gelegt werden.

Eine weitere Mitbenutzung der Amtsleitung oder eines
Zweiges und von Teilen der Amtseinrichtung für die Zeichengebung bei einer privaten Anlage ist nicht zulässig.

25. Abgesehen von Handinduktoren und von Einrichtungen
zum Laden von Betriebssammlern ist für Rufstromerzeuger
(Rufmaschinen, Polwechsler und Transformatoren einschließlich
der Klingelumformer) und für sonstige Einrichtungen zur Entnahme von Betriebsstrom aus Starkstromquellen (Starkstromanschalterelais, Edelgasröhren usw. z. B. für den Betrieb von
Weckern, Glühlampen, Hupen u. dgl. im Anschluß an Fallscheiben) eine besondere Zulassung erforderlich.

Die Entsendung von Rufstrom nach ZB-Ämtern muß
tunlichst verhindert sein. Im übrigen muß als Rufstrom zum
Amte oder darüber hinaus Wechselstrom von nicht wesentlich
mehr oder weniger als 25 Perioden in der Sekunde und von
nicht weniger als 30 und von nicht mehr als 40 Volt Spannung benutzt werden. Zum Anruf der Nebenstellen durch die
Hauptstelle ist Wechselstrom von geringerer oder höherer
Spannung zulässig; die Spannung darf aber 60 Volt nicht
übersteigen, und die Schaltung muß so eingerichtet sein, daß
der Strom in keinem Falle zum Amte gelangen kann. Knack-
geräusche dürfen durch den Rufstrom in ordnungsmäßig ein-
gestellten Kopffernhörern der Telegraphenverwaltung nicht
verursacht werden. Für die Feststellung, ob sich die Rufspannung innerhalb der vorgeschriebenen Grenzen hält, ist
ausschließlich der mit einem Wechselstrom-Spannungsmesser
(Meßbereich 60 oder 80 Volt, Widerstand des Instruments

1000 Ohm) gefundene Wert maßgebend. Überschreitungen der Grenzwerte um höchstens 2 Volt bleiben unbeanstandet. Die Messungen werden unmittelbar an den Rufstromerzeugern bei unbelastetem Rufstromkreis vorgenommen:

Handinduktoren müssen bei drei Kurbelumdrehungen in der Sekunde Wechselstrom der angegebenen Spannung und Periodenzahl liefern. Auf allen anderen Rufstromerzeugern (Rufmaschinen, Polwechslern und Umformern) müssen die Antriebs- und die Rufspannung angegeben sein, und zwar bei Polwechslern mit Umformern auf dem Umformer, sonst auf dem Polwechsler selbst.

Auf die durch Starkstrom gespeisten Transformatoren, insbesondere auf Klingelumformer in den an Fallscheiben angeschlossenen Stromkreisen zum Betrieb von Weckern, Glühlampen, Hupen u. dgl. finden die vom Verband Deutscher Elektrotechniker erlassenen »Vorschriften für den Anschluß von Fernmeldeanlagen an Niederspannung-Starkstromnetze durch Transformatoren« (E.T.Z. 1920, S. 1015) Anwendung. Soll bei Fallscheiben Niederspannung-Starkstrom aus einem Gleichstromnetz oder aus einem Wechselstromnetz unmittelbar verwendet werden, so ist mit der Fallscheibe zunächst ein durch Schwachstrom betriebenes Starkstromanschalterelais zu verbinden. Kann in diesem Falle die Einrichtung nicht nach den vom Verband Deutscher Elektrotechniker aufgestellten »Leitsätzen für den Anschluß von Fernmeldeanlagen an Niederspannungs-Starkstromnetze mit Hilfe von Einrichtungen, die eine leitende Verbindung mit dem Starkstromnetz erfordern« (E.T.Z. 1923, S. 112) getroffen werden, so muß sie den Vorschriften des Verbandes Deutscher Elektrotechniker für die Errichtung und den Betrieb elektrischer Starkstromanlagen genügen. Auch in diesem Falle müssen die Anschlüsse für den Starkstrom und den Schwachstrom elektrisch und räumlich zuverlässig voneinander getrennt und leicht zu unterscheiden und die Starkstromklemmen der Berührung entzogen sein.

Der Starkstromkreis der Rufstromerzeuger, Starkstromanschalterelais und Transformatoren (primärer Stromkreis) und die Starkstromanschlüsse für Edelgasröhren sind nach den Vorschriften des Verbandes Deutscher Elektrotechniker für die Errichtung elektrischer Starkstromanlagen (Verbandsvorschriften § 14 und 20) zu sichern. Die Starkstromzuführungen müssen mit den Rufstromerzeugern usw. über Umschalter verbunden werden, mit denen die angeschlossenen Starkstrompole nur gleichzeitig abgeschaltet werden können. Für den Rufstromkreis der Rufstromerzeuger sind Sicherungen zu nicht mehr als 2 Amp. zu verwenden. Bei Fallscheiben sind der sekundäre Stromkreis von Transformatoren unmittelbar hinter diesem und der Schwachstromkreis der Starkstromanschalterelais unmittelbar hinter den beiden Relaiszuführungen durch Sicherungen zu 1 Amp. zu schützen. Transformatoren müssen auf einer nicht brennbaren Unterlage befestigt sein.

Vorhandene Einrichtungen, die den vorstehenden Anforderungen nicht entsprechen, müssen von den Teilnehmern geändert werden, sobald es aus Betriebsrücksichten notwendig wird. Wegen Beachtung der Vorschriften usw. des Verbandes Deutscher Elektrotechniker gilt Ziff. 1 Abs. 2 und 3.

26. Die Herstellung unerlaubter Verbindungen ist eintretendenfalls durch technische Maßnahmen zu verhindern.

27. Werden die Nebenstellen auch im Amts- und Fernverkehr aus der Nebenstellenbatterie mit Strom versorgt, dann sind Spannungen von 12 oder 24 Volt zu verwenden. Bei der Verwendung von 12-Volt-Batterien ist besonders darauf zu achten, daß die Schlußzeichengebung sichergestellt ist und die Mikrophone ausreichenden Speisestrom erhalten.

6*

28. Die Sicherungsanlagen sollen im allgemeinen den bei der Telegraphenverwaltung geltenden Vorschriften entsprechen.

29. Bei Anlagen mit mehr als 50 Leitungen sind Hauptverteiler und eintretendenfalls Unterverteiler zu verwenden, um die Umlegung von Leitungen zu ermöglichen. Die Verteilereinrichtungen müssen so beschaffen sein, daß die Leitungsführung und die einzelnen Verbindungen leicht und übersichtlich nachgeprüft werden können.

30. Gesprächszähler in elektrischer oder mechanischer Verbindung mit Fernsprech-Nebenstellenanlagen sind nicht zulässig.

c) Die Zusatzforderungen für Reihenanlagen.

1. Aus der Schaltungszeichnung muß ersichtlich sein, wie die Anrufzeichen mehrerer Amtsleitungen auf Klappenkästen usw. zusammengefaßt sind.

2. Besetzte Amtsleitungen müssen bei allen Reihenstellen usw. durch Schauzeichen oder durch Sperreinrichtungen gekennzeichnet sein. Auch im Innenverkehr müssen Schauzeichen usw. vorhanden sein für den Fall, daß bei der Schaltung die unbeabsichtigte Trennung von Verbindungen möglich ist.

3. In Reihenanlagen an Ämter mit Induktoranruf darf der Amtsanrufwecker auf den von der Nebenstelle ausgehenden Anruf nicht mittönen; bei Parallelschaltungen braucht diese Forderung nicht erfüllt zu werden.

4. In Reihenanlagen mit mehreren Amtsleitungen (abgesehen von den sog. getrennten Reihenanlagen) muß jede Reihenstelle und jede Außennebenstelle mit jeder Amtsleitung verbunden werden können. Ferner müssen auch mit dem Amte verbundene Reihennebenstellen von der Hauptstelle (bei getrennten Reihenanlagen zutreffendenfalls von der betreffenden Abfragestelle für den Amtsverkehr) über die Linienwählerleitungen angerufen werden können, damit die Weitergabe wichtigerer Verbindungen (Fernverbindungen) möglich ist.

5. Ein Amtsanruf soll im allgemeinen, solange eine mit dem Amte verbundene Reihenstelle sich in Rückfragestellung befindet, bei der Hauptstelle wahrnehmbar sein.

6. In Reihenanlagen und bei Vorschaltung von Reihennebenstellen vor Umschalteschränke darf keine Amtsleitung — abgesehen von den Apparaten bei der Hauptstelle — über mehr als 15 Unterbrechungsschalter verlaufen.

7. Es darf nicht vorkommen, daß der Zentralbatteriestrom des Amtes sich über die bei den Reihenstellen etwa vorhandenen Gleichstromwecker schließen kann (z. B. wenn die Amtstaste des Reihenapparates niedergedrückt wird, bevor der Handapparat abgenommen worden ist).

d) Die Zusatzforderungen für Anlagen zum Anschluß an Ämter mit selbsttätigem Betrieb.

1. Die Unterbrechung bestehender Amtsverbindungen beim Übergang in die Rückfragestellung, bei der Weitergabe der Verbindungen von der Hauptstelle an die Nebenstelle, bei der Umlegung von Verbindungen usw. muß ausgeschlossen sein.

2. Es ist schaltungstechnisch anzustreben, daß die technischen Einrichtungen der Umschaltestellen ein Durchwählen von den Nebenstellen aus ermöglichen. Wenn der Teilnehmer aber wünscht, daß die Hauptstelle die Wählarbeit für die Nebenstellen ausführt, und wenn sie nach dem Umfang des

Verkehrs dazu in der Lage ist, so kann vom Einbau von Nummernscheiben bei den Nebenstellen abgesehen werden.

3. Soweit mit Rücksicht auf die Entfernung der Hauptstelle vom Amte, der Nebenstellen von der Hauptstelle usw. im Amtsverkehr im Interesse der besseren Speisung der Mikrophone örtliche Mikrophonspeisung auch im Verkehr mit dem Amte und darüber hinaus zweckmäßig ist, dürfen für das Durchwählen Stromstoßübertrager verwendet werden. Die Übertragerrelais müssen die Stromstöße in dem für die Nummernscheiben vorgeschriebenen Verhältnis von Unterbrechung zu Schließung wie 1,3 bis 1,9 zu 1 bei einer Ablaufzeit von 0,9 bis 1,1 Sek. für 10 Stromstöße unverzerrt weitergeben. Die für diese Zwecke bestimmten Relaismuster sind vor der Zulassung beim Telegraphentechnischen Reichsamt untersuchen zu lassen. Es dürfen nur Relais verwendet werden, die bei dieser Untersuchung den angegebenen Anforderungen entsprochen haben. Durch die Leitungen zwischen Haupt- und Nebenstellen dürfen die Übertragerrelais nur so beeinflußt werden, daß sich die Unterbrechungs- bzw. Schließungsdauer um höchstens ± 5 Millisekunden ändert.

4. In Brücken zur Amtsleitung (Anrufbrücken usw.), die während der Stromstoßgabe nicht abgeschaltet werden, darf die Kapazität des Kondensators nicht mehr als 0,5 Mf betragen, damit die mit dem Kondensator in Reihe geschaltete Selbstinduktion ohne Einfluß auf die Stromstoßübermittlung bleibt. Wecker und Anrufklappen in Brücke zu den Leitungszweigen sind so zu schalten oder einzurichten, daß eine Belästigung der Hauptstelle durch Ansprechen der Anruforgane auf die Einstellstromstöße vermieden wird.

e) Die Zusatzforderungen für Anlagen mit selbsttätiger Wahl der Amtsleitungen durch die Nebenstellen.

Die selbsttätige Auswahl freier Amtsleitungen hat wesentliche Nachteile für den Betrieb und erfordert erheblichen technischen Aufwand. Derartige Schaltungen sollten auf Sonderfälle beschränkt bleiben.

1. Die Amtsleitung, in der bei der Hauptstelle ein Amtsanruf eingeht, muß sofort — nicht erst durch Umlegen des Abfrageschalters — gegen die Anschaltung einer Nebenstelle besetzt gemacht werden.

2. Eine Amtsleitung muß nach Eingang des Schlußzeichens beim Amte nach Gesprächen der Hauptstelle und der Nebenstelle und, wenn eine verbundene Nebenstelle nicht geantwortet hat, noch 20 Sekunden gegen die Anschaltung einer Stelle besetzt gehalten werden, damit das Amt Zeit findet, die Verbindung zu lösen.

3. Die Nebenstellen müssen ein Zeichen erhalten, wenn alle Amtsleitungen besetzt sind.

4. Gestörte Amtsleitungen müssen abgeschaltet werden können, damit sich Nebenstellen nicht aufschalten können.

5. Gestörte Nebenstellenleitungen müssen ebenfalls abgeschaltet werden können.

6. Die Hauptstelle muß feststellen können, mit welcher Amtsleitung eine Nebenstelle verbunden ist.

7. Das Belegen von Amtsleitungen zur Führung von Gesprächen der Hauptstelle mit Nebenstellen sollte vermieden werden.

Darstellungen

der wichtigsten bei Teilnehmersprechstellen zulässigen Vereinigungen von Hauptanschlüssen, Nebenanschlüssen, Hausanschlüssen, Querverbindungen, anderen unmittelbaren Verbindungen, Anschlußdosenanlagen und zweiten Sprechapparaten gewöhnlicher Art.

Sachverzeichnis auf den Seiten 91 bis 94.

Vorbemerkungen.

1. Die Darstellungen posteigener und teilnehmereigener Nebenstellenanlagen (Abteilung 2 der Zeichnungen) gelten in den Grundzügen gleichmäßig für beide Arten Anlagen. Bei Anwendung der posteigen gezeichneten Darstellungen auf teilnehmereigene Anlagen ist jedoch zu beachten, daß Querverbindungen nach posteigenen oder nach privaten Nebenstellenanlagen auf dem Grundstück der teilnehmereigenen Anlage posteigen bleiben müssen und daß sowohl Querverbindungen wie Nebenanschlußleitungen nach anderen Grundstücken in der Regel posteigen sein sollen. Alles Übrige muß teilnehmereigen werden. Bei Anwendung der teilnehmereigen gezeichneten Darstellungen auf posteigene Anlagen müssen die Einrichtungen und Leitungen sämtlich posteigen werden.

Auch private Nebenstellenanlagen dürfen — unbeschadet der Vorschrift, daß die Schaltungen der Genehmigung bedürfen — nach den Darstellungen in Abteilung 2 der Zeichnungen eingerichtet werden. In diesem Falle müssen die Hauptstellen einschließlich der dazugehörenden Anschlußorgane privat werden. Querverbindungen nach post- oder teilnehmereigenen Nebenstellenanlagen müssen posteigen bleiben, Querverbindungen nach privaten Nebenstellenanlagen auf anderen Grundstücken können ausnahmsweise privat sein. Im übrigen dürfen Querverbindungen nach privaten Nebenstellenanlagen auf dem Grundstück der Hauptstelle sowie Nebenanschlüsse posteigen oder privat und Nebenanschlußleitungen posteigen sein. Teilnehmereigene Einrichtungen oder Leitungen sind bei privaten Nebenstellenanlagen nicht statthaft.

Die Verwendung posteigener Nebenanschlüsse oder Nebenanschlußleitungen bei privaten Nebenstellenanlagen (Abteil. 3 der Zeichnungen) ist nur für außenliegende Nebenanschlüsse durch einige Beispiele dargestellt worden. Diese gelten auch in anderen Fällen, insbesondere für Nebenanschlüsse auf dem Grundstück der Hauptstelle.

2. Der Übersichtlichkeit halber sind die Hauptanschlußleitungen ohne Rücksicht darauf, ob es sich um posteigene, teilnehmereigene oder private Anlagen handelt, einheitlich dargestellt und die an private Stellen mit Vermittlungsbetrieb angeschlossenen Hausleitungen auch innerhalb der Sprechstellendarstellungen als Hausleitungen gezeichnet worden. Im übrigen entsprechen die nicht zu den Hauptanschlußleitungen zählenden Leitungsdarstellungen innerhalb der Sprechstellen grundsätzlich der Art der Sprechstelle. Werden bei Reihenanlagen Linienwählerleitungen für Reihennebenstellen und Linienwählerleitungen für Reihenhausstellen zusammengefaßt, so ist für die Wahl der Leitungsdarstellungen außerhalb der Reihenstellen ausschließlich die Art der Gesamtanlage maßgebend. Die tragbaren Apparate für Anschlußdosen, die Sperrzeicheneinrichtungen für Reihenschaltungen, die Abfrageeinrichtungen für Mehrfachanschluß- und für Reihenapparate, die Postprüfeinrichtungen für private Nebenstellenanlagen sowie die Mithöreinrichtungen sind nicht angedeutet worden.

3. Bei den eingezeichneten Zweitnebenanschlüssen (FO § 5, I Abs. 4) ist anzunehmen, daß sie von früher her bestehen oder daß sie besonders zugelassen worden sind.

4. Nur die innerhalb derselben ungeteilten Apparatdarstellung oder innerhalb derselben Abteilung einer solchen mit o versehenen Leitungen dürfen, auch wenn die Ausführung von Gesprächsverbindungen (z. B. die Anschließung von Querverbindungen an Amtsleitungen) verboten ist, so geschaltet sein, daß sie gegenseitig verbunden werden können.

5. In der Zeichenerklärung aufgeführte Zeichen, die in den Darstellungen nicht vorkommen, sind für die Darstellungen bestimmt, die nach AB 1 zu § 5, II C Abs. 2 den an das RPM zu erstattenden Berichten über Nebenstellenanlagen beizufügen sind.

Zeichenerklärung.

Begrenzung verschiedener Grundstücke

Posteigener		Klappen-schrank, Glüh-lampenschrank
Teilnehmereigener		Zwischenstel-lenumschalter,
Privater, für den Verkehr mit dem öffentlichen Netz zuge-lassener		Zusatzeinrich-tung für einen Außenneben-anschluß oder
Privater, für den Verkehr mit dem öffentlichen Netz nicht zugelassener (Haus-)		Umschalter für Selbstan-schlußbetrieb

Posteigener	
Teilnehmereigener	
Privater, für den Verkehr mit dem öffentlichen Netz zuge-lassener	Reihenapparat
Privater, für den Verkehr mit dem öffentlichen Netz nicht zugelassener (Haus-)	

Hauptanschluß (Amtsleitung)

Ausnahme-Hauptanschluß

Posteigene nicht als Hauptanschlußleitung gel-tende Leitung oder Anschlußdosenlinie sowie Trennung von Abteilungen bei Klappenschrän-ken usw.

Teilnehmer-eigene	nicht als Hauptanschlußleitung
Private zum öffentlichen Netz gehörende	geltende Leitung oder An-schlußdosenlinie

Hausleitung

Posteigene		
Teilnehmereigene	Nebenstelle mit gewöhnlichem Apparat, einschließlich der zweiten Sprechapparate gewöhnlicher Art für Nebenanschlüsse	
Private		

Hausstelle mit gewöhnlichem Apparat

Posteigene	
Teilnehmereigene	Ausnahme-Nebenstelle mit gewöhnlichem Apparat
Private	

Posteigene Abfrageeinrichtung oder posteigener	
Teilnehmereigene Abfrageeinrichtung oder teilnehmereigener	zweiter Sprechapparat gewöhnlicher Art für Hauptanschlüsse
Private, für den Verkehr mit dem öffentlichen Netz zugelassene Abfrageeinrichtung oder privater	

Abfrageeinrichtung für den Hausverkehr

Posteigener	
Teilnehmereigener	
Privater, für den Verkehr mit dem öffentlichen Netz zugelassener	Mehrfachanschlußapparat
Privater, für den Verkehr mit dem öffentlichen Netz nicht zugelassener (Haus-)	

Einrichtung zum Weiterverbinden (s. Vorbemerkung 4)

Belegung von Linienwählerleitungen in Reihenanlagen durch Nebenanschlüsse mit gewöhnlichem Apparat oder durch Querverbindungen. (Am Halbkreis endigt die Linienwählerleitung; sie ist für gewöhnlich mit der zugeordneten Leitung verbunden und so geschaltet, daß sie andere Leitungen nicht angeschlossen werden kann.)

Posteigene	
Teilnehmereigene	
Private, für den Verkehr mit dem öffentlichen Netz zugelassene	Anschlußdose
Private, für den Verkehr mit dem öffentlichen Netz nicht zugelassene (Haus-)	

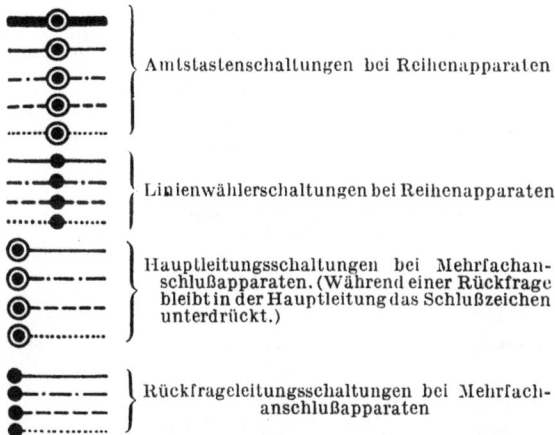

Amtstastenschaltungen bei Reihenapparaten

Linienwählerschaltungen bei Reihenapparaten

Hauptleitungsschaltungen bei Mehrfachanschlußapparaten. (Während einer Rückfrage bleibt in der Hauptleitung das Schlußzeichen unterdrückt.)

Rückfrageleitungsschaltungen bei Mehrfachanschlußapparaten

◁ Kennzeichen für Querverbindungen

« Kennzeichen für unmittelbare nicht zu den Querverbindungen zählende Verbindungen zwischen Sprechstellen des öffentlichen Netzes, sowie für Rufleitungen in gemischten Anlagen

< Kennzeichen für unmittelbare Verbindungen zwischen Hausanlagen und für Rückfrageleitungen von Sprechstellen des öffentlichen Netzes nach Hausanlagen

Die Zeichen stehen, wenn die Leitungen nicht vollständig eingezeichnet sind, nur einmal an der Stelle, wo die Leitung aufhört, und bei vollständig eingezeichneten Leitungen auf jeder Seite nahe der Anschlußstelle

‖ Zusatzkennzeichen für Verbindungen, die den Anschlußbereich eines Ortsnetzes überschreiten, außer bei Hauptanschlüssen. (Das Zeichen steht bei Ausnahme-Nebenanschlüssen mit gewöhnlichem Apparat nur einmal nahe der Anschlußstelle, bei Nebenanschlüssen mit anderen Apparaten sowohl nahe der Anschlußstelle als auch nahe der Sprechstelle und im übrigen nahe den Zeichen ◁ « und <)

Wechselschalter

ABC usw. Hauptbezeichnungen für die einheitlichen Anlagen

I II III usw. Zusatzbezeichnungen für Sprechstellen mit mehreren Leitungen (nur bei Anlagen mit mehreren derartigen Sprechstellen)

a b c usw. Leitungsbezeichnungen bei den Sprechstellen mit mehreren Leitungen

1, 2, 3 usw. Anzahl der durch einmalige Darstellung angedeuteten gleichen Anschlüssen usw. (Die Zahlen stehen in der Regel links von senkrechten und oberhalb wagerechter Leitungslinien)

(1)(2) (3) usw. Anzahl der durch einmalige Darstellung angedeuteten gleichbelegten Sprechstellen mit mehreren Leitungen. (Die Angaben stehen in der Nähe von I, II, III usw. oder von A, B, C usw.)

Abteilung 1. Posteigene Hauptstelleneinrichtungen
(Keine Nebenstellenanlagen, daher teilnehmereigen oder privat nicht zulässig)

Abteilung 2. Posteigene und teilnehmereigene Nebenstellenanlagen

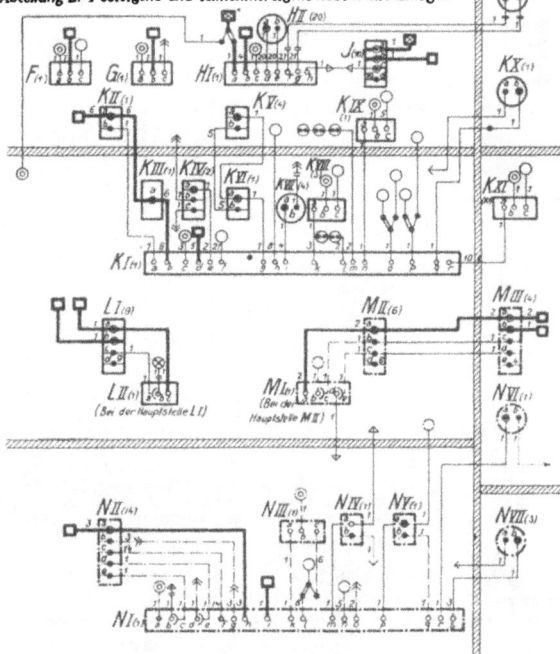

Abteilung 3. *Private Nebenstellenanlagen mit Hausstellen*
(Wegen der Zulässigkeit privater Nebenstellenanlagen ohne Hausstellen
nach den Darstellungen in Abteilung 2 s. Vorbemerkung I)

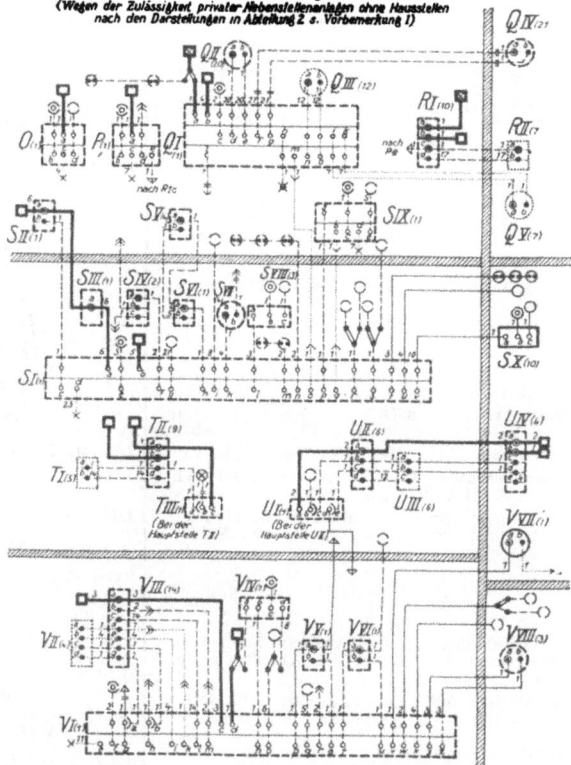

Sachverzeichnis des wichtigsten Inhalts der Darstellungen.

Inhalt sowie Hinweise auf die Bestimmungen	Darstellungen
Anschlußdosenanlagen (FO § 7)	
bei Hauptanschlüssen	B
bei Nebenanschlüssen . . . . :	K I l u. m, SIm, n u. l
an Stelle zweiter Sprechapparate (AB 1 zu § 9, VA Abs. 1 Ziff. 4)	Q I a

Inhalt sowie Hinweise auf die Bestimmungen	Darstellungen
Ausnahme-Hauptstellen (FO § 4, IV)	
mit Verbindung nach nur einer Vermittlungsstelle	D
mit Verbindungen nach mehreren Vermittlungsstellen (AB 3 zu § 4, IV Abs. 1 u. 2)	$H\,I,\,J,\,Q\,I,\,R\,l$
Ausnahme-Nebenstellen (FO § 5, IV)	$H\,III,\,L\,IIb,$ $Q\,IV,\,T\,IIIb$
Ausnahme-Querverbindungen (FO § 6, VI) . .	$N\,Ib,\,V\,Ig$
Außennebenanschlüsse (AB 1 zu § 5, I Abs. 2 und AB 1 Buchstabe f zu § 5, III A Ziff. 3 Abs. 2; s. auch »Linienwählerleitungen«) .	$L\,IIb,\,M\,Ib,$ $T\,IIIb,\,U\,Ib$
Geheimstellen[1]) (AB 3 u. 4 zu § 5, I Abs. 1 und AB 1 Buchstabe g zu § 5, III A Ziff. 3 Abs. 2)	
in Hauptanschlüssen	$K\,II$ u. $III,$ $S\,II$ u. $III,$ $N\,II,\,V\,III$
in Nebenanschlüssen.	$N\,V,\,V\,VI$
in Querverbindungen	$N\,IV,\,V\,V$
Gemischte Anlagen (AB 1 zu § 5, I Abs. 2 und AB 1 Buchstabe g zu § 5, III A Ziff. 3 Abs. 2)	$N,\,V$
Getrennte Reihenanlagen (AB 2 zu § 5, I Abs. 2)	L[2]), $M,\,T$[2]), U
Hausanschlüsse als Rückfrageanschlüsse (AB 4 zu § 5, III A Ziff. 1 b)	
zu posteigenen einzelnen Hauptstellen. .	$Db,\,Eb$
zu post- oder teilnehmereigenen Nebenstellen	$K\,X\,a \quad N\,IVb,$ $N\,VIb,$ $N\,VIIa,$ $V\,VIIb$
zu privaten Nebenstellen	$V\,VIIIb$
Hausanschlüsse nach dem Anschlußbereich eines anderen Ortsnetzes (AB 4 Abs. 2 zu § 5, I Abs. 2)	$Q\,Il$
Hausstellen (AB 4 zu § 5, I Abs. 2) **in Reihenschaltung** (bei privaten Nebenstellenanlagen)	$R\,II,\,T\,I,$ $U\,III,\,V\,II$
Linienwählerleitungen	
belegt durch Nebenanschlüsse mit gewöhnlichem Apparat (FO § 5, III A Ziff. 4 d u. AB 1 Buchstabe f zu § 5, III A Ziff. 3 Abs. 2; s. auch »Außennebenanschlüsse«)	$L\,IIa,\,M\,Ic,$ $T\,IIIa,\,U\,Ic$
belegt durch Querverbindungen (FO § 6, V Ziff. 3 und AB 1 Buchstabe f zu § 5, III A Ziff. 3 Abs. 2)	$M\,Ie,\,N\,Ic,$ $U\,Ie,\,V\,Ia$
belegt durch unmittelbare Verbindungen (AB 2 Buchstabe b u. d zu § 6, I) . .	$N\,Ie,\,V\,Ib$

---

[1]) Geheimstellen mit Mehrfachanschlußapparaten werden im früheren Reichstelegraphengebiet von der TV nicht hergestellt.

[2]) Nur in bezug auf den Außennebenanschluß.

Inhalt sowie Hinweise auf die Bestimmungen	Darstellungen
Rückfrageapparate s. »Mehrfachanschlußapparate« und »Reichenapparate«	
Rückfrageleitungen nach Hausstellen od. Hausanlagen s. »Hausanschlüsse als Rückfrageanschlüsse«	
Rufleitungen bei gemischten Anlagen (Druckheft »Die Fernsprechreihenanlagen« S. 17 Abs. 1 und S. 35 Abs. 2)	$N\,Ig$—$N\,IIb$, $V\,Ik$—$V\,IIa$. $V\,Im$ bis $V\,IIIb$
Unmittelbare, nicht zu den Querverbindungen zählende Verbindungen zwischen Sprechstellen des öffentlichen Netzes, geschaltet	
bei Hauptstellen ohne Nebenstellen (einzelne Hauptstellen)	
wie Nebenanschlüsse	Gc, Pd
wie Rückfrageleitungen	Cb, Ec
bei Hauptstellen von Nebenstellenanlagen	
wie Nebenanschlüsse	$N\,Io$, $V\,Ir$
wie Außennebenanschlüsse	$N\,Id$, $V\,Ih$
bei Nebenstellen, die an mehrere Hauptstellen angeschlossen sind,	
wie Rückfrageleitungen	$K\,IVb$ u. c, $K\,VIIb$, $S\,IVb$ u. c, $S\,VIIb$
Unmittelbare Verbindungen zwischen Hausanlagen	$Q\,Il$, $Q\,Im$—$S\,Io^1$) $S\,Iq$—$S\,IXb^2$)
Zusatzeinrichtungen — bei Reihenanlagen — zur Anschließung eines Außennebenanschlusses usw. an eine Amtsleitung	$L\,II$, $T\,III$
Zweite Sprechapparate gewöhnlicher Art (FO § 8, VA Abs. 1 Ziff. 4)	
für Hauptanschlüsse	Ac, Da, $H\,Ia$
für Nebenanschlüsse	$K\,Io$ u. p, $S\,Ir$ und s, $V\,Iw$
Zweitnebenstellen (AB zu § 5, 1 Abs. 4); s. auch Vorbemerkung 3	$K\,V$, $K\,VIIIc$, $K\,IXc$, $K\,XIc$, SV, $S\,VIIIc$, $S\,IXe$, $S\,Xc$
Zwischenstellenumschalter	
bei Hauptstellen	F, G
bei Nebenstellen	$K\,VIII$, IX u. XI, $S\,VIII$ und X

---

¹) Die Leitung ist u. U. nach § 2 des Telegraphengesetzes vom 6. April 1892 genehmigungspflichtig; sie muß, damit nicht eine gemäß FO § 6, IV Abs. 1 unzulässige private Querverbindung zwischen zwei verschiedenen Grundstücken entsteht, in der Regel auf der einen Seite (Q) so geschaltet sein, daß sie nur mit Hausanschlüssen verbunden werden kann.

²) Die Leitung muß, damit ein Verkehr der Hausstellen von $S\,I$ mit den Amtsleitungen verhindert bleibt, nach Anlage 2 Buchstabe b Ziff. 2 Abs. 4 bei SIX so geschaltet sein, daß sie mit $SIXa$ nicht verbunden werden kann. Auch die Leitung SIq—$SIXb$ ist u. U. nach dem Telegraphengesetz genehmigungspflichtig.

2. Art der Anlagen.

a) Janus-Reihenanlagen.

Diese Anlagen sind so eingerichtet, daß von jeder Nebenstelle aus durch Drücken einer Amtstaste ohne jede Bedienung einer anderen Person das Amt erreicht werden kann. Der Anruf vom Amt dagegen kommt nur bei einer Stelle an (Hauptstelle). Diese nimmt das Gespräch entgegen oder gibt es gegebenenfalls zu einer anderen Nebenstelle weiter, indem sie die gewünschte Nebenstelle über den Linienwähler anruft und auffordert, sich in die betreffende Amtsleitung einzuschalten. Die Linienwähler dienen auch für den Verkehr der Nebenstellen untereinander. Die Auslösung irgendeiner Verbindung erfolgt automatisch nach beendigtem Gespräch. An Stelle der Linienwähler kann auch eine vollautomatische Hauszentrale verwendet werden.

b) Janus-Zentralanlagen.

Bei diesen Anlagen enden die Amtsleitungen und Nebenstellen auf einem Glühlampenschrank. Die Verbindungen mit dem Amte sowie die der Nebenstellen untereinander werden von der Bedienungsperson der Zentrale hergestellt. Man hat hier vier Arten zu unterscheiden:

1. Zentralen, bei denen jede Amtsleitung auf Stöpsel endet.

Bei einer derartigen Zentrale braucht die Bedienungsperson nur einen einzigen Handgriff (Stecken des Stöpsels in die Nebenstellenklinke) auszuführen, um eine Verbindung Amt-Nebenstelle herzustellen.

2. Zentralen, bei denen jede Amtsleitung auf Klinke endet und die Verbindung der Nebenstellen untereinander resp. mit dem Amt durch Schnurpaare mit je zwei Stöpsel erfolgt.

Da jedes Schnurpaar zwei Stöpsel besitzt, hat die Bedienungsperson durch das Stecken der Stöpsel zwei Handgriffe auszuführen.

3. Druckknopfzentralen, bei denen die Verbindung Amt-Nebenstelle resp. umgekehrt schnurlos vermittelst Drucktasten erfolgt.

Zur Herstellung der Verbindung Amt-Nebenstelle hat die Bedienungsperson nur einen einzigen Handgriff (Drücken der Nebenstellentaste) auszuführen. Diese Zentralen werden auf Wunsch mit elektrischer Auslösung versehen, so daß nach Beendigung eines Amtsgespräches die Verbindung automatisch getrennt wird.

4. Halbautomatische Zentralen.

Bei diesen Zentralen erhalten die Nebenstellen wie bei den Reihenschaltungsanlagen das Amt automatisch, d. h. ohne Bedienungsperson, während die Verbindung Amt-Nebenstelle durch eine Bedienungsperson vorgenommen wird, welche diese Verbindung entweder schnurlos (Drucktasten) oder aber vermittelst Einschnur- oder Zweischnursystem ausführt.

Alle Anlagen nach dem Janussystem erhalten Janusstationen, welche es ermöglichen, daß von ein und demselben Apparat auch während eines Amtsgespräches Rückfrage in das Hausnetz gehalten werden kann, ohne daß das Amt eine vorzeitige Schlußzeichengabe erhält resp. der andere Teilnehmer von diesem Rückfragegespräch etwas mithören kann.

3. Art der Ämter.

a) Ortsbatterie (OB)-Ämter.

Die OB-Ämter haben Fallklappen als Anruforgane, welche vermittels Induktoren oder Polwechsler zum Fallen gebracht werden. Bei Einzelanschlüssen muß jeder Apparat eine Batterie für die Mikrophonspeisung erhalten. Die Fernsprechämter besitzen doppelte Schlußzeichengabe in Form von Schauzeichen. Nach Beendigung eines Gespräches wird das Schlußzeichen getrennt von dem anrufenden sowie von dem gerufenen Teilnehmer durch Anhängen der Hörer automatisch zum Amt gegeben. Zur Herstellung der Verbindungen dienen Schnurpaare.

b) Zentralbatterie (ZB)-Ämter.

Die ZB-Ämter sind mit Glühlampensignalisierung ausgerüstet und besitzen eine Zentralbatterie. Diese Batterie dient für den automatischen Anruf zum Amt sowie zur Speisung aller Teilnehmerapparate. Die doppelte Schlußzeichengabe zum Amt erfolgt automatisch durch Anhängen der Hörer bei den Sprechstellen. Die Verbindungen werden auch hier mit Hilfe von Schnurpaaren hergestellt.

c) Selbstanschluß (SA)-Ämter.

Diejenigen Teilnehmer, deren Fernsprechapparate an ein SA-Amt angeschlossen sind, können ohne Vermittlung des Fernsprechamtes sich die Verbindungen mit dem gewünschten Teilnehmer selbst herstellen. Zu diesem Zwecke müssen sämtliche Teilnehmerapparate mit Nummernscheiben zur Stromimpulsgabe nach dem Amt ausgerüstet sein. Die Schaltungsweise der Apparate ist sonst im allgemeinen den Apparaten zum Anschluß an ZB-Ämter gleich. Man unterscheidet zwei Arten von SA-Ämter:

1. SA-Ämter mit Schleifensystem; hier erfolgt die Stromimpulsgabe über die Leitungsschleife der mit dem Amt verbundenen, zum Teilnehmer führenden Doppelleitungen.

2. SA-Ämter mit Erdsystem. Bei den an diesen Ämtern angeschlossenen Apparaten wird während des Ablaufs der aufgezogenen Nummernscheibe der b-Zweig der Doppelleitung mit Erde verbunden; es erfolgt nun die Stromimpulsgabe vom Teilnehmerapparat zum Amt über Erde und den a-Zweig der Doppelleitung.

4. Wer darf installieren?

Nach den Ausführungsbestimmungen sind die Teilnehmer berechtigt, Nebenstellen auf dem Grundstück des Hauptanschlusses durch Dritte ausführen zu lassen. Irgendwelche Einschränkung hinsichtlich der Personen, welche derartige Anlagen herstellen, ist nicht gemacht; es ist also der Fernsprechteilnehmer an sich berechtigt, die Ausführung einer derartigen Anlage einer beliebigen Person zu übertragen. Eine Konzessionierung von Installationsfirmen durch die Postbehörde oder irgendeine Beschränkung in dieser Hinsicht besteht also nicht; jedoch müssen die Anlagen unter Beachtung der vom VDE herausgegebenen »Vorschriften zur Errichtung elektrischer Fernmeldeanlagen« ausgeführt werden. Es ist für den Installateur nur nötig, vor Beginn der Anlage dem zuständigen Fernsprechamt eine vom Reichspostministerium (R.P.M.) genehmigte Schaltung der beabsichtigten Anlage einzureichen; einige der Aktiengesellschaft Mix & Genest genehmigte Schaltungen sind in dem Kalender enthalten. Werden bei der Ausführung die vorstehend angegebenen postalischen Vorschriften genügend beachtet, so vollzieht sich nach Fertigstellung der Anlage die Prüfung und Abnahme durch die Postverwaltung ohne Schwierigkeit.

VII. Rundfunkanlagen.

1. Antennen.

Die erste Voraussetzung für einen einwandfreien Rundfunkempfang, insbesondere weit entfernt liegender Sender, ist eine sachgemäß angelegte Hochantenne. Wenn auch mit sog. Innen- oder Behelfsantennen gelegentlich recht gute Erfolge erzielt werden können, so kann man diese Antennengebilde doch nur für den Nahempfang als betriebssicher gelten lassen.

Über den Bau von Hochantennen sind vom »Verband deutscher Elektrotechniker« ausführliche Leitsätze aufgestellt worden, die auch Bestimmungen über Schutzeinrichtungen, Erdleitungen usw. enthalten. Ein Auszug dieser VDE-Leitsätze ist auf S. 142 wiedergegeben. Ergänzend sei bemerkt, daß die Lautstärke der aufgenommenen Zeichen um so größer wird, je höher die Antenne liegt. Hierbei ist nicht nur die Höhe über dem Erdboden, sondern auch über dem Dache gemeint. Besonders kommt es auf Höhe an, wenn das Dach viele Metallteile aufweist oder gar mit Metall gedeckt ist.

Die wagerechte Ausdehnung der Antennenleiter zu übertreiben, ist für die Empfangslautstärke ziemlich zwecklos, da zur Abstimmung auf die für den Unterhaltungsrundfunk gebräuchlichen kleinen Wellenlängen die Eigenschwingung der Antenne zu weit verkürzt werden müßte. Selbst für eindrähtige Antennen genügen Längen von 30 bis 50 m; Stützpunktabstände von mehr als 50 m sind nach Möglichkeit zu vermeiden. Bei geringeren Entfernungen werden 2 oder 3 im gegenseitigen Abstande von 1 bis 2 m parallel geführte Drähte verwendet. Die Form der Antenne, ob »L« oder »T«, ergibt sich aus den örtlichen Verhältnissen. Bei der T-Antenne soll die Abführung in der Mitte des horizontalen Querbalkens und möglichst senkrecht erfolgen. Die Richtung des letzteren ist dabei gleichgültig. Zur Ableitung elektrischer Aufladungen werden am besten Luftleer-Blitzableiter eingebaut.

Bei der Zuführung der Außenantenne zum Empfangsapparat ist darauf zu achten, daß durch Ableitung nicht wieder unnütz Energie verloren geht. Die Zuführung darf daher nicht zu nahe an Gebäudeteilen entlang zur Einführungsstelle geführt werden. Insbesondere sind auch lange Innenleitungen in den Räumen selbst zu vermeiden. Das Empfangsgerät wird zweckmäßigerweise möglichst in der Nähe der Einführungsstelle aufgestellt. Wo dies nicht möglich ist, empfiehlt sich die Antenne frei heranzuführen. Die Einführung der Außenantenne erfolgt am besten am Fensterrahmen unter Verwendung einer kleinen Tülle aus Porzellan oder eines Durchführungsisolators.

2. Erdleitung.

Man unterscheidet zwischen Schutzerdung für die Antenne und Apparaterdung. Für die erstere gelten die VDE-Leitsätze, S. 39 und S. 144.

Eine gute Apparaterdung ist der Anschluß an eine Blitzableitererde. In den Städten wird man meistens das weit verzweigte Rohrnetz der Wasserleitung benutzen, aber auch Gasleitungs- und Dampfheizrohre lassen sich verwenden, doch wirken sie mehr als Gegengewicht. Unter Gegengewicht versteht man eine Ersatzerde. Diese läßt sich leicht durch Ausspannung von Drähten in der Nähe des Fußbodens (auf der Scheuerleiste) herstellen. Die Länge des Drahtes ist ungefähr der Antenne anzupassen. Für Hochantennen wird das Gegengewicht isoliert im Freien untergebracht; der Abstand von der Antenne ist dabei möglichst groß zu halten. Die Verwendung eines Gegengewichtes ist oft von Vorteil, wenn die Erde »verseucht« ist, d. h., wenn vagabundierende Ströme von Straßenbahnen und Elektrizitätswerken auftreten und zu Empfangsstörungen Anlaß geben.

3. Empfangsgeräte.

Für die verschiedenen Empfangsansprüche sind von der Radioindustrie eine große Anzahl Apparattypen konstruiert worden, vom Einrohr-Primärempfänger, mit und ohne Rückkopplung, bis zum Vielröhrengerät mit Neutrodyne-, Superregenerativ- und anderen Kunstschaltungen. Die letztgenannten Apparate sind an Leistungsfähigkeit den einfacheren Einrichtungen naturgemäß überlegen. Sie haben jedoch den Nachteil, der wesentlich schwereren Bedienung und der hohen Anschaffungskosten. Besonders gut haben sich eingeführt 2 bis 4 Röhrentypen, Sekundärempfänger mit Hoch- und Niederfrequenzverstärkung, freier Rückkopplung und Sperrkreis. Häufig erhalten diese Geräte auch Reflexschaltung (doppelter Ausnützung der Hochfrequenzröhre) wodurch eine Röhrenersparnis erzielt wird. Nachstehend seien einige Typen der A.-G. Mix & Genest angeführt.

1. Emgefunk-Modell »F«, ein Primärempfänger für einen Wellenbereich von ca. 250 bis 700 m. Der Hauptvorteil dieses mit Sparröhre ausgerüsteten Gerätes ist die überaus einfache Bedienungsweise, da nur ein einziger Drehgriff zu betätigen ist. Die Rückkopplung ist nicht variabel, doch kann dieselbe ohne Schwierigkeit fester oder loser eingestellt werden. Die Verwendung dieses Gerätes ist da angezeigt, wo in nicht zu großer Entfernung vom Sender ein lautstarker Kopfhörerempfang verlangt wird oder da, wo Detektoren nicht mehr ausreichen. Zur Einstellung der Heizstromstärke ist, falls kein hochohmiges Meßinstrument zur Verfügung steht, der Schieber am Widerstand in der Pfeilrichtung soweit zu schieben, bis eine genügende Lautstärke erreicht ist. Darauf ist mit der Einstellung sofort wieder soweit zurückzugehen wie es ohne Einbuße an Lautstärke möglich ist. Eine Überheizung der Röhre muß unbedingt vermieden werden, da dieselbe dadurch ihre Emission verliert und unbrauchbar wird.

2. Emgefunk-Modell »H«. Dieser Zweiröhren-Niederfrequenzverstärker besitzt ebenso wie das Modell »F« hochohmige Heizwiderstände, so daß ein Betrieb mit Sparröhren möglich ist. Die Verbindung der beiden Apparate ergibt dort, wo das Emgefunk »F« für den Empfang mit Doppelkopf-Fernhörern ausreicht, eine für Lautsprecherbetrieb genügend große Lautstärke.

Das Emgefunk »H« kann auch gut als Zusatzgerät für eine Detektor-Empfangsanlage gebraucht werden. Durch diese Anordnung läßt sich ebenfalls ein guter Lautsprecherempfang erreichen.

3. Emgefunk-Modell »K« ist für verwöhntere Ansprüche bestimmt, und zwar sowohl in bezug auf Reichweite, als auch Ausführung. Das Gerät ist wie Abb. 77 erkennen läßt, ein Dreiröhren-Sekundärempfänger mit Reflexschaltung. Das erste Rohr wird außer zur Hochfrequenzverstärkung auch noch zur Niederfrequenzverstärkung benutzt, wodurch annähernd die Leistung eines Vierröhrenapparates erreicht wird. Das dritte Rohr wird für die Gleichrichtung (Audion), das mittelste für die Niederfrequenzverstärkung verwendet. Drei Steckbuchsen

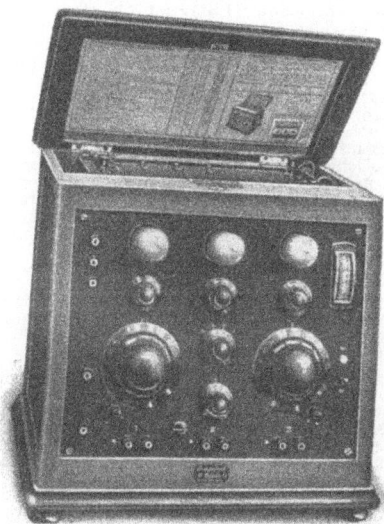

Abb. 53.

geben die Möglichkeit mit verschiedenen Schaltungskombinationen zu arbeiten.

Anschluß I: Hochfrequenz und Audion allein,
II: mit einfacher Niederfrequenzverstärkung,
III: mit doppelter Niederfrequenzverstärkung.

Beim Gebrauch der Telephonanschlüsse I und II kann der Heizstrom der mittelsten Röhre abgeschaltet werden. Durch die gewählte Hochfrequenzverstärkung in Verbindung mit einer auf den Sperrkreis wirkenden freien Rückkopplung wird eine große Reichweite gewährleistet, so daß gute Empfangsverhältnisse vorausgesetzt, nicht nur der benachbarte Ortssender, sondern

7*

auch die meisten deutschen und auch eine große Zahl ausländischer Sender im Lautsprecher zu Gehör gebracht werden können.

Durch eine sog. Vorröhrenschaltung wird vermieden, daß die bei Anwendung der beliebig einstellbaren Rückkopplung auftretenden Schwingungen nicht in störender Weise ausgestrahlt werden, sodaß die Apparatur, selbst in der Hand des Laien, nicht zu den bekannten Rückkopplungsstörungen Veranlassung geben kann.

Das Modell »K« ist für den eigentlichen Rundfunkwellenbereich von ca. 250 bis 700 m bestimmt. Durch eine jedem Apparat beigegebene Eichtabelle wird die Einstellung auf die verschiedenen Sender erleichtert. Der Anschluß ist sehr einfach, da alle Batterien in dem Empfänger eingebaut sind.

4. Emgefunk-Modell »O« ist für einen Wellenbereich von ca. 250 bis 2000 m eingerichtet. Dieser Bereich wird ohne besondere auswechselbare Spulen durch Herstellung der entsprechenden Antennenanschlüsse am Gerät erzielt. In seiner sonstigen Ausführung gleicht dieser Apparat dem Modell »K«. Beim Gebrauch von Trockenheizbatterien sind für diese Geräte »Telefunkenröhren RE 78« zu verwenden, die einen Gesamtstromverbrauch von ca. 0,210 Amp. haben. Bei großen Lautstärken, wie dies im allgemeinen in der Nähe des Ortssenders der Fall ist, empfiehlt sich für die ersten beiden Röhren die Type »RE 83« zu nehmen, da diese infolge ihrer größeren Emission nicht so leicht »überschrien« werden. Der Gesamtstromverbrauch beträgt in diesem Falle ca. 0,470 Amp. Es ist bei dieser Belastung ratsam, für die Heizung Akkumulatoren (4 Volt) vorzusehen. Eine weitere Verbesserung des Lautsprecherempfanges läßt sich durch folgende Röhrenkombinationen erzielen: erste und dritte Röhre RE 83, mittlere Röhre RE 97. Als Gittervorspannung sind hierbei ca. 3 bis 4,5 Volt zu wählen; Anodenspannung ca. 90 Volt. Durch diese Anordnung erfährt die Endlautstärke keine wesentliche Erhöhung, dagegen wird die Qualität des Empfanges verbessert.

Sollen große Lautstärken erzielt werden, so ist eine höhere Anodenspannung zu verwenden. Die zusätzliche Spannung erhält man durch eine zweite Anodenbatterie, die zwischen Lautsprecher und Telephonanschluß III des Gerätes zu schalten ist. Um auch wirklich eine Erhöhung der Anodenspannung zu erhalten, ist auf richtige Polung zu achten. Ob der Anschluß richtig erfolgt ist geht ohne weiteres aus der erzielten Lautstärke hervor. Entsprechend der erhöhten Anodenspannung ist auch die negative Gittervorspannung zu erhöhen. Es kommen hierfür ungefähr 4,5 bis 6 Volt in Frage, doch ist die günstigste Vorspannung durch Ausprobieren festzustellen. Die technischen Daten der Endverstärker Röhre RE 97, sowie der übrigen »Telefunkenröhren« sind aus der Aufstellung S. 107 ersichtlich.

4. Zubehör.

1. Doppelkopf-Fernhörer. Für Rundfunkzwecke werden im allgemeinen Doppelkopf-Fernhörer mit einem Gesamtwiderstand von ca. 4000 Ohm verwendet. Einen hervorragenden Typ unter der Fülle der auf dem Markt befindlichen Konstruktionen stellt der in der Abb. 54 wiedergegebene »Emge«-Hörer dar, der sich durch zweckmäßige angenehme Form, geringes Gewicht, sowie laute und deutliche Wiedergabe von Sprache und Musik auszeichnet.

Auffallend an dem Hörer ist gegenüber anderen Modellen das Magnetsystem, das aus sechs Lamellen besonderer Form besteht. Die Spulen sind direkt über die Magnetschenkel geschoben, so daß die sonst üblichen Polschuhe vermieden werden. Durch die gewählte Anordnung und Form der Magnete wird ein kräftiges magnetisches Feld und eine Herabsetzung der Verluste durch Wirbelströme erzielt.

Ein einfaches Mittel, die Empfindlichkeit eines Doppelkopf-Fernhörers zu prüfen, ist folgendes:

Man nehme den einen blanken Stecker bzw. Stiftkontakt fest in die Hand, berühre dann mit der Spitze des anderen Steckers, den man am Isolierteil anfaßt, einen metallischen Gegenstand (Fingerring, Schlüssel usw.), den man in der anderen Hand hält. Bei empfindlichen Hörern wird dabei ein deutliches Knacken hörbar sein. Auf diese Weise kann man bei Doppelkopf-Fernhörern feststellen, ob beide Hörer auf gleiche Empfindlichkeit eingestellt sind.

Bei fabrikneuen Doppelkopf-Fernhörern sind die Membranen richtig eingestellt. Sollte durch einen besonderen Umstand eine Verstellung eingetreten sein, so kann die richtige Einstellung leicht in folgender Weise vorgenommen werden: Die Hörmuschel wird durch Drehen im entgegen gesetzten Sinne des Uhrzeigers gelockert, darauf wird der Feststellring zurückgeschraubt und die Hörmuschel im Sinne des Uhrzeigers gedreht, bis eine Abnahme der Lautstärke eintritt und schließlich die Membran am Magneten festklebt. Nicht weiter schrauben! Darauf dreht man die Hörmuschel eine Wenigkeit wieder zurück, bis sich die Membran vom Magneten wieder ablöst und eine genügende Lautstärke und Klangreinheit erzielt ist. Diese Stellung der Hörmuscheln wird durch Anziehen des Feststellringes fixiert. Das Festschrauben muß sehr vorsichtig erfolgen, damit die gefundene günstige Stellung nicht wieder verschoben wird.

2. Lautsprecher. Selbst in Laienkreisen bricht sich immer mehr die Erkenntnis Bahn, daß an der verzerrten Wiedergabe von Sprache und Musik beim Lautsprecherempfang nicht der Lautsprecher selbst, sondern in den meisten Fällen das verwendete Empfangsgerät besonders aber die Röhren ein gut Teil schuld haben. Ein Vergleich Röhren geringerer Emission mit modernen Endverstärkerröhren wird dieses bestätigen. Voraussetzung für eine gute Wiedergabe durch den Lautsprecher ist die

Abb. 54.

Verwendung verzerrungsfreier Niederfrequenzverstärker und Verstärkerröhren hoher Emission; vgl. auch S. 100 Emgefunk-Modell »O«.

Nach der Art ihres Antriebes unterscheidet man zwischen elektromagnetischen, elektrodynamischen und elektrostatischen Lautsprechern. Die letzteren dürften in ihrer jetzigen Form für den Amateur kein Interesse haben. Am eingeführtesten sind die Lautsprecher mit elektromagnetischem System, die nach dem bekannten Telephonprinzip arbeiten. Eine derartige Konstruktion liegt auch dem »Emge←Lautsprecher (Abb. 55) zugrunde. Bei dem elektrodynamischen Lautsprecher schwingt der von Wechselströmen (Sprechstrom) durchflossene Leiter in einem konstanten Magnetfeld. Um eine genügend konstante

Feldstärke zu bekommen, werden im allgemeinen Elektromagnete verwendet, die von einer besonderen Batterie gespeist werden. Anders die elektromagnetisch betriebenen Lautsprecher. Hier kommt man in der Regel mit permanenten Magneten aus. Die Sprechströme durchfließen eine große Zahl von Windungen aus Kupferdraht, die auf besonderen Polschuhen des Magneten angebracht sind und verursachen Schwankungen der Magnetisierung und somit der Anzugskraft. Bei Verwendung guter Magnete ergibt sich Proportionalität zwischen der Stärke der Sprechströme und der Größe der Zugkraft.

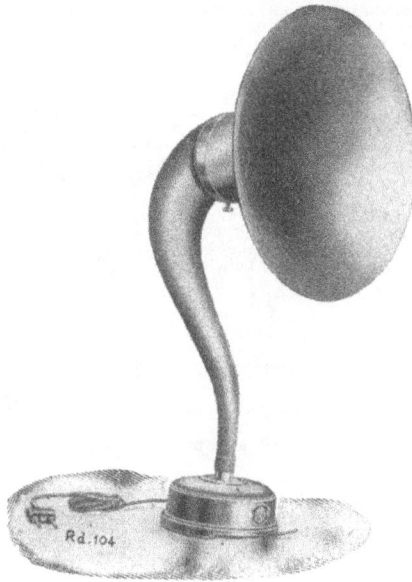

Abb. 55.

 Rein äußerlich unterscheidet man noch trichterlose Lautsprecher und solche mit Trichter. Bei den trichterlosen Lautsprechern, die den Typen mit Trichter fast immer in bezug auf Empfindlichkeit und Lautstärke unterlegen sind, wird die Energie der schwingenden Membran direkt an die Luft abgestrahlt. Um eine gute Wirkung zu erzielen, muß die Membran genügend gedämpft sein. Ein gutes Mittel hierfür ist der Trichter, der mit der Membran in geeigneter Weise abgestimmt sein muß. Die Bevorzugung gewisser Frequenzen läßt sich hierbei allerdings nicht ganz vermeiden. Bei dem Emge-Lautsprecher ist dies jedoch kein Nachteil, da seine Abstimmung in einem tiefen Frequenzbereich liegt, wodurch der charakteristische weiche volle Ton erzielt wird.

Um eine Schwächung der Magnete zu vermeiden, achte man beim Anschluß des Lautsprechers an das Empfangsgerät auf richtige Polarität, d. h., man verbinde immer die gleichnamigen Pole miteinander. Ist an einem Empfangsapparat die Polbezeichnung nicht angegeben, so stelle man den richtigen Anschluß wie folgt fest:

Nach Einschalten des Lautsprechers bewege man den Einstellhebel soweit nach rechts, bis die Membran am Magneten anklebt und gehe darauf wieder so weit zurück, bis die Membran frei ist. Alsdann polt man um. Klebt nun die Membran wieder fest, so ist jetzt richtig gepolt. Der Einstellhebel ist dann wieder soweit zurückzuschieben, bis sich die Membran vom Magneten ablöst.

Lautsprecher sollen niemals am Trichter getragen werden, da hierbei sehr leicht der Sockel herunterfallen kann. Bei dem Fall des schweren Systems tritt fast immer eine Beschädigung ein, die, wenn auch äußerlich nicht erkennbar, die Funktion erheblich beeinträchtigt.

3. Batterien. Während die früher gebräuchlichen Elektronenröhren mit Wolframfaden bei einer Spannung von cirka 2,8 Volt, ca. 0,50 Amp. gebrauchten, haben die heute üblichen sog. Sparröhren, beispielsweise RE 78, bei ca. 2,2 Volt, nur noch einen Stromverbrauch von ca. 0,07 Amp., siehe Röhrentabelle S. 107. Für ein Dreiröhrengerät würde sich also ein Stromverbrauch von ca. 0,210 Amp. ergeben. Als Heizbatterie können in diesem Falle unbedenklich Trockenelemente verwendet werden. Zu beachten ist hierbei, daß diese Batterien ein starkes Erholungsvermögen haben. Um ein Überheizen der Röhren zu vermeiden, empfiehlt sich vor Einschalten der Batterie ein Heizregler stets etwas zurückzudrehen und die Spannung für die einzelnen Röhren mittels des Voltmeters neu einzustellen. Bei größeren Heizstromstärken empfiehlt sich die Verwendung von Akkumulatoren. Ihre Kapazität ist nach Möglichkeit so zu bemessen, daß eine Ladung bei täglich dreistündigem Betriebe ca. 4 bis 6 Wochen ausreicht. Werden als Röhren zwei Stück RE 83 und ein Stück RE 78 gebraucht, so müßte der Akkumulator, da der Stromverbrauch der Röhren zusammen ca. 0,340 Amp. beträgt, beispielsweise eine Kapazität von ca. 30 Ampèrestunden haben. Bei dem Emgefunk-Modell »K« und Modell »O« werden die Batterien im Apparatgehäuse untergebracht. Die Zellen sind vor dem Einbau jedesmal sorgfältig zu säubern.

Als Anodenbatterien finden infolge ihrer bequemen und preiswerten Ausführung fast ausschließlich Trockenbatterien Anwendung. Häufig enthalten dieselben auch noch einige Elemente für die negative Gittervorspannung (Kombinationsbatterien). Die im Handel befindlichen Anodenbatterien sind für Röhren mit normaler Emission bestimmt; bei Endverstärkerröhren empfiehlt es sich wegen der größeren Beanspruchung zwei Batterien parallel zu schalten oder Spezialbatterien zu nehmen. Die Spannung ist stets nur mit hochohmigen Präzisionsvoltmetern zu prüfen. Elektromagnetische Meßinstrumente sind ungeeignet, da sie infolge ihres hohen Stromverbrauches falsche Meßresultate ergeben und auch gleichzeitig die Batterien schädigen. Zur Prüfung auf Unterbrechungen innerhalb der Batterien läßt sich auch gut ein Doppelkopffernhörer verwenden.

5. Störungen und ihre Beseitigung.

Bei Störungen in Rundfunkanlagen ist es nicht immer leicht, die Ursache derselben gleich zu erkennen. Im nachstehenden seien deshalb einige Winke zur Auffindung von Fehlern und deren Beseitigung unter besonderer Berücksichtigung der Emgefunk-Modelle gegeben.

A. Das Gerät spricht nicht an.

Beobachtung	Fehler	Abhilfemaßnahme
a) Röhren brennen nicht	Unterbrechung in der Batteriezuleitung	Batterieanschluß prüfen
b) Röhren flackern, Spannung schwankt	Schlechter Kontakt am Heizregler Schlechter Kontakt in der Röhrenfassung oder an der Batterie	Regler etwas hin- und herregulieren Röhren in der Fassung etwas hin- und herschieben Kontaktfedern nachbiegen bzw. Batteriekontakte säubern Röhre auswechseln
c) Röhren brennen, doch kein Geräusch im Doppelkopffernhörer	Loser Kontakt am Röhrensockel Anodenstrom fehlt Röhren defekt —	Anodenbatterie und Verbindungsleitungen prüfen Röhren ev. auswechseln
d) Röhren brennen, Anodenstrom vorhanden, trotzdem kein Empfang	Unterbrechung am Gitteranschluß	Gitterleitungen prüfen

B. Geräusche in der Apparatur.

Beobachtung	Fehler	Abhilfemaßnahme
a) Andauerndes Kratzen hörbar	Silitwiderstand hat keinen guten Kontakt	Silitwiderstand befestigen bzw. auswechseln
b) Gelegentliches starkes Prasseln und Knattern	Atmosphärische Entladungen, vagabundierende Ströme von der Straßenbahn, vom Elektrizitätswerk und dgl.	Abhilfe läßt sich manchmal durch Verwendung eines Gegengewichtes schaffen
c) Glockenartiges Klingen im Doppelkopffernhörer	Röhren klingen	Apparat möglichst erschütterungsfrei aufstellen Anodenspannung herabsetzen ev. Röhren auswechseln

C. Kein befriedigender Empfang.

Beobachtung	Fehler	Abhilfemaßnahme
a) Bei der Primärabstimmung ergibt sich kein Optimum	Antenne schlecht isoliert, irrtümlich geerdet, nicht eingeschaltet oder falsche Antennenklemme gewählt	Antenne und Blitzschutzeinrichtung prüfen. Andere Antennenklemme wählen
b) Geringe Lautstärke, Voltmeter des Gerätes schlägt nach der verkehrten Richtung aus	Heizbatterie verkehrt angeschlossen	Heizbatterie umpolen
c) Geringe Lautstärke, Rückkopplung macht sich nicht bemerkbar (kein Quietschen)	Zu wenig Anodenspannung	Anodenbatterie prüfen und auswechseln
d) Unreiner Empfang bei großen Lautstärken (Nahempfang)	Rückkopplung zu fest. Röhren übersteuert	Rückkopplung möglichst zurückstellen, primär verstimmen. Röhren mit hoher Emission verwenden, vgl. S. 100 Emgefunk-Modell „O"
e) Unreiner Empfang bei geringeren Lautstärken (entfernte Sender)	Falsche Anoden- bzw. Gittervorspannung. Röhren haben infolge Überheizung an Emission eingebüßt	Richtige Spannungen ausprobieren. Röhren auswechseln

Die unter B/b angeführten Störungen sind nicht selten so stark, daß ein Empfang ganz oder teilweise unmöglich ist. Einen sicheren Schutz hiergegen gibt es noch nicht. Der größte Störenfried ist die elektrische Straßenbahn, und zwar sind es weniger ihre Motore, die sich so unangenehm bemerkbar machen, sondern die Unterbrechungen des Stromes, der zur Beleuchtung des Wagens dient.

Eine häufiger zu beobachtende Erscheinung ist das »Heulen« des Lautsprechers, das auf mechanische und akustische Rückkopplung, verursacht durch das Klingen der Röhren, zurückzuführen ist. Der sirenenartige Heulton bricht in den meisten Fällen sofort ab, wenn man das Audionrohr leicht durch Berührung mit den Fingern abdämpft. Der Lautsprecher soll deshalb nicht auf das Gerät, wenn angängig, auch nicht auf denselben Tisch gestellt werden, sondern möglichst entfernt sein. Auch ist zu vermeiden, den Trichter direkt auf das Empfangsgerät zu richten.

Klirrt der Lautsprecher, so sind entweder die Trichterverbindungen nicht fest genug (Befestigungsschrauben anziehen und prüfen ob Trichter fest im Sockel sitzt) oder die Membran schlägt gegen die Polschuhe des Magneten. Im letzteren Falle muß der Lautsprecher weniger empfindlich eingestellt werden, der Einstellhebel ist also etwas nach links zu schieben.

Bei Verwendung von Niederfrequenzverstärkern (beispielsweise Emgefunk F in Verbindung mit Emgefunk H) macht sich gelegentlich ein Pfeifen der Apparatur bemerkbar. Abhilfe wird durch Kreuzen der Verbindungen von den Telephonanschlußbuchsen des Empfängers zum Verstärker erzielt. Unter Um-

ständen muß auch das Audionrohr etwas mehr geheizt oder ausgewechselt werden.

Sehr viele Empfangsstörungen gehen auf das Röhrenkonto.
Überheizung des Heizfadens hat bei den Thoriumröhren zur
Folge, daß die Emission nachläßt und schließlich ein Taubwerden
eintritt, obgleich der Faden noch brennt. Um die Heizspannung
genau auf den für jede Röhre vorgeschriebenen Wert einstellen
zu können, sind die besseren Empfangsgeräte (Emgefunk-
Modell K und Modell O) mit Präzisions-Voltmetern ausgerüstet.
Steht ein Meßinstrument nicht zur Verfügung, so ist die Heizung
nur bis zur schwachen Gelbglut (Wolframfäden Weißglut) des
Fadens vorzunehmen oder wie auf S. 98 angegeben, zu verfahren.

Taube Röhren oder solche mit verringerter Emission sind
nicht absolut unbrauchbar, sondern lassen sich in den meisten
Fällen durch »Regeneration« wieder gebrauchsfähig herstellen.
Zu diesem Zwecke heizt man die Röhre ohne eingeschaltete
Anodenbatterie mit ungefähr der vierfachen Heizspannung
15 bis 30 Sekunden lang, dann mit knapp der zweifachen Spannung ca. 1 Minute lang. Alsdann prüfe man mit einem empfindlichen Milliampéremeter bei normaler Heiz- und Anodenspannung die Emission. Ist diese noch zu gering, so wird nochmals
mit der zweifachen Heizspannung ohne Anodenspannung eine
halbe bis eine Minute regeneriert, wieder geprüft usw. bis genügend Emission vorhanden ist. Sollte dabei versehentlich das
Maximum überschritten worden sein, so muß der Regenerations-
prozeß noch einmal von vorn begonnen werden.

Zur Vergrößerung der Reichweite ist die Sendeenergie der
meisten Rundfunksender in der letzten Zeit erheblich gesteigert
worden. So erfreulich dies für die Besitzer von Detektor-
Empfangsgeräten ist, so unangenehm ist die Energiesteigerung
aber für diejenigen, die am Sendeorte fernere Stationen auf-
nehmen wollen. Wenn sich die Wellenlänge dieser Sender
von der des Ortssenders nur wenig unterscheidet, wird ein Fern-
empfang kaum zu erreichen sein. Eine Prüfung, ob ein Sender
störfrei empfangen werden kann besteht darin, daß man den
fernen Sender sekundär einstellt und die Primäreinstellung nach
dem maximalen Überlagerungston nachstellt. Nimmt man dann
die dritte Röhre heraus, so darf der Ortssender nicht zu hören
sein. Ist derselbe jedoch über den ganzen Bereich der Primär-
abstimmung hörbar, so ist ein störungsfreier Empfang nicht
zu erreichen. In diesem Falle empfiehlt sich die Verwendung
eines besonderen Sperrkreises, der vor das Empfangsgerät
geschaltet wird.

Umrechnungstabelle.

a) für Kapazitäten:

1	MF	=	900 000 cm
0,1	»	=	90 000 »
0,01	»	=	9 000 »
0,001	»	=	900 »
0,0001	»	=	90 »
0,00001	»	=	9 »
0,000001	»	=	0,9 »

b) für Induktivitäten:

1	Henry	=	1 000 000 000 cm
0,1	»	=	100 000 000 »
0,01	»	=	10 000 000 »
0,001	»	=	1 000 000 »
0,0001	»	=	100 000 »
0,00001	»	=	10 000 »
0,000001	»	=	1 000 »
0,0000001	»	=	100 »
0,00000001	»	=	10 »
0,000000001	»	=	1 »

Aufstellung der für den Rundfunk gebräuchlichsten Telefunkenröhren.

Heizfaden	Type	Heizung		Anoden-spannung in Volt	Emission in Milli-amp.	Steilheit Milliamp.-/Volt	Durchgriff ca. %	Sockel	Ver-wendung
		in Volt	in Amp.						
Wolfram	RE 11	2,8	0,50	50—70	1,5—2	0,15	12	Telefunken	A.H.N.
,,	„A"	3,5	0,50	30—75	3	0,2	10	engl.-franz.	A.H.N.
Thorium	RE 78	2,2	0,06—0,07	40—90	5—8	0,3	12—14	Telefunken	A.H.N.
,,	RE 79	2,2	0,06—0,07	40—90	5—8	0,3	12—14	engl.-franz.	A.H.N.
,,	RE 83	2,2	0,2	50—100	10—15	0,4	18—22	Telefunken	A.H.N.E.
,,	RE 89	2,2	0,2	50—100	10—15	0,4	18—22	engl.-franz.	A.H.N.E.
,,	RE 82	3,0	0,06	4—12	5—8	0,3—0,6	35	Telefunken	A.H.N.
,,	RE 97	3,5	0,5	80—220	30—50	0,7	20	Telefunken	N.E.
Oxyd	RE 84*	1,2	0,2	50—100	10—15	0,4—0,5	30	Telefunken	A.N.E.
,,	RE 95*	1,2	0,2	50—100	10—15	0,4—0,5	30	engl.-franz.	A.N.E.

A = Audion
H = Hochfrequenzverstärkung
N = Niederfrequenzverstärkung
F = Endröhre.

Bei den Oxydfadenröhren ist die Emission nur annähernd anzugeben.
* Für Audionzwecke werden besonders bezeichnete Röhren geliefert.

VIII. Was der Installateur vom Patentwesen wissen muß.

Patentschutz.

Jede dem Patentamt einzureichende Erfindung bedarf einer gesonderten Anmeldung, die den Antrag auf Erteilung eines Patentes, ferner die Bezeichnung, Beschreibung und Zeichnungen enthalten muß, und zwar Zeichnungen dann, wenn die Art der Erfindung sie erfordert oder als zweckmäßig erscheinen läßt. Beschreibung und Zeichnungen sind doppelt einzureichen. Eine Ausfertigung der Zeichnung, die sogenannte Hauptzeichnung, muß für das Drucken der Patentschrift geeignet sein. Dies verlangt schwarze, scharfe Linien, die mit Tusche oder durch Druck ausgeführt sein können. Als Papier dient am besten weißes Zeichenpapier. Die Nebenzeichnung ist in gleicher Weise auf Leinwand oder durchsichtigem Papier (Ölpapier) anzufertigen und kann auch eine Braunpause sein, d. h. eine Lichtpause, die weiße Linien auf braunem Grunde hat. Die Anmeldegebühr beträgt 15 M. Zeigt die Anmeldung Mängel, oder wird die Erfindung als nicht patentfähig angesehen, so wird der Anmelder benachrichtigt. Die Frist, die das Patentamt für die Beantwortung seiner Einwände setzt, kann auf Antrag verlängert werden.

Wenn das Patentamt die Erteilung eines Patentes für berechtigt hält, wird die Öffentlichkeit durch das Patentblatt benachrichtigt, daß die Anmeldung vorliegt, und diese zwei Monate lang im Patentamt ausgelegt, so daß sie von jedermann eingesehen werden kann. Von dem Tage dieser Bekanntmachung an ist der Gegenstand der Anmeldung einstweilen gegen unbefugte Benutzung geschützt. Innerhalb jener zwei Monate ist die erste Jahresgebühr von 30 M., bei Zusatzpatenten von 15 M. zu zahlen. Nach Ablauf dieser Frist kann die Gebühr noch mit einem Zuschlage von 25 % entrichtet werden. Das Patentamt benachrichtigt in diesem Falle den Patentsucher, daß die Anmeldung als zurückgenommen gelten wird, sofern nicht binnen einem Monat nach Zustellung dieser Nachricht Gebühr und Zuschlag gezahlt werden.

In der Frist von zwei Monaten kann jedermann Einspruch gegen die Erteilung des Patentes erheben. Eine gesetzliche Gebühr ist hierfür nicht zu zahlen.

Der Einspruch muß schriftlich erfolgen und Gründe angeben. Er kann darauf gestützt werden, daß die Erfindung nicht neu ist, oder daß sie schon geschützt ist durch ein älteres Patent, oder daß sie den Beschreibungen und Zeichnungen eines anderen ohne dessen Einwilligung entnommen ist. In dem letzten Falle ist nur der Verletzte zum Einspruch berechtigt. Eine Erfindung ist nicht neu, wenn sie in öffentlichen Druckschriften der letzten hundert Jahre so erläutert oder im Inlande so offenkundig benutzt worden ist, daß danach die Benutzung durch andere Sachverständige möglich erscheint.

Wenn die Anmeldung zurückgewiesen wird, kann innerhalb eines Monats vom Tage der Zustellung des Beschlusses Beschwerde eingelegt werden. Diese kostet 20 M. gesetzliche Gebühr. Geht dieser Betrag nicht innerhalb dieser Frist beim Patentamt ein, so gilt die Beschwerde als nicht erhoben. Wenn das Patent versagt wird, erhält der Anmelder die Hälfte der eingezahlten Jahresgebühr zurück. Eine Erteilung des Patentes wird im Patentblatt veröffentlicht.

Ein Patent kann 18 Jahre bestehen, gerechnet von dem Tage, der auf den Anmeldetag folgt. Die Jahresgebühren steigen bis 2000 M. für das 18. Jahr. Sie werden in jedem Jahre an dem Tage fällig, von dem an das Patent läuft, und sind dann binnen zwei Monaten zahlbar. Nach Ablauf dieser Frist können die Gebühren nur mit einem Zuschlage von 25 % entrichtet werden. Das Patentamt benachrichtigt. in diesem Falle den Patentinhaber, daß das Patent erlischt, sofern nicht innerhalb eines Monats nach Zustellung dieser Nachricht Gebühr und Zuschlag gezahlt werden. Bei Zusatzpatenten beträgt die Gebühr die Hälfte der vorgeschriebenen Sätze.

Zusatzpatente werden für solche Erfindungen erteilt, welche Verbesserungen oder sonstige weitere Ausbildungen einer anderen, dem Patentsucher patentierten Erfindung sind. Sie enden mit dem Schutz der älteren Erfindung, dem sogenannten Hauptpatente, wenn dieses wegen Nichtzahlung der Gebühren erlischt. Fällt aber das Hauptpatent durch Nichtigerklärung, Zurücknahme oder Verzicht, so wird das Zusatzpatent selbständig. Dieser Schutz erlischt bei regelmäßiger Entrichtung der Gebühren an dem Tage, bis zu dem das Hauptpatent hätte bestehen können. Für das selbständig gewordene, frühere Zusatzpatent sind die vorgeschriebenen Gebühren nicht mehr zur Hälfte, sondern in voller Höhe zu zahlen.

Um ein Patent nichtig erklären zu lassen, ist ein schriftlicher Antrag an das Patentamt zu richten, welcher die Tatsachen angibt, auf die er gestützt wird. Mit dem Antrage sind 50 M. gesetzliche Gebühr zu zahlen. Erfolgt die Zahlung nicht, so gilt der Antrag als nicht gestellt.

Die Nichtigkeitsklage kann eingereicht werden, wenn der Gegenstand des Patentes nicht neu oder durch ein älteres Patent geschützt oder den Entwürfen oder sonstigen Schöpfungen eines anderen ohne dessen Einwilligung entnommen war. In dem letzten Falle ist nur der Verletzte berechtigt zu klagen. Wird der Antrag mit Nichtneuheit begründet, so ist er nur innerhalb fünf Jahren zulässig, gerechnet vom Tage der über die Erteilung des Patentes erfolgten Bekanntmachung.

Wer wissentlich oder aus grober Fahrlässigkeit eine patentierte Erfindung benutzt, ist verpflichtet, den Patentinhaber zu entschädigen. Er kann auch mit Geldstrafe oder Gefängnis bestraft werden. Die Strafverfolgung tritt nur auf Antrag ein. Der Antrag darf zurückgenommen werden. Die Klagen wegen Patentverletzung verjähren rücksichtlich jeder einzelnen die Verletzung begründenden Handlung in drei Jahren.

Wer Gegenstände oder ihre Verpackung mit einer Bezeichnung versieht, welche vortäuscht, daß die Gegenstände patentiert seien, oder wer in Anzeigen oder ähnlichen Kundgebungen den gleichen Irrtum erregt, wird mit Geldstrafe bestraft.

Gebrauchsmusterschutz.

Der Gebrauchsmusterschutz setzt voraus, daß die Neuerung modellfähig ist. Ein Verfahren kann also nicht Gegenstand dieses Schutzes sein.

Die Anmeldung eines Modells ist dem Patentamte schriftlich einzureichen. Die Anmeldung muß angeben, unter welcher Bezeichnung das Modell eingetragen werden und welche neue Gestaltung oder Vorrichtung dem Arbeits- oder Gebrauchszwecke dienen soll. Die Schriftstücke, in denen dies geschieht, also der sogenannte Antrag und die Beschreibung, sind doppelt vorzulegen. Jeder Anmeldung ist entweder eine Nachbildung, d. h.

eine körperliche Wiedergabe des Modells, oder eine Abbildung, also Zeichnung oder Photographie des Modells beizufügen, und zwar die Nachbildung in einfacher, die Zeichnung oder Photographie in doppelter Ausfertigung. Es empfiehlt sich, Beschreibung und Zeichnung in der bei Patentanmeldungen üblichen Art zu halten. Die Anmeldegebühr beträgt 10 M.

Die Anmeldung wird nicht auf Neuheit ihres Gegenstandes geprüft. Eine solche Prüfung ist im Streitfalle den Gerichten überlassen. Für die Neuheit gelten ähnliche Bestimmungen wie im Patentgesetz.

Der Schutz währt ohne jegliche andere Zahlung als die der Anmeldegebühr drei Jahre, gerechnet von dem auf den Anmeldetag folgenden Tage. Bei Zahlung einer Gebühr von 100 M. vor Ablauf dieser Zeit wird die Schutzfrist um weitere drei Jahre verlängert. Nach Ablauf der ersten drei Jahre kann die Verlängerungsgebühr nur mit einem Zuschlage von 25 % entrichtet werden. Das Patentamt benachrichtigt in diesem Falle den Schutzinhaber, daß eine Verlängerung des Schutzes nur stattfindet, sofern binnen einem Monat nach Zustellung dieser Nachricht Gebühr und Zuschlag gezahlt werden. Mit diesen zweiten drei Jahren erreicht der Schutz sein Ende. Ein Gebrauchsmusterschutz kann also höchstens sechs Jahre bestehen.

Wer wissentlich oder aus grober Fahrlässigkeit ein Gebrauchsmuster benutzt, welches nachweisbar neu ist, ist verpflichtet, den Verletzten zu entschädigen. Er kann auch mit Geldstrafe oder Gefängnis bestraft werden. Die Strafverfolgung findet nur auf Antrag statt. Der Antrag darf zurückgenommen werden. Klagen wegen Schutzverletzung verjähren hinsichtlich jeder einzelnen die Verletzung begründenden Handlung in drei Jahren.

Vielfach empfiehlt es sich, den Gebrauchsmusterschutz neben dem Patentschutz zu beantragen, in dem Gebrauchsmusterantrage aber zu vermerken, daß die Eintragung ausgesetzt werden soll, bis über die den gleichen Gegenstand betreffende Patentanmeldung entschieden ist. Wenn dann nämlich die Patentanmeldung keinen oder einen beschränkten Erfolg hat, kann das Nichtpatentierte in der Gebrauchsmusteranmeldung behandelt werden.

Die Gebühr für eine solche Eventualanmeldung beträgt 5 M. Die restlichen 5 M. sind zu zahlen, sobald beantragt wird, die Gebrauchsmusteranmeldung in Behandlung zu nehmen. Bis zur Stellung dieses Antrages, auf die das Patentamt selbst zurückzukommen pflegt, genügen als Unterlagen der Eventualanmeldung eine einfache Ausfertigung von Beschreibung und Zeichnung.

Es ist auch zulässig, daß derselbe Gegenstand sowohl als Gebrauchsmuster eingetragen als auch durch ein Patent geschützt wird.

Warenzeichenschutz.

Die Anmeldung eines Warenzeichens hat schriftlich bei dem Patentamte zu erfolgen. Jeder Anmeldung muß die Bezeichnung des Geschäftsbetriebes, in welchem das Zeichen verwendet werden soll, ein Verzeichnis der Waren, für die es bestimmt ist, sowie eine deutliche Darstellung und, soweit erforderlich, eine Beschreibung des Zeichens beigefügt sein.

Für jedes Gesuch ist eine Anmelde- und eine Klassengebühr zu entrichten. Die Anmeldegebühr beträgt 15 M., die Gebühr für jede Klasse oder Unterklasse 5 M. Bei mehr als zwanzig Klassen oder Unterklassen ist für die über zwanzig hinausgehende Zahl keine Gebühr fällig. Ferner sind für jedes Zeichen vor der Eintragung 15 M. sowie ein Druckkostenbeitrag zu zahlen. Dessen Höhe wird vom Patentamt bestimmt und dem Inhaber in einer Verfügung bekanntgegeben, die ihn zugleich auffordert, jene Eintragungsgebühr zu begleichen.

Das Patentamt prüft, ob die angemeldeten Zeichen mit anderen übereinstimmen, welche für dieselben oder für gleichartige Waren früher eingetragen worden sind. Zeichen, die gelöscht sind, dürfen für die Waren, für welche sie eingetragen waren, oder für gleichartige Waren zugunsten eines anderen als des letzten Inhabers erst nach Ablauf von zwei Jahren seit dem Tage der Löschung von neuem eingetragen werden.

Nicht eingetragen werden Freizeichen sowie Zeichen, welche ausschließlich in Zahlen, Buchstaben oder solchen Wörtern bestehen, die Angaben über Art, Zeit und Ort der Herstellung, über die Beschaffenheit, über die Bestimmung, über Preis-, Mengen- oder Gewichtsverhältnisse der Ware enthalten; ferner Zeichen, welche Staatswappen oder sonstige staatliche Hoheitszeichen oder Wappen eines inländischen Ortes, eines inländischen Gemeinde- oder weiteren Kommunalverbandes enthalten; und endlich Zeichen, welche ärgerniserregende Darstellungen oder solche Angaben enthalten, die ersichtlich den tatsächlichen Verhältnissen nicht entsprechen und die Gefahr einer Täuschung begründen.

Gegen die Zurückweisung einer Anmeldung sowie gegen einen Beschluß, welcher die Löschung eines eingetragenen Zeichens ausspricht, ist Beschwerde zulässig. Diese kostet 20 M. gesetzliche Gebühr und muß innerhalb eines Monats nach Zustellung des Beschlusses eingelegt werden.

Die Löschung eines Schutzes kann von einem Dritten beantragt werden, wenn die Eintragung zu unrecht erfolgt ist. Der Antrag kostet 50 M. gesetzliche Gebühr. Dieser Betrag kann erstattet werden, falls der Antrag für berechtigt befunden wird.

Die durch die Eintragung eines Zeichens bestimmte Schutzfrist beträgt 10 Jahre. Der Schutz kann aber von 10 zu 10 Jahren unbegrenzt lange erneuert werden. Hierzu sind vor Ablauf jeder 10jährigen Schutzfrist 100 M. sowie 5 M. für jede Klasse oder Unterklasse zu entrichten. Bei mehr als zwanzig Klassen wird für den Überschuß keine Gebühr gezahlt. Bei nicht rechtzeitiger Zahlung teilt das Patentamt mit, daß das Zeichen gelöscht werden wird, wenn nicht binnen einem Monat vom Tage der Zustellung an die Erneuerungsgebühr nebst einem Zuschlage von 25 % und den erforderlichen Klassengebühren entrichtet wird.

Für die Mitglieder eines Verbandes kann dieser ein sogenanntes Verbandszeichen eintragen lassen, das jedem Mitgliede zusteht. Die Anmeldegebühr beträgt hier 100 M., die Klassengebühr 15 M., die Eintragungsgebühr 100 M. Für die Erneuerung sind 500 M. sowie 15 M. für jede Klasse bis zu zwanzig Klassen zu zahlen.

Warenzeichen können nur mit dem Betriebe, für den sie eingetragen sind, verwertet und verkauft werden.

Das Reichspatentamt vermittelt eine internationale Registrierung von Warenzeichen, die in Deutschland eingetragen oder angemeldet sind. Der Antrag hierzu kann mehrere Zeichen umfassen. Für jedes Zeichen sind 50 M. an das Reichspatentamt zu zahlen. Außerdem sind unmittelbar an das Internationale Bureau in Bern (Schweiz), Helvetiastraße 7, 100 Schweizer Franken und, wenn gleichzeitig die Registrierung mehrer Zeichen desselben Inhabers beantragt wird, für jedes weitere Zeichen 50 Schweizer Franken zu entrichten.

Gebühren.

Die genannten Gebühren sind die eines Tarifes, der durch Reichsgesetz verordnet ist und auf gleichem Wege geändert werden kann.

IX. Angestellten-Versicherung

in Kraft seit 1. Januar 1913.

Der Versicherungspflicht unterliegen:

1. Angestellte in leitender Stellung, wenn diese Beschäftigung ihren Hauptberuf bildet.
2. Betriebsbeamte, Werkmeister und andere Angestellte in einer ähnlichen gehobenen oder höheren Stellung ohne Rücksicht auf ihre Vorbildung, ferner Bureauangestellte einschließlich Bureaulehrlinge und Werkstattschreiber, soweit sie nicht mit niederen oder lediglich mechanischen Dienstleistungen beschäftigt werden, wenn diese Beschäftigung ihren Hauptberuf bildet.
3. Handlungsgehilfen und Handlungslehrlinge, Gehilfen und Lehrlinge in Apotheken.
4. Bühnen- und Orchestermitglieder ohne Rücksicht auf den Kunstwert der Leistungen.
5. Lehrer und Erzieher, Angestellte der Fürsorge, Kranken- und Wohlfahrtspflege.
6. Kapitäne und Offiziere des Deck- und Maschinendienstes, Verwalter, Verwaltungsassistenten und ähnliche Angestellte.

Voraussetzung für alle diese Personen ist, daß sie nicht schon berufsunfähig sind, daß sie gegen Entgelt als Angestellte beschäftigt werden (die Beschäftigung muß den Hauptberuf bilden), daß ihr Jahresarbeitsverdienst 6000 M. nicht überschreitet, daß sie beim Eintritt in die versicherungspflichtige Beschäftigung das 60. Lebensjahr noch nicht überschritten haben.

Eine Beschäftigung, für welche nur freier Unterhalt gewährt wird, ist nicht versicherungspflichtig, die Beschäftigung des einen Ehegatten durch den andern begründet keine Versicherungspflicht. Wer aus einer versicherungspflichtigen Beschäftigung ausscheidet, kann die Versicherung freiwillig fortsetzen, wenn er mindestens 4 Beitragsmonate zurückgelegt hat.

Zum Entgelt im Sinne dieses Gesetzes gehören neben Gehalt oder Lohn auch Gewinnanteile und andere Bezüge, die der Versicherte, wenn auch nur gewohnheitsweise, statt des Gehaltes oder Lohnes oder neben ihm von dem Arbeitgeber oder von einem Dritten erhält.

Die Arbeitgeber und die Versicherten bringen die Mittel für die Versicherung auf. Sie entrichten für jeden Kalendermonat in welchem eine versicherungspflichtige Beschäftigung stattgefunden hat, laufende Beträge zu gleichen Teilen. Das Gleiche gilt für Krankheitszeiten, in denen die Versicherten das Gehalt fortbezogen haben.

Beitragsfrei ist, wer Ruhegeld nach den Vorschriften des Gesetzes bezieht.

Als Beitragsmonate für die Berechnung der Leistungen gelten Kalendermonate, für die Beiträge entrichtet sind.

Eine freiwillige Versicherung ist höchstens in derjenigen Gehaltsklasse zulässig, die dem Durchschnitt der letzten 6 Pflichtbeiträge entspricht.

Ist ein Versicherter nachweislich ohne Einkommen, so ist die freiwillige Weiterversicherung in der niedrigsten Gehaltsklasse zulässig.

Nach oben steht die Wahl der Gehaltsklasse frei.

Für mehr als ein Jahr zurück dürfen freiwillige Beiträge nicht entrichtet werden.

Nur insoweit, als freiwillige Beiträge zur Aufrechterhaltung einer bedrohten Anwartschaft erforderlich sind, können sie innerhalb der 2 Kalenderjahre nachentrichtet werden, die dem Kalenderjahr der Beiträge folgen.

Für die Zeit bis 1. Dezember 1923 ist Nachentrichtung von freiwilligen Beiträgen nicht mehr erforderlich, weil alle erworbenen Anwartschaften bis zum 31. Dezember 1923 als aufrechterhalten gelten.

Hinterbliebenenrenten werden gewährt als Witwen- (Witwer-) und Waisenrenten.

Heilverfahren kann eingeleitet werden, um die infolge einer Erkrankung drohende Berufsunfähigkeit eines Versicherten abzuwenden.

Die Wartezeit dauert:

1. beim Ruhegeld für männliche Versicherte 120 Beitragsmonate,

2. beim Ruhegeld für weibliche Versicherte 60 Beitragsmonate.

Sind weniger als 60 Beitragsmonate auf Grund der Versicherungspflicht nachgewiesen und im übrigen nur freiwillige Beiträge entrichtet, so verlängern sich obige Wartezeiten beim Ruhegeld um 30 Monate

für weibliche Versicherte 90 Beitragsmonate,
» männliche » 150 » •

Militärdienstzeiten, Krankheitszeiten, bei denen der Verdienst wegfällt usw., werden als Beitragsmonate für die Erhaltung der Anwartschaft betrachtet.

Das jährliche Ruhegeld besteht aus einem Grundbetrag von 480 M. und aus Steigerungsbeträgen von 15 % der für die Zeit vom 1. Januar 1924 ab gültig entrichteten Beiträge.

Ruhegeld erhält der Versicherte, der das 65. Lebensjahr vollendet hat, oder durch körperliche Gebrechen oder durch Schwäche seiner körperlichen und geistigen Kräfte zur Ausübung seines Berufes dauernd unfähig oder während 26 Wochen berufsunfähig gewesen ist, für die weitere Dauer der Berufsunfähigkeit.

Die Witwen- und Witwerrente beträgt ⁶/₁₀, Waisenrente für jede Waise ⁵/₁₀ des Ruhegeldes oder der Rente ohne Kinderzuschuß.

Die Erstattung von Beiträgen weiblicher Versicherter erfolgt nur bei deren Tod oder bei ihrem Ausscheiden aus der versicherungspflichtigen Beschäftigung infolge Heirat, und zwar im Todesfall nur dann, wenn wenigstens für 60 Beitragsmonate Beiträge geleistet sind, Rente aber noch nicht bezogen ist. Die Gewährung von Leibrenten ist unter gewissen Bedingungen zulässig.

Die Leistungen fallen weg, und zwar das Ruhegeld bei Wiedererlangung der Berufsfähigkeit, wenn es vor dem 65. Lebensjahre gewährt wurde, sonst nur im Todesfalle. Die Witwenrente bei Wiederverheiratung, die Waisenrente bei Vollendung des 18. Lebensjahres.

Verlorene, unbrauchbar gewordene oder zerstörte Versicherungskarten werden durch neue ersetzt. Nachweisbare Beiträge werden beglaubigt übertragen.

Niemand darf eine Versicherungskarte wider den Willen des Inhabers zurückbehalten.

Die Versicherungskarte soll binnen 3 Jahren nach dem Tage der Ausstellung bei der Ausgabestelle zum Umtausch eingereicht werden.

___

Kal. f. Schwachstrom-Install. 8

X. Erste Hilfe bei Unfällen durch Starkstrom oder Blitz.

Hauptregel.

Bei Unfällen, die durch Starkstrom oder Blitzentladungen entstanden sind, sofort einen Arzt benachrichtigen!

Bis zum Eintreffen des Arztes sind folgende Hilfeleistungen vorzunehmen:

I.

1. Leitung sofort spannungslos machen durch Benutzung des nächsten Schalters, Lösung der Sicherung oder Zerreißen der Leitung mittels eines trockenen und nicht metallenen Gegenstandes.

2. Der Helfer muß sich auf ein trockenes Holzbrett, trockene Tücher, Kleidungsstücke oder ähnliche Unterlagen stellen und seine Hände durch Gummi-Handschuhe, Tücher oder ähnliches vor der direkten Berührung des Verunglückten schützen.

3. Unter Beachtung größter Vorsichtsmaßregeln ist der Verunglückte von der Leitung zu entfernen. Der Helfer vermeide bei diesen Rettungsarbeiten jede Berührung seines Körpers mit Metallteilen der Umgebung und suche den Verunglückten durch Ziehen an den Kleidungsstücken zu entfernen. Das Berühren unbekleideter Körperteile muß vermieden werden. Umfaßt der Verunglückte die Leitung vollständig, so muß der Helfer mit seiner durch Gummihandschuhe isolierten Hand die Finger einzeln von der Leitung entfernen. Häufig genügt das Aufheben des Betäubten von der Erde, um den Stromweg zu unterbrechen. Diese Hilfeleistungen lassen sich bei Unfällen, in denen Spannungen bis 500 Volt in Frage kommen ohne besondere Gefährdung des Helfers durchführen. Bei höheren Spannungen sind diese Regeln mit ganz besonders erhöhter Vorsicht zu beachten.

II.

Ist der Verunglückte bewußtlos, so ist bis zum Eintreffen des Arztes wie folgt zu verfahren:

1. Beengende Kleidungs- und Wäschestücke sofort öffnen, für frische Luft sorgen! Der Verunglückte wird auf den Rücken gelegt und unter Hals und Schultern ein Polster aus zusammengelegten Decken oder Kleidungsstücken gestopft, so daß der Kopf ein wenig niedriger zu liegen kommt.

2. Ist die Atmung regelmäßig, so ist der Verunglückte genau zu überwachen. Während der Bewußtlosigkeit keine Flüssigkeiten einflößen!

3. Da es sich nach ärztlichen Feststellungen bei derartigen Unfällen stets um eine Art Scheintod handelt, müssen bei Aussetzen von Puls und Atmung sofort Wiederbelebungsversuche in Form der künstlichen Atmung beginnen. Der Verunglückte darf nicht etwa zu einem Arzt oder zu einer Unfallstation geschafft werden, da die kostbaren ersten Minuten ungenutzt verstreichen und später Wiederbelebungsversuche selten Erfolg haben.

4. Künstliche Atmung: Feststellen, ob Fremdkörper, z. B. künstliches Gebiß oder Kautabak, sich im Munde befinden.

Falls der Mund krampfhaft geschlossen ist, gewaltsam öffnen, Zunge herausziehen und mit einem Tuch am Kinn festbinden. Der Helfer kniee hinter dem Kopf des Verunglückten nieder, fasse dessen Arme an den Ellbogen und ziehe sie seitlich über dessen Kopf weg, so daß sich die Hände berühren. In dieser Lage sind die Arme etwa 3 Sekunden festzuhalten, damit sich die Lunge durch Ausdehnung des Brustkastens mit Luft füllen kann, dann Arme nach Abwärtsbewegen beugen und die Ellbogen mit dem eigenen Körpergewicht gegen die Brustseiten des Verunglückten mit kräftigem Druck anpressen, so daß die eingesaugte Luft wieder herausgedrückt wird. Ausstrecken und Anpressen der Arme möglichst regelmäßig etwa 15 mal in der Minute, keinesfalls schneller.

5. Künstliche Atmung muß stundenlang vorgenommen werden und nicht etwa mit Rücksicht auf die Höhe der Spannung von vornherein als aussichtslos unterlassen werden! Es sind zahlreiche Fälle bekannt, in denen erst nach 4 Stunden der Erfolg eintrat. Die künstliche Atmung ist erst dann zu unterlassen, wenn durch den Arzt das Hervortreten von Leichenflecken konstatiert ist.

6. Unter allen Umständen noch andere Personen heranholen lassen, die sich bei der Anwendung der künstlichen Atmung ablösen können.

7. Beim Vorhandensein von Verletzungen z. B. Knochenbrüchen ist durch besondere Vorsicht diesem Zustand Rechnung zu tragen.

8. Sind mehrere Helfer vorhanden, so ist es zweckmäßig, Füße und Unterschenkel mit Tüchern zu frottieren oder mit Bürsten stark zu reiben.

9. Ist das Bewußtsein zurückgekehrt, muß der Verunglückte in liegender oder halbliegender Stellung verbleiben und vor stärkeren Bewegungen abgehalten werden.

III.

Hat der Verletzte gleichzeitig Brandwunden erlitten, ist folgendes zu beachten:

1. Brandwunden nach Möglichkeit nicht berühren, ev. nur nach sorgfältiger Desinfektion der Hände (warmes Wasser und Seife, Abreiben mit Spiritus ohne abzutrocknen, Anwendung etwaig vorhandener Desinfektionsmittel).

2. Gerötete, geschwollene bzw. geschwärzte Stellen mit einer Wismut-Brandbinde bedecken ev. auch mit Borsalbe auf Verbandwatte und mit einer weichen Binde lose umwickeln. Alles übrige ist dem Arzt zu überlassen.

Hauptbedingungen bei allen durch Starkstrom oder Blitzschlag entstandenen Unfällen:

I.

Wenn möglich, Leitung stromlos machen!

II.

Körper isolieren!

III.

Verunglückte von der Leitung entfernen!

IV.

Künstliche Atmung, ev. stundenlang!

V.

Alles übrige dem Arzt überlassen!

XI. Praktische Ratschläge
Werkstattrezepte.

Auskristallisieren bei Salmiakelementen verhindern.

Das Effloreszieren (Ausblühen von Salmiakkristallen) entsteht nur durch zu hohe Konzentration der Salmiaklösung. Man stellt deshalb eine vorschriftsmäßige Salmiaklösung in folgender Weise her: In einem Viertel der Menge des für die Elemente erforderlichen Wassers wird bei gewöhnlicher Temperatur so viel Salmiak aufgelöst, als sich gerade lösen will, d. h. die Lösung wird konzentriert gemacht und dann die übrigen ¾ reinen Wassers dazugemischt. Mit dieser Flüssigkeit, die nach gehöriger Mischung ein spezifisches Gewicht von ungefähr 1,01 zeigt, arbeiten die Elemente genau so gut, wie mit einer konzentrierten Lösung, ein Auskristallisieren ist jedoch in Jahren nicht zu befürchten.

Elementzinke amalgamieren: Schwefelsaures Quecksilberoxyd wird mit Wasser zu einem Brei angeführt und mit so viel Schwefelsäure versetzt, daß gerade Lösung erfolgt. Hierzu wird konzentrierte, in Wasser gelöste Oxalsäure hinzugegeben, daß ein dünner weißgrauer Brei entsteht, dem man noch etwas Salmiak hinzusetzt. Mit dieser Mischung werden die Zinkplatten oder Zinkzylinder eingepinselt, mit einem Lappen gesäubert und hierauf mit konzentrierter Schwefelsäure eingerieben und sodann mit Wasser gut abgespült und getrocknet.

Kupferplatten amalgamieren: Zum Überziehen von Metallplatten mit Quecksilber oder zu dem sogenannten »Verquicken« eignen sich am besten die »Quickbeizen«. Diese stellt man her durch Auflösen von 10 Gewichtsteilen salpetersaurem Quecksilberoxydul in 100 Gewichtsteilen warmen Wasser, dem man so lange reine Salpetersäure zusetzt, bis die anfänglich entstandene milchige Trübung eben verschwunden ist.

Eine andere ebenfalls empfehlenswerte Quickbeize erhält man durch Lösen von 10 Gewichtsteilen Quecksilberchlorid in 12 T. Salzsäure und 100 T. Wasser, ferner auch durch Auflösen von 10 T. Zyanquecksilberkalium (Vorsicht!) und 2 T. Zyankali in 100 T. Wasser. In die auf diese Weise erhaltenen Lösungen taucht man die Metallplatten ein und reibt sie dann mit einem wollenen Lappen etwas ab.

Polreagenzpapier billig herzustellen. Man beschaffe sich unter ausdrücklichem Hinweis auf den Verwendungszweck aus der Apotheke 4 g Phenolphthaleïn, löse dieses in 50 g heißem Wasser auf, lasse abkühlen und tränke darin ganz dünnes Löschpapier oder die abgeschnittenen weißen Ränder von Zeitungspapier. Dieses nach dem Trocknen gebrauchsfertige Polpapier wird bei Gebrauch mit Speichel angefeuchtet und die zu prüfenden Pole, bei Starkstrom in einem Abstand von mindestens 20 mm, bei Schwachstrom in 1 mm Abstand daraufgedrückt. Der negative Pol erzeugt eine Rotfärbung des angefeuchteten Papiers, bei schwachen Strömen oft erst nach einigen Minuten.

Dichtungsmaterial für Flansche. Mennige oder
Bleiweiß wird mit dickem Leinölfirnis zu einem steifen Brei
angerieben.

Einrosten von Metallschrauben zu verhindern.
Bei Maschinen, welche der Hitze oder der feuchten Luft ausgesetzt sind, taucht man die zu verwendenden Schrauben vorher
in einen dünnen Brei von Graphit und Öl.

**Lockern festsitzender oder eingerosteter Schrau-
ben.** Man nimmt ein an einem Ende abgeflachtes Eisenstück,
erhitzt dieses bis zur Rotglut und setzt es auf den Kopf der ein-
gerosteten Schraube; nach einigen Minuten wird man diese
mittels des gewöhnlichen Schraubenziehers entfernen können.

Gewinde in Gußeisen zu schneiden. Den Gewinde-
bohrer schmiert man mit Wachs oder einer Mischung von Wachs
und Talg ein und erhält dann beim Schneiden glatte und saubere
Gewindegänge; bei Anwendung von Öl bröckeln die Gänge aus.

Hart gewordenen Gummi kann man durch Einlegen
in Salmiakgeist wieder weich machen. Um Gummischläuche
und Birnen wieder weich und biegsam zu machen, wird empfohlen
dieselben über heißem Wasserdampf aufzuhängen oder Gummi
in ein Gefäß mit kaltem Wasser zu legen und durch langsames
Erwärmen und Kochen die Erweichung herbeizuführen. Die
Gegenstände sind nach dem Abkühlen des Wassers mit einem
weichen Tuche leicht abzutrocknen und im warmen Raume zu
trocknen.

Leim, der sich in Wasser nicht auflöst. Man weicht
guten Tischlerleim mit Wasser bis zum gallertartigen Zustand
auf, setzt etwas Leinöl hinzu und läßt ihn über schwachem Feuer
auflösen. Dieser Leim wird außerordentlich hart und ist gegen
Feuchtigkeit widerstandsfähig.

**Klebemasse für Tuch, Filz, Papier usw. auf Me-
tall.** Roggenmehl wird in kochendem Wasser mit venetiani-
schem Terpentin zu einem dünnen Brei zusammengerührt
(250 g Roggenmehl, 5 g Terpentin) und nochmals aufgekocht.
Die Metallgegenstände sind aufzurauhen, mit Zwiebelsaft ein-
zureiben und leicht anzuwärmen. Klebstoff ist warm zu verwenden.

Leim für Papier auf Metall. Man löse 2 T. Gummi-
tragant in 16 T. kochendem Wasser. In einem zweiten Gefäß
werden 6 T. Weizenmehl, 1 T. Dextrin in 4 T. Wasser zusammengerührt. Beide Mischungen werden unter Hinzufügen von
24 T. kochendem Wasser zusammengerührt, 1 T. Glyzerin und
1 T. Salizylsäure hinzugesetzt und unter Rühren vier Minuten
gekocht.

Klebwachs. Zum Einkitten von Leder- oder Pappebacken
in den Schraubstock, zum Aufkleben des Schmirgelpapiers auf
Schleifscheiben und Schmirgelhölzer usw. verwendet man folgendes Klebewachs: Geschmolzenem Wachs fügt man auf je 100 g
5 g venetianischen Terpentin und je nach der gewünschten
Härte noch etwas Maschinenöl zu. In der kälteren Jahreszeit
nimmt man von dem letzteren etwas mehr. Damit das Klebewachs handlich und für die Verwendung zweckentsprechend sei,
gießt man es in geschmolzenem Zustande in ein Papier
ausgeschlagenes Messingrohr von etwa 2½ bis 3 cm Durchmesser. Nach dem Erkalten wird das Klebwachs durch leichtes
äußerliches Erwärmen des Messingrohres samt der Papierhülle
entfernt. Beim Gebrauch werden die zu beklebenden Gegenstände in rascher Aufeinanderfolge möglichst in der Längsrich-
tung bestrichen.

Glaserkitt. 2 T. Bleiweiß und 1 T. Schlämmkreide werden
gut zusammengemischt und mit Leinölfirnis, den man auf folgende Weise herstellt, zusammengeknetet. Man kocht auf ge-
lindem Feuer Leinöl so lange, bis es aufhört zu schäumen und

die Oberfläche rein und glatt erscheint, fügt dann auf 350 g
Leinöl 100 g feingestoßene Umbra hinzu und läßt dann noch
längere Zeit weiterkochen. Ehe das Öl erkaltet, fügt man
40 g Bienenwachs und 30 g Kolophonium hinzu, und läßt dieses
in dem heißen Öl zergehen.

Kitt zum Befestigen von Werkzeugen und Mes-
serklingen in einem Heft. 2 T. Schellack mit 1 T. Schlämmkreide vermischt, werden in die Öffnung des Heftes geschüttet
und das erhitzte Ende des Metallgegenstandes in das Gemisch
hineingedrückt.

Messingrohre biegen. Sobald Messingrohre (dünn-
und dickwandige) nach sorgfältigem Ausglühen mit Blei ausgegossen werden, lassen sie sich ohne Schwierigkeit über Dorne
und dgl. biegen. Man erreicht mit dieser Füllung die schärfsten
Biegungen ohne merkliches Einknicken. Geringe Zugaben von
Talg befördern das Eingießen, genau wie Harz und Lötwasser,
das Zinn beim Verzinnen usw. besser verteilen. Das mit Blei an-
gefüllte gebogene Rohr läßt sich auch bequem mit dem Hammer
bearbeiten, falls der Querschnitt desselben im Bereiche des
Krümmers wider Erwarten von der kreisrunden Form erheblich
abweichen sollte. Das letztere kann infolge nachlässigen Ein-
gießens vorkommen, z. B. wenn das Füllungsmaterial unganz
ist oder mit großen Poren den Hohlraum ausfüllt. Nach end-
gültiger Fertigstellung des Krümmers entfernt man das Blei,
indem man das gebogene Rohr entweder auf eine geneigte Platte
legt und auf dieser das Rohr gleichmäßig erwärmt oder das Blei
von einem Ende zum anderen ausschmilzt. Handelt es sich um
das Biegen größerer Rohre, wende man Kolophonium an Stelle
des Bleies an; in manchen Betrieben wird auch Sand verwendet.

Reinigen von Marmorplatten. Bei Fett- bzw. Öl-
flecken trage man einen aus gebrannter Magnesia und Benzin
bereiteten Brei auf und lasse ihn völlig trocknen. Verfahren
ev. wiederholen. Andere Flecke sind mit Natronlauge abzu-
waschen, weißer Marmor ist mit starkem Chlorwasser oder
Wasserstoffsuperoxyd zu betupfen und in der Sonne zu bleichen.

Vernickelte Gegenstände zu entrosten. Man über-
streicht die Roststellen mit Fett und reibt sie nach einigen Tagen
mit Ammoniak gut ab. Hat der Rost sich schon tiefer eingefres-
sen, so verwendet man eine 20 proz. Oxalsäurelösung oder auch
verdünnte Salzsäure; letztere darf höchstens einige Minuten auf
den Rostflecken verbleiben. Hierauf wird die Stelle abgewaschen
und mit englischem Tripel oder Polierrot poliert.

Säurebeständiger Überzug. Man mischt 20 T. einer
stark konzentrierten Lösung von Kaliwasserglas (30 bis 40°
Beaumé) mit 10 T. Schwerspat und 20 T. feingepulvertem Asbest.
Man erhält hierdurch eine teigartige, bald erhärtende Masse,
welche auf alle, für starke Säuren bestimmte Gefäße aufgetragen
werden kann, und selbst konzentrierter Schwefelsäure und rau-
chender Salpetersäure widersteht.

Rostschutz für Stahl und Eisen. Um blanke Teile
von Instrumenten rostfrei zu erhalten, löst man weißes oder
gelbes Bienenwachs mit einer solchen Menge Terpentin, daß
eine ziemlich steife Masse entsteht, mit welcher die Teile eingerieben werden. Dieser Überzug dringt derartig in die Poren
des Metalles ein, daß dasselbe lange Zeit gegen Rost geschützt
bleibt.

Zaponlacke. Diese bestehen aus 5 g Zelluloid, 16 g
Schwefeläther, 16 g Azeton, 16 g Amylazetat; oder 10 g Zelluloid,
4 g Kampfer, 30 g Äther, 30 g Azeton, 30 g Amylazetat; oder
5 g Zelluloid, 5 g Kampfer, 50 g Alkohol oder 5 g Zelluloid und
5 g Amylazetat; oder 5 g Zelluloid, 25 g Azeton, 25 g Amylazetat.

Säurebeständige Kitte. Vorausgeschickt wird, daß es
einen absolut säurefesten Kitt nicht gibt und alle Kittarbeiten

einer periodischen Kontrolle bedürfen insbesondere, wenn die Kittstellen mit konzentrierten oder stark säurehaltigen Lösungen in direkter Berührung stehen. Die zu kittenden Gegenstände müssen sauber und völlig trocken sein und mit einem der nachstehenden Gemische vergossen werden:

1. feinste geschlämmte Bleiglätte (Bleioxyd) wird mit Glyzerin zu einem dicken Brei angerührt und nach Bestreichen der zu kittenden Stellen mit Glyzerin aufgetragen. Nach 2 bis 3 Stunden ist der Kitt absolut fest geworden, oder

2. gepulverter Bimsstein wird mit Natron oder Kaliwasserglas zu einem dicken Brei angerührt. Erhärtung je nach der Stärke der Kittschicht nach 1 bis 2 Tagen.

Akkumulatorensäure. In ein Gefäß, welches man einer starken Erwärmung (bis 70°) aussetzen kann, wird zuerst destilliertes Wasser eingefüllt; alsdann erfolgt langsam und mit größter Vorsicht das Zugießen der Schwefelsäure bei ständiger Beobachtung des Aräometers. Zeigt letzteres 28° bei Beaumé-Einteilung bzw. 1,24 Teilstriche bei spezifischer Gewichtsskala, so ist die notwendige Säuredichte erreicht. Das sehr warm gewordene Gemisch muß vor Verwendung vollständig abkühlen. Säureflecke auf Kleidungsstücken usw. sofort mit reinem Salmiakgeist betupfen.

Löten. Bei den bekannten Lötarten »Weichlöten« und »Hartlöten« unterscheidet man wiederum 3 Arten von Metalllöten: Leichtflüssige, normalflüssige und strengflüssige Lötmetalle. Die leichtflüssigen Weichlote, die Wismut und Kadmium enthalten, schmelzen z. B. schon in kochendem Wasser. Es sind dies folgende Legierungen:

Schmelzpunkt	Zinn	Blei	Wismut	Kadmium
60,5 ⁰ Cel.	1 T.	2 T.	4 T.	1 T.
70.0 " ,,	4 ,,	8 ,,	15 ,,	3 ,,
92,0 ⁰ ,,	2 ,,	3 ,,	5 ,,	—
94,0 " ,,	1 ,,	1 ,,	2 ,,	—
95,0 " ,,	3 ,,	5 ,,	8 ,,	—
100,0 " ,,	11,5 ,,	10 ,,	27 ,,	—
120,0 " ,,	5 ,,	5 ,,	5 ,,	—

Normalflüssige Weichlote (vorzugsweise für Kabellötungen).

Schmelzpunkt	Zinn	Blei
180 ⁰ Cel.	10 T.	4 T.
210 ⁰ ,,	7 ,,	3 ,,
240 ⁰ ,,	1 ,,	2 ,,

Hartlote. Diese lassen sich ebenfalls in zwei Gruppen teilen, und zwar in leicht- und schwerfließende Lote, von denen die ersteren zumeist silberhaltig sind. Wegen des höheren Preises werden diese namentlich für feinere Hartlötungen verwendet, bei denen es mehr auf das gut Aussehen des fertigen Werkstückes als auf die unbedingte Haltbarkeit der Lötstelle ankommt. Letzteres läßt sich am besten erreichen mit Messing- bzw. Kupferloten, den sogenannten Schlagloten, welche aber wegen des hohen

Schmelzpunktes nur für Eisen- und Stahlwaren in Frage kommen. Einige Hartlote seien nachstehend angeführt:

Schmelzpunkt	Zinn	Zink	Kupfer	Silber	Bemerkg.
ca. 700⁰	13	—	9	3	
„ 850⁰	48	--	43	9	
„ 900⁰	46	—	50	4	} Zum Nach-
unbekannt	—	1	2	3	} löten schon
„	—	2	3	· 7	} gelöt. Stell.
ca. 1015⁰	Messing gekörnt		beide für große mechanische		
„ 1082⁰	Kupfer gekörnt		Beanspruchung		

Flußmittel dienen lediglich dem Zwecke, die zu verbindenden Metallteile, welche frei von Oxyd, Schmutz, Fett, Lack usw. sein müssen, während der Erwärmung vor Oxydation zu schützen und dem Lot so eine leichte Bindungsmöglichkeit mit dem Grundmetall zu geben. Hat das Flußmittel die richtige Zusammensetzung, so tritt bei zweckmäßiger Wärmezuführung ein absolut einwandfreies »Fließen« des Lotes, auch in die feinsten Fugen ein. Ist dieses nicht der Fall, so kann mit Bestimmtheit angenommen werden, daß diese Lötstelle nicht hält, ein sog. »kalte Lötung«, ist, welche, da sie äußerlich nicht immer erkennbar wird, besonders bei Kabellötungen gefährlich ist.

Für Weichlote sind zwei Arten Flußmittel zu unterscheiden, und zwar neutrale für Kabellötungen und saure für normale Lötungen. Die ersteren müssen die absolute Gewähr bieten, daß eine Oxydation der Lötstellen durch Flußmittelrückstände unmöglich ist, da sonst die Folgen bei Kabellötungen unausdenkbar sein würden. Aus demselben Grunde ist die Verwendung von Salmiak in jeder Form unzulässig. Im übrigen wird dieser ohnehin überflüssig, sobald peinlichst darauf geachtet wird, daß die Lötkolbenspitzen durch Abwischen mit einem sauberen Lappen sauber gehalten wird.

Am zweckmäßigsten und die gestellten Anforderungen am besten erfüllend ist das Kolophonium, welches in fester, pulverisierter, wie auch mit Spiritus angerührt, in dickflüssiger Form Verwendung findet. Zu empfehlen ist ferner der sog. Lötdraht, weniger dagegen die Verwendung von Talg als Flußmittel, da mitunter der Fettsäuregehalt ein ganz beträchtlicher ist und eine Oxydation der Lötstelle die unausbleibliche Folge sein muß.

Lötsäure wird dargestellt durch Auflösen von Zinkabfällen in Salzsäure bis keine Gasentwicklung mehr erfolgt. Die verbleibenden Zinkreste werden herausgenommen und der Flüssigkeit ca. ¹/₃ Wasser zugesetzt. Die Lötsäure ist alsdann gebrauchsfähig. Säurefreies Lötwasser kann dargestellt werden durch tropfenweise Zugabe von Ammoniak zur vorbeschriebenen Lötsäure bis der anfangs entstehende Niederschlag gerade verschwunden ist. Eine ähnliche Lösung ergeben 40 g Chlorzink, 15 T. Salmiak auf 1000 T. Wasser. Nach allen Lötarbeiten mit Lötsäure oder Lötwasser sind die Lötstellen gut mit Wasser abzuspülen und zu trocknen.

Für Hartlötungen wird fast ausschließlich nur pulverisierter Borax verwendet, obgleich dieser die unangenehme Eigenschaft hat, bei Erwärmen Blasen zu werfen, welche das Lot zunächst verdrängen und außerdem nach erfolgter Lötung eine glasharte Kruste zu hinterlassen, die nur durch Abklopfen oder Ablaugen zu beseitigen ist. Empfehlenswert ist hier die Verwendung der bekannten käuflichen Flußmittel.

Reinigen und Entfetten von Metallteilen kann durch Waschen bzw. Bürsten mit Hilfe von Benzin, Benzol, Petroleum oder mit einem der auf dem Markt angepriesenen Waschmittel erfolgen, welche je nach Vorschrift kalt· oder angewärmt verwendet werden. Da Benzin usw. äußerst feuergefährlich ist und die sonst angepriesenen gewisse unerwünschte Nebenerscheinungen aufweisen, so ist als zweckmäßigstes und nicht feuergefährliches Waschmittel Trichloräthylen, kurz »Tri« genannt, zu empfehlen, dessen Reinigungswirkung von keiner der vorgenannten Mittel erreicht wird.

XII. Beseitigung von Störungen in Signal- und Telephonanlagen.

1. Allgemeines.

Die Vielseitigkeit der in der modernen Fernmeldetechnik vorkommenden Schwachstromanlagen und die außerordentliche Verschiedenartigkeit der Schaltungsanordnungen macht es unmöglich, für alle in diesen Anlagen auftretenden Fehler und Störungen genaue Anweisung zu geben, auf welchem Wege diese Fehler zu finden ·bzw. Störungen zu beseitigen sind. Hierzu gehören in erster Linie Übung, Erfahrung, genaueste Kenntnis der Schaltvorgänge und sehr viel handwerkmäßiges Geschick. Dies wieder bedingt, Reparaturen nur von älteren und erfahrenen Leuten — Automatenanlagen nur durch Spezialisten — ausführen zu lassen. Es ist viel leichter, eine neue Anlage herzustellen, als in einer älteren und zumeist sehr komplizierten Anlage einen aufgetretenen Fehler herauszufinden und abzustellen. Erfahrene geübte Monteure finden häufig auf Grund ihrer Übung und jahrelangen praktischen Tätigkeit den Fehler n überraschend kurzer Zeit. Bevor irgendwelche Um- oder Ausschaltungen in einer Anlage vorgenommen werden, sind die Funktionsmöglichkeiten einer solchen genau durchzuprüfen. Aus dem Ausbleiben von Signalen bzw. unrichtigem oder unzeitigem Funktionieren eines Apparates lassen sich bereits wichtige Schlüsse auf die Ursache der Störung und die Örtlichkeit des Fehlersitzes ziehen. Nachstehend werden die am häufigsten auftretenden Fehlerquellen erläutert.

2. Störungen in der Stromlieferungsanlage.

Die Wartung der Stromquellen geschieht meistens durch ungeschultes Personal des Besitzers der Anlagen. Da das Funktionieren irgendeiner Anlage stets von dem richtigen Funktionieren der Stromquelle abhängt, sind die Reparaturmonteure durch immer erneute Hinweise dahin zu bringen, vor der Inangriffnahme jeder Reparatur stets erst die Stromlieferungsanlage zu prüfen. Hierzu bedarf der Monteur eines Voltmessers, welcher gestattet, die Spannung eines Elementes unbelastet wie auch über einen niedrigohmigen Widerstand (5 Ohm) zu prüfen. Das zeitweise Versagen einer ganzen Anlage ist meist auf verbrauchte Elemente, lose Batterieklemmen oder lose Klemmen in der gemeinsamen Batteriezuleitung zurückzuführen.

3. Störungen in Klingelanlagen.

a) Kurzschluß — Wecker läutet dauernd.

Die Ursache der Störung ist oft in einer fehlerhaften Verbindung der Kontaktleitung mit einem Batteriepol zu suchen. Ein Druckknopf ist steckengeblieben infolge Aufquellens des Holzes. Wenn in der Anlage ein Tableau vorhanden ist, so zeigt die gefallene Tableauklappe, die sich nicht zurückstellen läßt, an in welcher Leitung der Schluß zu suchen ist. Hat man sich davon überzeugt, daß die sämtlichen Druckknöpfe in Ordnung sind, so ist der Schluß wahrscheinlich auf eine mechanische Beschädigung der Leitung (z. B. Eindringen eines Nagels und dgl.) oder auf die in das Mauerwerk eingedrungene Feuchtigkeit zurückzuführen. Diese Störungsursachen können durch eingehende Besichtigung der Leitung leicht gefunden werden. Ist dies nicht möglich, so bleibt nichts anderes übrig, als die Leitung zwischen Druckknopf und Tableau zunächst zu zerschneiden. Läutet der Wecker dann nicht mehr, so ist der Fehler zwischen der Unterbrechungsstelle und dem Knopf zu suchen; läutet der Wecker dagegen weiter, so liegt der Fehler zwischen der Schnittstelle und dem Tableau. Diese Strecke ist dann abermals in der Mitte zu durchschneiden, und dieses Verfahren so lange fortzusetzen, bis der Fehler genügend lokalisiert ist. In sehr vielen Fällen wird man, wenn die fehlerhafte Stelle nicht zugänglich ist, gezwungen sein, die betreffende Leitung auszuschalten und sie durch einen neu zu verlegenden Draht zu überbrücken.

b) Unterbrechung — der Wecker läutet nicht.

Es ist zunächst nach Prüfung der Batterie der Wecker zu untersuchen. Die Störung kann in einem Versagen des Unterbrecherkontaktes, dem Abbrechen eines Drahtes oder in einer unterbrochenen Weckerspule ihre Ursache haben. In allen Fällen des Versagens eines Weckers ist zunächst die Batterie genau zu untersuchen, die einzelnen Elemente durch ein Taschen-Voltmesser oder mittels eines provisorisch eingeschalteten Weckers zu prüfen. Ist die Batterie in Ordnung, so muß die Unterbrechung in dem Leitungsnetz aufgesucht werden. In Tableaunetzen zeigt die nicht fallende Klappe an, welche Kontaktleitung unterbrochen ist. Fallen sämtliche Klappen nicht, so ist eine der Batterieleitungen gestört. Durch provisorische Verbindung der Batterieklemmen des Tableauwerkes mit der Batterie ist leicht festzustellen, welche Batterieleitung unterbrochen ist. Das Aufsuchen des Fehlers geschieht zunächst durch die Inaugenscheinnahme der Leitung; sehr häufig ist die Unterbrechung auf einen mechanischen Einfluß, z. B. Abreißen der Drähte infolge irgendeiner baulichen Veränderung oder dergleichen oder durch Oxydation infolge eingedrungener Feuchtigkeit zurückzuführen. Wenn der Fehler z. B. in der zu den Kontakten führenden Batterieleitung nicht gefunden wird, so befestige man einen provisorischen Draht mit dem zugehörigen Batteriepol und mit dem anderen Ende an ein Montagemesser, sodann ist irgendein Druckknopf dauernd einzuschalten. Mit dem Messer tastet man nun die Batterieleitung ab, indem man von Zeit zu Zeit die Isolation vorsichtig durchschneidet, so daß die Schneide des Messers die Metallader berührt. Sobald die Fehlerstelle durch den Hilfsdraht überbrückt ist, läutet der Wecker, und zwar über den provisorisch hergestellten Schluß im Druckknopf. Wenn der Fehler in der einen Batterieleitung nicht gefunden wird, so ist der Draht an den andern Pol zu legen und das Verfahren fortzusetzen. Wenn der fehlerhafte Draht gefunden ist, so kann der Fehler durch Verlegung der Anschlußstellen des Hilfsdrahtes nach und nach lokalisiert werden. Sind in der Anlage mehrere Wecker vorhanden und sämtliche Wecker funktionieren nicht, so ist entweder eine Unterbrechung der gemeinschaftlichen Batterieleitung oder eine Störung der Batterie die Ursache.

4. Störungen in Türöffneranlagen.

Türöffneranlagen benötigen eine besonders sorgfältige Installation der Leitung und setzen ein zuverlässiges Funktionieren der betr. Tür voraus. Die Türen sind daher von Zeit zu Zeit zu untersuchen, ob dieselben sich nicht geworfen haben bzw. sich klemmen. Ferner ist auf sorgfältiges Einstellen der Aufwerffeder zu achten. Zwecks Prüfung der Tür ist es zweckmäßig, die Aufwerffeder abzunehmen, die Tür muß sich dann ohne jeden Widerstand öffnen und schließen lassen. Bei Unterbrechungen und Kurzschluß in den Leitungen verfährt man wie oben ange-

geben. Da die Leitungen der Türöffner insbesondere bei Garten-
türen den Witterungseinflüssen sehr ausgesetzt sind, so ist bei
der Installation auf sorgfältige Isolation der Leitung Rücksicht
zu nehmen. Das Kabel ist durch Rohre zu schützen und besonders die Verbindungsstelle zwischen Kabel und Öffner ev.
durch einen Lacküberzug gut zu isolieren. Ebenso ist auch die
Verbindungsstelle zwischen Kabel und Innenleitung, die sich
in der Regel im Keller befindet, sorgfältig gegen die Einflüsse der
Feuchtigkeit zu isolieren. Als Druckknöpfe sollen nicht zu kleine
Konstruktionen verwendet werden, da für den Öffner ein verhältnismäßig starker Strom nötig ist. Man achte auf kräftige
Reibung des Kontaktes.

5. Störungen in Wasserstandsfernmelde-Anlagen.

Die hauptsächlichen Ursachen der Störungen in diesen Anlagen sind auf nicht genügende Isolation des Kontaktwerkes zurückzuführen. Dieses Werk, das stets in der Nähe des Wasserbehälters aufgestellt wird, muß vollkommen wasserdicht abgeschlossen sein. Alle stromführenden Teile sind sorgfältig zu
isolieren, ev. nach der Montage durch einen Lacküberzug zu
schützen. Da für den Betrieb der Wasserstandsfernmelder eine
verhältnismäßig hohe Spannung notwendig ist, so bilden sich
leicht schwache Ströme über die Anschlußklemmen zur Erde,
wenn sich auf den Anschlußklemmen, wie es in der Nähe der
Wasserreservoire immer der Fall ist, Feuchtigkeit niederschlägt.
Die Ströme zersetzen das Wasser auf den Metallteilen in
Wasserstoff und Sauerstoff, und eine starke Oxydation ist die
Folge. Bei diesen Anlagen sollten daher alle blanken Metallteile entweder in ein wasserdichtes Gehäuse eingeschlossen oder
durch einen Lacküberzug geschützt sein. Für ein gutes Funktionieren des Kontaktwerkes ist ferner notwendig, daß die Achse
des Kontaktwerkes aus nicht oxydierbarem Metall hergestellt wird, weil dieselbe sonst leicht festrostet. Für den
Schwimmer ist stets eine Führung vorzusehen. Es empfiehlt
sich, auch das Gegengewicht durch ein Rohr zu schützen, damit
dasselbe nicht durch irgendwelche Zufälligkeiten an der Bewegung gehindert wird und hängenbleiben kann.

6. Störungen in Freileitungen.

Die in Freileitungen auftretenden Fehler sind beim Abgehen
der Strecke verhältnismäßig leicht zu finden. Eine sehr häufig
vorkommende Störung ist das Verschlingen der Drähte nach
einem Sturm usw. Die Ursache ist fehlerhafte Montage, d. h.
die Leitungen waren mit zu großem und ungleichmäßigen
Durchhang ausgeführt worden. Drahtbrüche treten vorzugsweise im Winter auf, die Ursache kann gleichfalls auf fehlerhafte
Montage zurückzuführen sein, die Leitungen waren von Anfang
an zu straff gespannt. (Näheres hierüber: »Beckmann, Telephon-
und Signalanlagen«, Verlag Jul. Springer.) In manchen Gegenden bildet sich bei plötzlichem Temperaturwechsel sogenannter
Rauhreif, auch setzen sich bei Schneestürmen große Schnee-
klumpen auf den Leitungen fest. Die Belastung der Drähte
kann so groß werden, daß sie die Festigkeit des Drahtes übersteigt
und die Leitungen zerreißen. Bei kurzen Leitungen empfiehlt
sich deshalb das Abklopfen mittels Stangen.

7. Störungen durch Blitzschläge.

Leitungsanlagen im Innern der Häuser werden verhältnismäßig selten durch Blitzschläge beschädigt. Sehr häufig dagegen
kommen Störungen vor, wenn die Apparate mit Freileitungen in
Verbindung stehen. Sobald Gewitterneigung vorhanden ist,
laden sich die Leitungen mit Elektrizität. Ist die Spannung hoch
genug gestiegen, so finden kleine Entladungen über die bei Freileitungen stets vorzusehenden Blitzableiter statt. Am besten
wirken die Luftleerblitzableiter, welche Spannungen von etwa

300 Volt bereits schadlos zur Erde leiten. Bei höheren Spannungen und wenn die Leitungen durch direkte Blitzschläge getroffen werden, kommen in der Regel starke Beschädigungen der Apparate und der Leitungen vor. Die Benutzung von Telephonanlagen bei Gewitter ist daher mit Lebensgefahr verbunden. In Gegenden mit häufigen starken Gewittern empfiehlt es sich, einen Stöpselumschalter vorzuziehen, durch den die Leitung während des Gewitters direkt mit der Erde verbunden werden kann. Diese Anordnung hat allerdings den Nachteil, daß die Anlage außer Betrieb gesetzt bleibt, wenn die Entfernung des Stöpsels vergessen wird.

8. Störungen in Telephonanlagen.

a) Mitsprechen.

In größeren Anlagen, vorzugsweise in älteren Linienwähleranlagen hört man häufig Gespräche, die in der Leitung geführt werden, mit denen der eigene Apparat nicht in direkter Verbindung steht. Die Übertragung ist verhältnismäßig leise, die Stimmen klingen näselnd, können aber gut verstanden werden. Wenn zu der Anlage kein induktionsfreies Kabel verwendet wurde, dann ist die Ursache ohne weiteres in dieser fehlerhaften Anordnung zu suchen. Eine Abhilfe ist nur durch Verlegung von induktionsfreiem Kabel möglich. Wenn diese Bedingung erfüllt ist und ein deutliches Mitsprechen trotzdem stattfindet, so kann die Ursache entweder in einem Feuchtigkeitsschluß liegen, es muß dann die betreffende Stelle aufgesucht und sorgfältig ausgetrocknet werden. Es ist aber auch möglich, daß die gemeinschaftliche Rückleitung zu hohen Widerstand besitzt. Es empfiehlt sich daher, besonders in größeren Anlagen, die gemeinschaftliche Erdleitung so oft wie tunlich mit der Wasserleitung in Verbindung zu bringen. In Zentralanlagen ist die sorgfältige Ausführung gemeinschaftlicher Rückleitungen von besonderer Wichtigkeit. Der Widerstand der Rückleitung muß möglichst klein gehalten sein. Ist dies nicht der Fall, wenn z. B., wie es häufig geschehen ist, die Gasleitung als Rückleitung benutzt wird, so kann es vorkommen, daß die Rufströme sich über die Fallklappen und Wecker der Stationen verzweigen und mehrere oder alle Fallklappen des Schrankes zum Ansprechen bringen. Es ist daher zu empfehlen, als Rückleitung entweder eine Leitung von größerem Querschnitt oder noch besser die Wasserleitung zu benutzen. Wenn in der Nähe der Telephonanlage Starkstromleitungen oder elektrische Straßenbahnen, insbesondere Wechselstromleitungen vorhanden sind, so macht sich häufig ein summendes Geräusch bemerkbar. Dasselbe ist auf Zweigströme zurückzuführen, die über die Erdleitung in das Telephonnetz gelangen. Die einzige Möglichkeit einer Abhilfe ist dann nur die isolierte Rückleitung bzw. Doppelleitung. Wenn trotzdem sich noch Geräusche zeigen, wie dies mitunter in der Nähe von Wechselstromleitungen der Fall ist, dann ist die Ursache darauf zurückzuführen, daß die Leitungen zu nahe an das stromführende Wechselstromnetz herangeführt sind. Die Übertragung erfolgt dann durch Induktion. Bei Doppelleitung schadet diese Übertragung in der Regel nicht, wenn die Leitungen gut verdrillt sind, da dann die induzierten Ströme sich gegenseitig in ihrer Wirkung aufheben. Bei Einfachleitung bleibt jedoch nichts weiter übrig, als die Leitung entweder weiter ab zu verlegen oder durch verdrillte Doppelleitung zu ersetzen.

b) Eine Station kann anrufen und hören, wird aber nicht verstanden.

In diesem Fall ist entweder die Mikrophonbatterie verbraucht oder der Mikrophonstromkreis unterbrochen.

c) **Eine Station kann sprechen und hören, kann aber nicht angerufen werden.**

Dann ist der Weckerstromkreis des Apparates unterbrochen, der Fehler kann im Hakenumschalterkontakt oder in der Zuleitung zum Wecker, bei einer Zentralanlage in der Klinke der Zentrale gesucht werden.

d) **Eine Station wird verstanden, kann aber nicht hören.**

Die Ursache liegt entweder in einer Unterbrechung der Hörschnur oder im mangelhaften Kontakt des Hakenumschalters. Durch eine fehlerhafte Schnur des Hörers wird auch sehr oft eine schlechte Verständigung herbeigeführt. Es ist dies leicht dadurch festzustellen, daß man die Schnur bewegt, es macht sich dann im Hörer ein leises Rauschen bemerkbar. Ist dies der Fall, so muß die Schnur entweder gekürzt oder erneuert werden. Die Fehler treten vorzugsweise an der Eingangsstelle der Schnur in den Hörer auf.

e) **Das zu einer Station gehörige Anruforgan einer Vermittlungszentrale funktioniert nicht.**

Der Fehler liegt entweder im Anruforgan der Zentrale, der anrufenden Station oder in der Verbindungsleitung. Bei Klappenschränken ist der Zähler entweder in einem Festsitzen des Ankers der Fallklappe oder in einem Versagen des Induktors der rufenden Station zu suchen, bei Glühlampenzentralen in der Anruflampe, dem Kontaktfedersatz oder der Wicklung des Anrufrelais, der Teilnehmerklinke, dem Hakenschalter der Station und der Mikrotelephonschnur des Apparates, die sämtlich auf Fehler zu untersuchen sind. Durch Abschalten der Anschlußleitung am Hauptverteiler eine bei Verwendung von Lötösenstreifen mit Trennvorrichtung leicht auszuführende Handlung, ist sehr schnell festzustellen, ob der Fehler im Vermittlungsschrank oder in der Anschlußleitung mit dem Apparat liegt; hierdurch ist der Fehler sehr leicht einzugrenzen. Liegt er in der Anschlußleitung, so ist der Fehlerort am besten durch Zwischenschalten von Prüfapparaten in den Verteilern zu bestimmen und durch Verlegen einer neuen Leitung auf der fehlerhaften Strecke oder Umschalten auf eine Reserveader zu beseitigen.

f) **Eine Station versagt gänzlich.**

Dies ist entweder auf Unterbrechung oder auf Schluß in der Leitung zurückzuführen. Bei einer Induktorstation läßt der Induktor sich leicht drehen, wenn in der Leitung eine Unterbrechung vorhanden ist, bei Kurzschluß dreht er sich schwer, so daß auf diese Weise die Ursache bereits festgestellt werden kann.

g) **Mitläuten des Weckers.**

In Linienwähleranlagen kommt es häufig vor, daß der Wecker läutet, wenn eine andere Station angerufen wird. In der Regel ist dies darauf zurückzuführen, daß, wie z. B. bei den früher gebräuchlichen Stöpsellinienwähleranlagen, ein Stöpsel versehentlich steckenblieb und dadurch eine Verbindung in der nicht gewünschten Station hergestellt wurde. Bei den Druckknopflinienwähler-Anlagen mit automatischer Auslösung darf dieser Fehler normalerweise nicht vorkommen, er ist dann stets auf eine mangelhafte Funktion eines Linienwählers zurückzuführen, bei dem ein Knopf stecken geblieben ist. Wenn das Mitläuten trotzdem bemerkt wird, so ist ein Schluß zwischen den betreffenden beiden Leitungen vorhanden, der herausgesucht werden muß.

XIII. Störungen in Selbstanschluß- (S-A) Fernsprech-Anlagen.

a) Teilnehmer gesperrt.

Tritt der Fall ein, daß ein Teilnehmer weder rufen noch sprechen, weder selbst gerufen noch hören kann, so ist in solchen Fällen die Störung entweder im Teilnehmerapparat, im Leitungsnetz oder in dem Wählergestell selbst zu suchen. Die Ursache für die Störung kann liegen:

1. **Beim Teilnehmerapparat,**
   wenn die *a*- oder *b*-Leitung unterbrochen ist (*t*-Ruhe-kontakte);
   » der Impulskontakt oder der Hakenumschalter nicht in Ordnung ist,
   » die Zuführung zu diesen Kontakten defekt ist,
   » die Nummernscheibe nicht in Ordnung ist.

2. **Im Leitungsnetz**
   bei Unterbrechung der *a*- oder *b*-Leitung.

3. **Im Wählergestell oder im Haupt- und Rangierverteiler:**
   wenn die *a*- oder *b*-Leitung unterbrochen ist,
   » die Sicherung des entsprechenden Schienenrelaissatzes im Gestell defekt ist,
   » die *c'*-Leitung Erde hat. (In diesem Fall ist das T-Relais dauernd angezogen.)

b) Teilnehmer kann nicht gerufen werden, aber selbst rufen, sprechen und hören.

Die Störung ist zurückzuführen:

1. **Auf den Teilnehmerapparat,**
   wenn der Wecker entzwei ist,
   » der Kondensator durchgeschlagen oder
   » die Zuführungen hierfür unterbrochen sind.

2. **Die Störung ist zurückzuführen auf das Wählergestell,**
   wenn die *c'*-Leitung unterbrochen ist,
   » die *a*- oder *b*-Leitung zum Leitungswähler unterbrochen ist,
   » die Arme des Leitungswählers schlecht justiert sind,
   » das *P*-Relais nicht arbeitet bzw. ein Kontakt desselben nicht in Ordnung ist,
   » das T-Relais nicht anspricht,
   » der 200-Ohm-Widerstand auf dem *V*-3-Relais entzwei oder die Zuführungsleitungen unterbrochen sind.

c) Der Teilnehmer kann nicht rufen, sprechen und hören, kann aber selbst gerufen werden.

Die Störung ist auf den Teilnehmerapparat zurückzuführen,
   wenn die Nummernscheibe defekt ist,
   » Mikrophon oder Telephon entzwei sind,
   » der Hakenumschalter schlechten Kontakt gibt.

d) Der Teilnehmer kann rufen, gerufen werden und
        sprechen, kann aber nicht hören.

Die Störung ist auf den Teilnehmerapparat zurückzuführen.
Es ist das Telephon nicht in Ordnung,
        die Induktionsspule defekt, oder
        die Schnurzuführung zum Telephon entzwei.

e) Teilnehmer kann rufen, gerufen werden und hören,
        kann aber nicht sprechen.

Die Störung ist auf den Teilnehmerapparat zurückzuführen.
Es ist entweder das Mikrophon defekt oder die Zuleitung zu
demselben unterbrochen.

f) Teilnehmer kann gerufen werden, sprechen und
        hören, kann aber selbst nicht rufen.

Die Störung ist auf die Vermittlungseinrichtung zurückzuführen. Es arbeitet das R-Relais nicht bzw. die Kontakte
desselben oder die t-Kontakte, über welche das R-Relais gespeist wird, sind nicht in Ordnung.

g) Die Verständigung eines Teilnehmers wird zeit-
        weise unterbrochen.

Die Störung kann zurückgeführt werden auf
        den Teilnehmerapparat
                bei defekter Mikrotelephonschnur,
                »   schlechtem Mikrophonkontakt,
        auf das Leitungsnetz
                bei zeitweiser Unterbrechung der a- und b-Leitung,
        auf die Vermittlungseinrichtung
                bei Defektsein der Kondensatoren, welche in der
                Sprechleitung liegen.

h) Teilnehmer ist schlecht zu verstehen.

Die Störung ist auf den Teilnehmerapparat zurückzuführen. Es ist entweder
        das Mikrotelephon schlecht oder
        ein Nebenschluß in der Leitung.

i) Der Teilnehmer kann am eigenen Apparat seinen
        Partner nicht verstehen.

        (Die Wiedergabe der Sprache ist zu leise.)
Die Störung ist zurückzuführen
        auf den Teilnehmerapparat.
Es ist entweder das Telephon fehlerhaft oder
        die Induktionsspule defekt.

k) Der Anruf eines Teilnehmers kann nicht indirekt
        aufgenommen werden.

In diesem Fall ist der Gesprächswegeverteiler nicht in Ordnung, die Ursache kann darin liegen, daß:
        der Anrufverteiler und Schnursucher nicht arbeitet,
        »   Hebmagnet des Anrufsuchers nicht in Ordnung
                bzw.
        »   Ankerkontakt desselben defekt ist,
        das A 3-Relais des Gesprächswegeverteilers defekt ist,
        »   P-Relais des Gesprächswegeverteilers defekt ist,
        »   A 1-Relais des Gesprächswegeverteilers defekt ist.

l) Der Anruf eines Teilnehmers kann nur indirekt
        aufgenommen werden.

Ursache der Störung liegt im Wählergestell,
        wenn der Drehmagnet des Anrufsuchers defekt ist,
        »   das C-Relais des Anrufsuchers nicht arbeitet
                bzw. der Widerstand auf diesem Relais defekt
                ist,

wenn die entsprechenden Kontakte des C- V1-, V4-
Relais im Anrufsucher nicht sicher arbeiten,
» am y-Kontakt im zugehörigen Leitungswähler
die Erde fehlt,
» die Sicherung des direkt zugeordneten Anrufsuchers defekt ist,
» die c-Leitung des direkt zugeordneten Anrufsuchers unterbrochen ist.

m) Der Anruf eines Teilnehmers kann direkt und indirekt erfolgen, jedoch kann der Teilnehmer den Leitungswähler nicht einstellen.

Die Störung kann verursacht sein
durch defekte Nummernscheibe in der Teilnehmerstation,
» das Wählergestell, wenn
das A-Relais des Leitungswählers nicht arbeitet,
der Hebmagnet bzw. Drehmagnet des Leitungswählers
defekt ist,
V2-, V3- oder V4-Relais nicht arbeitet,
am y-Kontakt im Leitungswähler Erde fehlt.

n) Dauerbrenner in Anlagen mit automatischem
Anruf.

Diese verhältnismäßig häufig auftretende Störung hat ihre
Hauptursache in fehlerhafter Bedienung der Apparate. Diese
Störung wird zumeist verursacht durch Nicht- oder fehlerhaftes
Auflegen des Mikrotelephons auf den Gabelständer, Klemmen
des Gabelständers, Versagen des Gabel- oder Hakenumschalters,
fehlerhaften Kondensator im Apparat, Remanenz des Anrufrelais, die leicht durch Änderung des Abstandes des Relais-
ankers vom Relaiskern behoben wird oder durch Schluß in der
Zuleitung. Dieser letztere Fehler ist einzugrenzen durch Ab-
trennen der Zuleitung zu den Verteilern.

XIV. Überwachung und Revision von Schwachstromanlagen.

Um die in Schwachstromanlagen auftretenden Störungen auf das kleinste Maß zu beschränken, empfiehlt es sich, von Zeit zu Zeit eine Revision der Anlage vorzunehmen. Größere Geschäfte pflegen mit dem Installateur, der die Anlage eingerichtet hat, einen Vertrag zu schließen, durch den der Installateur verpflichtet ist, die Anlage gegen eine Pauschalsumme monatlich zu revidieren und etwaige Mängel zu beseitigen. Dieses Verfahren hat sich gut bewährt, und es ist festgestellt, daß die dadurch entstehenden Kosten wesentlich geringer werden, als wenn mit der Revision der Anlage gewartet wird, bis eine größere Störung vorliegt.

Jede größere Installationsfirma wird bemüht sein, ihren Kundenkreis sowohl durch Lieferung und Herstellung erstklassiger Anlagen als auch durch deren einwandfreie Wartung zu erhalten. Um eine Übersicht darüber, ob die ausgeführten Instandhaltungsarbeiten mit genügender Gewissenhaftigkeit von den Monteuren ausgeführt worden sind, zu erhalten, genügt es, von jeder in Wartung genommenen Anlage eine Störungskarte anzulegen. Auf dieser wird die Größe der Anlage, sowie Art und Standort der Batterie verzeichnet. Nach jeder vorgenommenen Reparatur wird in Abkürzungen die Ursache der beseitigten Störung eingetragen. Nach Verlauf einer verhältnismäßig kurzen Zeitspanne ist der Installateur dann in der Lage, festzustellen, wie eine Anlage arbeitet, gleichzeitig aber erlangt er auch an der Wiederholung der gleichen Störungsursache einen Gradmesser für die Zuverlässigkeit seines Monteurs, sowie ferner für die Güte des von ihm verarbeiteten Materials, Batterien, Apparate usw. Bei einwandfreier Montage dürfen im Jahresdurchschnitt die beseitigten Leitungsstörungen im Verhältnis zu allen anderen Störungen nur einen verschwindend kleinen Prozentsatz ausmachen. Da die Führung einer derartigen Statistik nur ganz geringe Unkosten erfordert, dürfte eine solche in keinem Installationsgeschäft fehlen.

1. Isolations- und Widerstands-Messungen.

Es ist vorteilhaft, von Zeit zu Zeit alle Schwachstromanlagen einer genauen Prüfung zu unterziehen. Dies ist besonders in solchen Fällen nötig, wenn an einer Anlage Erweiterungen oder sonstige bauliche Veränderungen stattgefunden haben. In solchen Fällen ist stets damit zu rechnen, daß durch irgendwelche Zufälle die Isolation einer Leitung an irgendeiner Stelle beschädigt wurde, so daß sich Nebenschlüsse bilden können, welche ein einwandfreies Arbeiten der Anlage unmöglich machen und zum schnellen Erschöpfen der Betriebsbatterie Veranlassung geben. Auf gute Isolation der Leitungen ist besonders zu achten. Die Gesamtprüfung einer Anlage setzt sich zusammen aus der Prüfung der Betriebsbatterien, Prüfung der Apparate selbst, Prüfung der Leitungen auf Nebenschlüsse oder Isolationsfehler und auf die Leitfähigkeit. Zur Messung der

Batterien auf ihre Spannung verwendet man meistens kleine Taschenvoltmeter in Uhrenform. Zum Messen der Isolation werden die gebräuchlichen Isolationsprüfer K 1100 und K 1101 benutzt. Diese bestehen im wesentlichen aus einem Galvanometer von großer Empfindlichkeit, dessen Magnetnadel das zu messende Resultat anzeigt, und aus einer aus kleinen Trockenelementen bestehenden Prüfbatterie. Diese Teile sind in einem transportablen Holzkasten eingebaut. Die Isolationsprüfer K 1101 können jedoch auch zum Messen mit der Netzspannung von 110 und 220 Volt Gleichstrom benutzt werden. Mit diesem Instrument kann die Isolation spannungsführender Gleichstromanlagen unmittelbar gemessen werden. Die Messungen sind an Hand der jedem Isolationsprüfer beigefügten Vorschrift leicht auszuführen. Mit dem Isolationsprüfer K 1100 können an spannungslosen Leitern Messungen von 10 000 bis 1 000 000 Ohm vorgenommen werden. Die Isolationsprüfer K 1101 ermöglichen an spannungslosen Leitern eine Messung von 20 000 bis 1 000 000 Ohm. Mit Hilfe der Betriebsspannung von 110 und 220 Volt Gleichstrom sind Messungen von 20 000 bis 2 000 000 Ohm möglich. Soll z. B. der Isolationswiderstand der Leitungen einer Telephonanlage gegeneinander festgestellt werden, so sind die Leitungen von der Zentrale und den Apparaten abzutrennen und der Isolationsprüfer zwischen die Leitungen zu schalten. Bei Messungen gegen Erde wird der Isolationsprüfer parallel zur Leitung geschaltet und geerdet. Als Erdpol benutzt man vorteilhaft die Wasserleitung. Der Isolationswiderstand der Leitungen gegen Erde ist von dem Umfang der Anlage und den Witterungsverhältnissen abhängig, soll jedoch nicht unter 50 000 Ohm betragen. Die Messung der Leitungen untereinander soll als Mindestresultat 1 000 000 Ohm ergeben. Bei Leitungslängen von über 400 km und bei gutem Wetter beträgt der Isolationswiderstand einer gut ausgeführten Freileitung pro Kilometer zwischen 20 bis 22 Megohm, bei kürzeren Leitungen kann derselbe bis zum zirka Fünffachen dieses Wertes steigen. Bei Telephonleitungen ist die Sprechfähigkeit um so besser, je kleiner Widerstand und Kapazität ist. Isolationswiderstand und Kapazität sind vom Verhältnis des äußeren zum inneren Durchmesser der Isolationshülle abhängig.

XV. Vorschriften des „Verbandes Deutscher Elektrotechniker".

(Auszug.)

I. Vorschriften und Normen für galvanische Elemente.

(Nach VDE 51.)

(Zink-Kohle-Braunstein-Elemente.)

Die Vorschriften und Normen gelten für nasse Elemente Trockenelemente und auffüllbare Elemente von einem Aufbau aus Zink, Kohle, Braunstein. Jedes Element muß ein Ursprungszeichen haben, das den Hersteller erkennen läßt. Bei trocken- und auffüllbaren Elementen müssen Woche und Jahr der Herstellung leicht und deutlich erkennbar verzeichnet sein, außerdem ist das Klassenzeichen »ZKB«˙ (»Zahl«) anzugeben. Die Bezeichnungen sollen so angebracht sein, daß sie nicht ohne weiteres entfernt werden können.

Begriffserklärung: Die offene Spannung ist die Spannung des nicht durch einen äußeren Wiederstand belasteten Elements. Klemmenspannung ist die Spannung eines Elementes bei Schließung durch einen äußeren Widerstand. Innerer Widerstand ist der Widerstand des unbelasteten Elements zwischen dem freien Ende des Anschlußdrahtes und der Kohlenpolklemme. Dauerentladung ist die zeitlich ununterbrochene Stromentnahme bis zur Erschöpfung des Elementes. Aussetzende Entladung ist eine in Zeitabschnitten stattfindende kurzzeitige Stromentnahme bis zur Erschöpfung. Entladungswiderstand ist der zwischen dem freien Ende des Anschlußdrahtes und der Kohlenpolklemme eingeschaltete äußere Widerstand. Anschlußdraht ist die zur Stromentnahme dienende Verlängerung der Zinkelektrode.

Behandlungsvorschriften für Elemente. a) Nasse Elemente. Das Ansetzen der nassen Elemente geschieht in der Weise, daß zunächst die gesäuberten Gläser etwa bis zur Hälfte mit abgekochtem Wasser gefüllt werden. Es wird dann das Erregersalz (Salmiak 98 bis 100 %) hinzugeschüttet und die Lösung umgerührt. Hierauf wird die Kohlenelektrode in das Zink eingesetzt und soviel Wasser nachgefüllt, bis die Lösung 3 cm unter dem Bande steht. Zwecks Temperaturausgleiches muß das Element mehrere Stunden stehen und soll dann erst in Gebrauch genommen werden, um seine Höchstleistung zu erzielen. b) Trockenelemente. Diese vertragen im allgemeinen keine zu lange Lagerung. Die Elemente sind möglichst bei mittlerer Temperatur und nicht zu trocken aufzubewahren. Der Anschlußdraht ist so zu sichern, daß seine Berührung mit der Kohlenpolklemme ausgeschlossen ist. c) Auffüllbare Elemente. Diese eignen sich für längere Lagerung vor dem Gebrauch. Sie sind möglichst bei mittlerer Temperatur und in vollkommen trockenen Räumen aufzubewahren. Das Ansetzen der auffüllbaren Elemente geschieht in der Weise, daß nach Herausnahme des oder der Stöpsel das Element mit abgekochtem

Wasser durch das Füllrohr vollzufüllen ist. Nach einer Stunde ist nochmals nachzufüllen, dann soll das Element möglichst 12 Stunden aufrecht stehen und etwa überschüssiges Wasser auslaufen zu lassen. Die Füllrohre sind nunmehr wieder zu verschließen. Als ·tropensicher können nur nasse Elemente und auffüllbare Elemente angesehen werden, solange diese sich nicht in gebrauchsfähigem Zustande befinden. Bei allen drei Elementtypen sind die Kohlenelektroden an ihrem freien Ende gegen das Aufsteigen von Flüssigkeit durch Tränken mit Paraffin u. a. zu sichern.·

Bestimmungen für die Messungen von Elementen: Messungen sind innerhalb einer Frist von 2 Wochen nach Eintreffen bei dem Abnehmer vorzunehmen. Zuerst ist die offene Spannung des Elements zu messen. Der innere Widerstand ist mit der Wechselstrommeßbrücke bei einer Frequenz von 400 bis 800 Per/s zu messen und zwar sind Vorkehrungen zu treffen, die verhindern, daß eine stärkere Entladung des Elementes über die Brückenzweige während der Messung stattfindet. Die Feststellung der Anzahl der Wattstunden erfolgt durch Messungen der Klemmenspannung bei Dauerentladung und aussetzender Entladung über den je nach der Elementklasse vorgeschriebenen Entladungswiderstand in Ohm.

Entladungswiderstand in Ohm: 25 15 10 5 10 5 5 5 10 5
Elementklasse 1 2 3 4 5 6 7 8 9 10

Für diese Messungen ist ein Präzisionsspannungsmesser mit einem Widerstand von mindestens 100 Ohm für 1 Volt zu benutzen.

Höchst- bzw. Mindestwerte bei den Elementklassen »ZKB« 1 bis 10. Bei vorschriftsmäßiger Messung müssen nasse Elemente wie auch die Trockenelemente folgende Höchst- bzw. Mindestwerte zeigen:

Elementklasse	1	2	3	4	5	6 V	6 R	7	8	9	10
Offene Spannung des Elements in V:	1,48	1,50	1,50	1,50	1,50	1,50	1,50	1,50	1,50	1,50	1,50 [1]
Klemmenspannung in V, 10 Sek. nach Schluß über 1 Ohm a) beim neuen Element:	1,00	1,15	1,20	1,25	1,15	1,25	1,20	1,20	1,25	1,15	1,20 [1]
b) nach 45 Tagen:	0,90	1,05	1,10	1,18	1,05	1,20	1,15	1,15	1,18	--	— [1]
Innerer Widerstand des Elements in Ohm:	0,40	0,30	0,30	0,20	0,25	0,20	0,25	0,25	0,25	0,25	0,20 [2]
Zahl der Wattstunden bei Dauerentladungen bis 0,7 V:	1,6	8	14	32	9	20	20	14	20	16	30 [1]
Zahl der Wattstunden bei Dauerentladung bis 0,4 V:	1,9	10	20	40	12	30	30	17,5	30	25	45 [1]
Lagerzeit in Wochen:	9	12	16	26	12	22	22	16	22	---	— [2]

[1] Mindestwert.
[2] Höchstwert.

Normen für dreiteilige Taschenlampenbatterien.
(Nach VDE 52.) Jede Batterie muß ein Ursprungszeichen
haben, das den Hersteller erkennen läßt. Außerdem müssen
Woche und Jahr der Herstellung deutlich erkennbar sein.
Die elektromotorische Kraft der Batterien muß bei Ablieferung
aus der Fabrik mindestens 4,5 Volt betragen und 4,8 Volt
möglichst nicht übersteigen. Innerhalb von 4 Wochen nach
Ausgebung aus der Fabrik darf die elektromotorische Kraft
nicht unter 4,2 Volt sinken, vorausgesetzt, daß die Batterie
sachgemäß gelagert und behandelt worden ist. Der innere
Widerstand der frischen Batterie muß so niedrig sein, daß die
Spannung bei der Schließung der Batterie durch einen Widerstand von 15 Ohm höchstens 0,6 Volt unter die elektromotorische Kraft von 4,5 Volt sinkt. Auf jeder Batterie muß die
Leistung in Nutzbrennstunden bei dauernder Entladung und
bei Entladung mit Unterbrechungen angegeben sein.

II. Regeln für die Errichtung elektrischer Fernmeldeanlagen.

(Nach VDE 324, auszugsweise.)

Geltungsbereich: Nachstehende Regeln gelten für Tele-
graphen-, Fernsprech-, Signal-, Fernschaltungs- und ähnliche
Anlagen mit Ausnahme der öffentlichen Verkehrsanlagen der
Eisenbahn- und der Post- und Telegraphenverwaltung. Für
Fernmeldeanlagen auf Schiffen, sowie für Hochfrequenzanlagen
und für Anlagen zur Sicherung von Leben und Sachwerten
gelten diese Regeln, soweit nicht weitergehende Vorschriften
für solche Anlagen bestehen. Fernmeldeanlagen oder Teile
von solchen, die mit Licht- oder Kraftanlagen durch Leitung
verbunden sind, unterliegen den »Vorschriften für die Errichtung und den Betrieb elektrischer Starkstromanlagen«, sowie
den »Vorschriften für den Anschluß von Fernmeldeanlagen an
Niederspannungs-Starkstromnetze durch Transformatoren (mit
Ausnahme der öffentlichen Telegraphen- und Fernsprechanlagen)« und den »Leitsätzen für den Anschluß von Geräten
und Einrichtungen, die eine leitende Verbindung zwischen
Niederspannungs-Starkstrom- und Fernmeldeanlagen erfordern.«

Begriffserklärung: Fernmeldeanlagen sind in allen
Fällen solche Anlagen, bei denen es sich um die elektrische Fernmeldung (Übertragung) von Vorgängen, Wahrnehmungen, Wil-
lens- oder Gedankenäußerungen handelt. Das Wort »Fern«
drückt hierbei nicht ein bestimmtes Maß aus, da die elektrische
Fernmeldung auch auf ganz geringe Entfernungen stattfinden
kann. Freileitungen sind alle oberirdischen Leitungen außerhalb von Gebäuden, die weder eine metallische Schutzhülle
noch eine Schutzverkleidung haben (Ausnahme: Leitungen, die
im Freien auf ganz kurze Strecken, in Gebäuden, Höfen, Gärten
usw. geführt sind). Feuchtigkeitssicher ist ein Stoff, der
durch Feuchtigkeitsaufnahme in mechanischer und elektrischer
Beziehung nicht derartig verändert wird, daß er für die Benutzung und den Betrieb der Anlage ungeeignet wird. Feuer-
und wärmesicher sind Gegenstände, die entweder nicht ent-
zündet werden können oder nach Entzündung nicht von selbst
weiterbrennen bzw. Gegenstände, die bei der höchsten betriebs-
mäßig vorkommenden Temperatur keine den Gebrauch beein-
trächtigende Veränderung erleiden. Als durchtränkte und
ähnliche Räume gelten Betriebs- oder Lagerräume gewerb-
licher oder landwirtschaftlicher Anlagen, in denen durch Feuchtigkeit oder Verunreinigungen (besonders chemischer Natur)
die dauernde Erhaltung der Isolation erschwert oder der elektrische Widerstand des Körpers der darin beschäftigten Personen erheblich vermindert wird. Explosionsgefährliche
Betriebsstätten und Lagerräume sind Räume, in denen
explosible Stoffe hergestellt, verarbeitet oder aufgespeichert

werden oder leicht explosible Gase, Dämpfe oder Gemische solcher mjt Luft sich ansammeln können. Für Betriebe zum Herstellen von Sprengstoffen bestehen besondere behördliche Vorschriften. Anlagen zur Sicherung von Leben und Sachwerten sind alle Feuermelde-, Polizeiruf-, Einbruchsicherungs- und Gefahrmeldeanlagen, sowie die mit diesen im Zusammenhange stehenden Alarmanlagen.

Stromversorgung in Fernmeldeanlagen: Als normale Spannungen für Fernmeldeanlagen gelten die in den »Normen für die Spannungen elektrischer Anlagen unter 100 Volt« festgesetzten Spannungen. Elemente und Sammler. Elemente- und Kleinsammler sind möglichst geschützt in Räumen aufzustellen, die trocken und geringen Temperaturschwankungen unterworfen sind. Batterieschränke usw. für nasse Elemente und Kleinsammler müssen durch zweckentsprechende Mittel gegen Fäulnis und chemische Einflüsse geschützt und so angeordnet werden, daß sich der Zustand jedes einzelnen Elementes leicht prüfen läßt. Für die Aufstellung von Sammlerbatterien mit offenen Zellen gelten die entsprechenden Bestimmungen der »Vorschriften für die Errichtung elektrischer Starkstromanlagen«. Maschinen, Umformer, Transformatoren, Gleichrichter müssen, soweit sie nicht als Sonderausführungen nur für die Zwecke der Fernmeldeanlagen dienen, wie z. B. Rufinduktoren, Umformer und Polwechsler den »Vorschriften für die Errichtung elektrischer Starkstromanlagen« und den »Regeln für die Bewertung und Prüfung von elektrischen Maschinen sowie Transformatoren« entsprechen, sowie mit einem Ursprungszeichen versehen sein. Außer den speziell vorgeschriebenen Wicklungsangaben und Klemmenbezeichnungen muß auch die Klemmenspannung ,und Umdrehungszahl vermerkt sein. Bei Dauermagneten muß die Polarität gekennzeichnet sein. Apparate der Fernmeldetechnik. Alle stromführenden Teile, die von Nichtkundigen bedient werden oder zufällig berührt werden können, müssen in geeigneter Weise (Abdeckung, Isolierung usw.) gegen Berührung geschützt sein. An abgedeckten Schaltapparaten soll die Schaltstellung von außen erkennbar sein, Drahtspulen müssen deutlich lesbare Angaben über Windungszahlen und Widerstand aufweisen. Drahtverbindungen sind nur durch Lötungen, Verschraubungen oder andere gleichwertige Mittel herzustellen. Verbindungsschrauben müssen ihr Muttergewinde in Metall haben. Steckvorrichtungen müssen so gebaut sein, daß die Stecker nicht in die Dosen der Starkstromanlagen passen.

Beschaffenheit und Verlegung der Leitungen.

Beschaffenheit isolierter Leitungen.

a) Isolierte Leitungen müssen hinsichtlich der Haltbarkeit und Isolierfähigkeit den vorliegenden Betriebsverhältnissen angepaßt werden.

Sie müssen den »Normen für isolierte Leitungen in Fernmeldeanlagen« entsprechen. Man unterscheidet folgende Arten von isolierten Leitungen:

1. Wachsdraht, geeignet zur festen Verlegung in dauernd trockenen Räumen über Putz . . . . Bezeichnung: W

2. Lackaderdraht, geeignet zur festen Verlegung in trockenen Räumen über Putz oder in Rohr unter Putz . . . . . . » L

3. Gummiaderdraht, geeignet zur festen Verlegung über Putz oder in Rohr unter Putz . . . . » Z

4. Kabel ohne Bleimantel, geeignet für
die gleichen Zwecke wie die Einzeldrähte, aus denen das Kabel zusammengesetzt ist
5. Kabel mit Bleimantel . . . . Bezeichnung: *BK*
a) Hausleiterkabel, geeignet zur festen
Verlegung über oder unter Putz
(nicht zur unterirdischen Verlegung)
b) Kabel für unterirdische Verlegung
6. Schnüre, geeignet zum Anschluß beweglicher Kontakte (Schließstellen).

b) **Drähte innerhalb der Apparate**, die zur Verbindung
der einzelnen Apparatteile dienen, unterliegen nicht den vorstehenden Bestimmungen.

Allgemeines über Leitungsverlegung. Fest ver-
legte Leitungen müssen durch ihre Lage oder besondere Ver-
kleidung vor mechanischer Beschädigung geschützt sein, ab-
gezweigte Schnüre bedürfen, wenn sie rauher Behandlung ausgesetzt sind, eines besonderen Schutzes, Anschlußstellen von
solchen Schnüren müssen von Zug entlastet sein. Ungeerdete
blanke Leitungen dürfen nur auf Isolierkörpern verlegt werden
und müssen voneinander, sowie von Gebäudeteilen, Eisenkonstruktionen u. dgl. in einem der Spannweite, dem Drahtgewicht
und der Spannung angemessenen Abstand entfernt sein. **Freileitungen.** Zu diesen genügen im freien Gelände zur Anbringung der Isolatoren im allgemeinen Holzmaste, deren Zopf-
stärke in keinem Falle einen Durchmesser von 10 cm unterschreiten darf. Nach den verkehrspolizeilichen Vorschriften
muß die untere Leitung an öffentlichen Wegen mindestens 3 m,
bei Kreuzungen mindestens 4,5 m von der Straßenoberfläche
entfernt sein. Die Stangenabstände sollen im allgemeinen
zwischen 60 bis 80 m liegen. Hartgezogene Kupfer- oder
Bronzedrähte dürfen nur an solchen Stellen durch Lötung
verbunden werden, die von Zug entlastet sind. Auf Zug be-
anspruchte Verbindungen müssen mit Hilfe von Verbindungs-
röhren oder ähnliche Vorrichtungen hergestellt werden. Die
Verwendung der in der Starkstromtechnik benutzten Isolatoren ist in Fernmeldeanlagen unzulässig. **Leitungen in
Gebäuden.** Bei Verlegung von isolierten ungeerdeten Leitungen unmittelbar auf dem Mauerwerk muß die Befestigung
der Leitung derartig ausgeführt sein, daß die Isolierhülle durch
das Befestigungsmittel nicht beschädigt wird. Durch Wände,
Decken und Fußböden sind die Leitungen so zu führen, daß
sie gegen Feuchtigkeit mechanische und chemische Beschädigungen dauernd gesichert sind. Rohre sind so zu verlegen,
daß eine Ansammlung von Kondenswasser vermieden wird.
An Freileitungen angeschlossene Innenleitungen sind an der
Einführungsstelle durch Blitzableiter und Schmelzsicherungen
vor atmosphärischen Entladungen und Übertritt von Starkstrom zu schützen.

Kabel.

Es ist darauf zu achten, daß an den Befestigungsstellen
der Bleimantel nicht eingedrückt oder verletzt wird. Rohrhaken
sind unzulässig.

Kabel mit feuchtigkeitsicherer oder wasserdichter Schutzhülle, deren Adern nicht feuchtigkeitsicher isoliert sind, müssen
beim Aufteilen gegen das Eindringen von Feuchtigkeit geschützt werden. Umwickeln mit Isolierband genügt hierfür
nicht.

Zur Verlegung in Erde sind bewehrte Kabel zu verwenden,
blanke Bleikabel nur dann, wenn sie in geeigneter Weise gegen
mechanische und chemische Einflüsse geschützt sind.

Fernmeldeanlagen in feuchten, durchtränkten und ähnlichen Räumen sowie im Freien.

Für die Apparatgehäuse müssen feuchtigkeitssichere Stoffe verwendet werden. Metallteile sind gegen Oxydieren zu schützen.

Blanke stromführende Apparateteile, wie z. B. Anschlußklemmen, müssen im Gehäuse derart angeordnet werden, daß die Wirkungsweise der Apparate durch feuchten Niederschlag oder angesammeltes Kondenswasser nicht beeinträchtigt werden kann.

Die Leitungseinführungen in das Innere der Apparate sind gegen unmittelbare Benetzung durch Regen, Tropf- oder Spritzwasser zu schützen.

Apparate und Leitungschnüre müssen feuchtigkeitsicher isoliert sein. Enden von Kabeln mit nicht feuchtigkeitsicherer Isolierung müssen durch Endverschlüsse geschützt werden.

Fernmeldeanlagen in explosionsgefährlichen Räumen.

a) Bei Apparaten müssen alle stromführenden Teile so abgeschlossen sein, daß weder Wasser eintreten noch durch entstehende Funkenbildung Explosionsgefahr auftreten kann. Von außen kommende blanke Leitungen müssen in jedem Falle durch Sicherungen geschützt werden, die außerhalb des Raumes anzubringen sind. Anlagen zur Sicherung von Leben und Sachwerten. Derartige Anlagen sind, abgesehen von den Alarmapparaten, für die auch häufig Arbeitsstrom verwendet wird, nur für Ruhestrom einzurichten. Die Schaltung ist derart durchzubilden, daß bei einer Meldung der Gefahr mindestens an einer Empfangsstelle unmittelbar der Empfangsapparat in Tätigkeit gesetzt wird. Dieser muß ein optisches und akustisches Zeichen geben und gleichzeitig die Meldestelle und, falls mehrere Meldestellen in einer Leitung liegen, deren Bezirk erkennen lassen. Die Hauptempfangsstelle muß Meßgeräte enthalten, die dauernd die Größe des Ruhestromes erkennen lassen, und Apparate, die eine Unterbrechung und einen die Anlage gefährdenden Erdschluß selbsttätig optisch und akustisch anzeigen. Bei öffentlichen Feuermelde- und Polizeirufanlagen müssen Vorkehrungen getroffen sein, die eine Außerbetriebsetzung der Anlage bei einem Leitungsbruch nicht zulassen. Bei Einbruchsmeldeanlagen muß ein besonderer Alarmapparat vorgesehen sein, der bei gewaltsamen Eingriffen in die Schaltung, z. B. Leitungsunterbrechung, Batterieentfernung, in Tätigkeit tritt. Zur Unterscheidung von anderen Freileitungen sind für Feuermelde- und Alarmwecker-Stromkreise rote Isolatoren zu verwenden.

Die Isolatoren müssen dem Modell RP II der Reichstelegraphenverwaltung entsprechen.

Zu Freileitungen darf nur Bronzedraht von mindestens 1,5 mm Durchmesser mit wetterfester Umhüllung verwendet werden.

Innerhalb der Gebäude darf nur Gummiaderdraht zur Verlegung kommen. Die Befestigung der Leitung mit Nägeln oder Krampen direkt auf der Wand ist unzulässig. Die Leitungen dürfen nur in Rohr verlegt werden oder müssen mit einer diesem gleichwertigen Schutzhülle umgeben sein (Rohrdraht oder Bleikabel). Eine Ausnahme darf nur bei selbsttätigen Feuermeldeanlagen insofern gemacht werden, als hier die Verlegung auf Rollen zulässig ist.

Die Isolationswiderstände dürfen folgende Werte nicht unterschreiten: Gegen Erde mit allen angeschlossenen Apparaten 200 000 Ohm, Leiter gegeneinander mit einpolig angeschlossenen Apparaten 400000 Ohm. Die Meßspannung muß mindestens 100 Volt betragen.

Bei Feuermelde- und Polizeirufanlagen dürfen Außenstromkreise nicht parallel von einer gemeinsamen Batterie gespeist werden. Für die örtlich zu betätigenden Apparate ist eine getrennte Batterie erforderlich. Für jede Batterie muß eine gleich große Reservebatterie vorhanden sein. Beide Batterien sind wechselnd in Betrieb zu nehmen. Die Kapazität der Batterie ist so zu bemessen, daß die Anlage mindestens 200 Stunden mit einer Batterie betrieben werden kann.

Bei selbsttätigen Feuermeldeanlagen bis zu 15 Stromkreisen genügt eine Betriebs- und eine Reservebatterie. Bei solchen selbsttätigen Feuermeldeanlagen, bei denen die zentrale Empfangseinrichtung für mehr als 15 Meldeschleifen vorgesehen ist, braucht nur für 30 bis 50 Meldestromkreise je eine Batterie und Reservebatterie vorhanden zu sein.

Leitsätze für den Anschluß von Schwachstromanlagen an Niederspannungsstarkstromnetze durch Transformatoren oder Kondensatoren (mit Ausschluß der öffentlichen Telegraphen- und Fernsprechanlagen).

Allgemeines.

1. Zwischen den Starkstrom- und den Schwachstromleitungen darf eine leitende Verbindung nicht bestehen.

2. An den Transformatoren und Kondensatoren müssen die Anschlüsse für die Starkstrom- und für die Schwachstromseite elektrisch und räumlich zuverlässig voneinander getrennt und leicht zu unterscheiden sein.

3. Die Starkstromklemmen müssen der Berührung entzogen sein.

4. Die Bestimmungen des § 10 der Vorschriften für die Errichtung elektrischer Starkstromanlagen nebst Ausführungsregeln des Verbandes Deutscher Elektrotechniker finden Anwendung.

5. Die Starkstrom- und die Schwachstromleitungen müssen in den Installationen unterscheidbar und in einem angemessenen Abstand voneinander verlegt werden.

Transformatoren.

6. Kleintransformatoren, die zum Betrieb von Schwachstromanlagen dienen, müssen als solche gekennzeichnet werden.

7. Kleintransformatoren, die zum Anschluß von Schwachstromleitungen bestimmt sind, müssen entweder derart gebaut oder mit solchen Schutzvorrichtungen versehen sein, daß bei dauerndem Kurzschluß der Sekundärklemmen die von außen zugänglichen Teile der Apparate eine Temperaturerhöhung von nicht mehr als 100° C erfahren.

8. Die Primär- und Sekundärwicklungen müssen auf getrennten Spulenkörpern befestigt sein.

9. Die sekundäre Spannung darf bei offenem Transformator 30 Volt nicht überschreiten.

10. Für die Isolationsprüfung gelten die Bestimmungen der Normalien für Bewertung und Prüfung elektrischer Maschinen und Transformatoren.

Batterien.

Mit Ausnahme von Feuermeldern und Polizeirufanlagen genügt bei Sicherungsanlagen die Verwendung einer gemeinsamen Betriebs- und Reservebatterie für alle Stromkreise.

Bei Sammlerbatterien ist mindestens jede Betriebsbatterie mit der zugehörigen Reservebatterie auf einem besonderen Gestell aufzustellen.

Die Umschaltung von der Betriebs- auf die Reservebatterie muß ohne Stromunterbrechung erfolgen. An die

Stromquelle der Sicherheitsanlagen dürfen keine anderen Stromverbraucher angeschlossen werden.

Die Anlagen zur Sicherung von Leben und Sachwerten dürfen von keiner Batterie aus gespeist werden können, die in Aufladung begriffen ist. Der Betrieb einer solchen Anlage mittelbar oder unmittelbar aus einem vorhandenen Starkstromnetz ist unzulässig.

Ausgenommen sind Fälle, in denen das Auftreten einer Gefahr, lediglich einer elektrischen, aus einem Spannungszustand entstehen kann. Die Gefahrmeldeanlage darf dann auch aus dieser Spannungsquelle betrieben werden, wobei durch die Schaltung gewährleistet sein muß, daß die Gefahrmeldeanlage durch Betriebsvorgänge nicht früher als die zu schützende Einrichtung spannungslos werden kann.

Nur für Alarmzwecke kann Starkstrom unter Verwendung von besonderen Organen, die den Übertritt von Starkstrom in die Anlage unmöglich machen, verwendet werden. Es müssen aber dann neben den Starkstromapparaten auch Alarmeinrichtungen vorgesehen werden, die von den besonders für die Anlagen vorgesehenen Stromquellen gespeist werden. Beide Alarmvorrichtungen müssen jedoch stets gleichzeitig zwangläufig betrieben werden.

Isolationen.

Eine gute Isolation der Leistungen gegeneinander und gegen Erde ist für einen zuverlässigen Betrieb einer Fernmeldeanlage notwendig. Fernmeldeanlagen sind nach ihrer Fertigstellung hinsichtlich ihres Isolationszustandes zu prüfen.

Im allgemeinen genügt eine Prüfung der Leitungen auf Betriebsfähigkeit (z. B. Weck- und Sprechverständigung). Ist die Betriebsfähigkeit ungenügend, so ist die Anlage im einzelnen (Isolation, Widerstand der Leitung, Apparate) nachzuprüfen.

V. D. E.-Leitsätze für Maßnahmen an Fernmelde- und an Drehstromanlagen im Hinblick auf gegenseitige Näherungen.

(Nach V.D.E. 321, auszugsw.)

Diese erst kürzlich in Kraft getretenen Leitsätze berücksichtigen von den Fernmeldeleitungen Fernsprechleitungen und mit Wechselstrom betriebene Eisenbahn-Blockleitungen. Telegraphenleitungen werden durch Drehstromleitungen im allgemeinen nicht gestört. Maßnahmen an neuen Fernmeldeanlagen. Fernsprechleitungen sind als Doppelleitungen, Eisenbahnblockleitungen mit erdfreier Rückleitung herzustellen. Die mit den Außenleitungen verbundenen Einführungskabel sollen bis zum Anschlußpunkt der Blitzableiter so beschaffen sein, daß sie kurzzeitig induzierte Längsspannungen bis zu 1000 Volt ertragen. Um die zu Knallgeräuschen Anlaß gebende Betätigung der Blitzableiter durch Fernwirkung auf Drehstromanlagen zu vermeiden, ist die Ansprechspannung der Blitzableiter so hoch zu wählen, als es die Betriebssicherheit der technischen Einrichtung zuläßt. Die geringst zulässige Ansprechspannung ist 300 Volt. Wenn Einrichtungen bestehen, durch die ohne wesentliche Beeinträchtigung des Fernsprechbetriebes das Auftreten von Knallgeräuschen zuverlässig verhütet werden kann, sind sie in den Fernsprechleitungen anzubringen. In Eisenbahnblockleitungen sind nur Blitzableiter mit Ansprechspannungen über 500 Volt zulässig, damit sie nicht durch die möglichen induzierten Längsspannungen betätigt werden können. In Sprechstellung geerdete, gegen Erde unsymmetrische Apparate, Schaltungen und Einrichtungen sollen an Fernsprechleitungen für den Weitverkehr nur mit Übertragern angeschlossen werden. Nach Möglichkeit sind auch Fernsprechleitungen für den Schnellverkehr und für Netzgruppen in gleicher Weise zu behandeln. Zur Herabminderung induzierter Längsspannungen sind die Fernsprechleitungen in geeigneten Fällen durch Zwischenschalten von Übertragern elektrisch zu unterteilen. Bei Fernsprechdoppelleitungen sollen die beiden Leitungszweige nach Stoff und Stärke der Drähte vollkommen übereinstimmen. Widerstandsunterschiede in den eingeschalteten Stromsicherungen sind unzulässig. Feste oder lösbare Verbindungen in den Leitungen und Einrichtungen sind so herzustellen und zu unterhalten, daß keine für die Sprechströme schädlichen Übergangswiderstände (Kontaktfehler) vorkommen. Die Ableitung soll möglichst gering und in den beiden Leitungszweigen möglichst gleich sein. Das Gesagte gilt sinngemäß auch für die Stämme eines Vierers. Durch Einbau von Schleifenkreuzungen und Platzwechsel ist eine für den Sprechverkehr ausreichende Symmetrie der Stämme und Vierer herzustellen. Ausreichende Symmetrie besteht, wenn die Leitungen den Anforderungen genügen, welche die Deutsche Reichspost an ihre Leitungen stellt. Die Länge eines Kreuzungsabschnitts soll nach Möglichkeit 1 km nicht überschreiten. Ein Kreuzungsabschnitt ist der dem Kreuzungsverfahren zugrunde liegende Abstand zweier Kreuzungsgestänge der Fernsprechlinie. Maßnahmen bei neuen Näherungen. Diese sind unabhängig von der Kostenfrage an der Drehstromanlage, an der Fernmeldeanlage oder an beiden Anlagen in einer Weise zu treffen, welche die technisch und wirtschaftlich beste Lösung bilden. Die beste Lösung ist in allen Fällen die Einhaltung eines ausreichenden Abstandes zwischen den beiden Anlagen, sofern sie technisch durchführbar ist. Eine Näherung ist ein Nebeneinanderlauf zwischen einer Fernmeldeleitung und einer Drehstromleitung in einer solchen Länge und in einem solchen Abstande, daß durch die elektrischen oder magnetischen Felder der Drehstromleitung in der Fernmeldeleitung mit technischen Mitteln nachweisbare Spannungen erzeugt werden können. Bestehende Drehstromleitungen innerhalb von Näherungen gelten als Neuanlagen, wenn die Spannung erhöht wird und die Näherungen nicht von vornherein für die höhere Spannung bemessen worden sind. Maßnahmen zur Verhinderung gefährlicher Knallgeräusche in Fernsprechleitungen. Gefährdung durch Knallgeräusche ist bei Verwendung von Kopffernhörern möglich, wenn beim Schalten einer erdfehlerhaften Drehstromleitung ohne Nullpunkterdung durch Influenz eine elektrische Arbeit von mehr als 2/100 J (Wattsekunden) auf eine Fernsprechdoppelleitung übertragen wird. In Fernsprecheinzelleitungen ist ein Betrag von über 6/100 J als gefährlich anzusehen. Gefährdung durch Knallgeräusche ist ferner möglich, wenn der beim Auftreten eines Erdschlusses in einer Drehstromleitung mit Nullpunktserdung entstehende Dauerkurzschlußstrom, soweit er sich durch die Erde ausgleicht, in einer Fernsprechleitung eine Spannung gegen Erde (Längsspannung) induziert, deren Effektivwert 400 Volt bei Fernsprechdoppelleitungen, 100 Volt bei Fernsprecheinzelleitungen übersteigt. Wenn in den Fernsprechleitungen der Näherung Einrichtungen vorgesehen sind bzw. werden, die das Auftreten von Knallgeräuschen in den Fernhörern zuverlässig verhüten, wird eine Gefährdung in obigem Sinne nicht angenommen, doch darf mit Rücksicht auf die geringe Sicherheit der Fernsprecheinrichtungen gegen Durchschlag und auf die Gefährdung von Personen, die blanke Teile der Fernsprecheinrichtung berühren, die effektive Längsspannung 1000 Volt auch nicht für kurze Zeit (Ausschaltzeit) übersteigen. Durch elektrische Unterteilung der Fernsprechleitungen mit Hilfe von Übertragern innerhalb der Näherungsstrecke läßt sich die Längsspannung verringern. Wenn durch diese Maßnahme der Betriebswert der Fernsprechleitungen nicht unzulässig verschlechtert wird. Maßnahmen gegen Störungen des Betriebes in Fernsprechleitungen. Unter Berücksichtigung der bereits bestehenden Näherungen zwischen der gleichen Fernsprechleitung und der gleichen Drehstromleitung oder anderen Drehstromleitungen muß die Länge der Näherung zwischen einer Fernsprechleitung und einer Drehstromleitung so klein oder der gegenseitige Abstand so groß gewählt werden, daß durch das elektrische Wechselfeld der Spannungsoberschwingungen der erdfehlerfreien Drehstromleitung der Betrieb in der Fernsprechleitung nicht gestört wird.

Näherungen, die bei dem Inkrafttreten der Leitsätze vorhanden sind, brauchen nicht berücksichtigt zu werden, wenn trotz Überschreitens der Störungsgröße keine geeigneten Schutzmaßnahmen getroffen sind. Wenn nicht sichergestellt ist, daß nach dem Auftreten eines Erdfehlers in einem Drehstromnetz ohne Nullpunktserdung der davon betroffene Leitungteil oder die Drehstromleitung auf der Näherungsstrecke innerhalb drei Stunden abgeschaltet wird, soll die Näherung so bemessen werden, daß durch das elektrische Wechselfeld der Spannungsoberschwingungen der erdfehlerhaften Drehstromleitung der Betrieb einer Fernsprechdoppelleitung nicht gestört wird. Bei Fernsprecheinzelleitungen ist die Erfüllung dieser Forderung im allgemeinen nicht durchführbar.

Bei der Bemessung der Näherung bleiben Drehstromleitungsstrecken, die derart verdrillt sind, daß auf jeden Kreuzungsabschnitt in der Fernsprechlinie mindestens ein voller Umlauf in der Drehstromleitung entfällt, außer Betracht, sofern der gegenseitige Abstand auf der Umlaufstrecke gleich bleibt oder sich um nicht mehr als 10% ändert.

Als Länge der Näherung gilt ihre wirkliche Länge, für die Störung des Betriebes in Fernsprechdoppelleitungen jedoch höchstens die Störungslänge. Störungslänge ist die größte Länge des keine Kreuzungen enthaltenden Abschnittes einer Fernsprechdoppelleitung, der bei dem in der Fernsprechlinie angewendeten Kreuzungsverfahren vorkommen kann. Wenn die Störungslänge durch den Einbau zusätzlicher Kreuzungen in die Fernsprechlinie nach Maßgabe der grundsätzlichen Kreuzungsverfahren verkürzt werden kann, so soll die Verkürzung über die Näherung hinaus genügend weit ausgedehnt werden, um eine wesentliche Verschlechterung des Induktionsschutzes der Fernsprechleitungen gegeneinander zu verhüten.

Hinsichtlich der Oberschwingungsspannungen in einer Drehstromleitung wird vorausgesetzt, daß sie in ihrer Gesamtheit die gleiche Störwirkung ausüben wie eine Schwingung der Kreisfrequenz 5000 mit einer effektiven Spannung gleich $^1/_{50}$ der Nennspannung der Drehstromleitung.

Für Doppelleitungen, die mit günstigstem Ausgleich ihrer elektrischen Felder angeordnet sind (ETZ 1921, S. 1262), wird als störende Spannung ebenfalls $^1/_{50}$, bei fehlendem Ausgleich $^3/_{100}$ der Nennspannung angenommen. Besteht die Drehstromlinie aus Leitungen verschiedener Nennspannungen, so gilt als störende Spannung $^1/_{50}$ der höheren, vermehrt um $^1/_{100}$ der niedrigeren Nennspannung.

Eine Betriebstörung ist möglich, wenn die in der Fernsprechleitung erzeugte Geräuschspannung $^1/_{100}$ Volt, bezogen auf eine Schwingung der Kreisfrequenz 5000, übersteigt.

Wenn bei der Erweiterung eines Drehstromnetzes, dessen Leitungen noch nicht planmäßig verdrillt sind, auf der Näherungsstrecke die Fernsprechleitungen durch die Spannungsunsymmetrie des Drehstromnetzes gegen Erde störend beeinflußt werden, so ist der Spannungsausgleich durch geeignete Maßnahmen, z. B. Vertauschen von Leitern an Abzweigungen, in

Schalthäusern, Kraft- und Umspannwerken soweit wie möglich zu verbessern.

Drehstromleitungen mit Näherungen sollen erstmalig nur außerhalb der Hauptfernsprechbetriebzeit (7 Uhr vorm. bis 8 Uhr nachm. an Werktagen) unter Spannung gesetzt werden.

Wenn während der Hauptfernsprechbetriebzeit (7 Uhr vorm. bis 8 Uhr nachm. an Werktagen) Drehstromleitungen in den Kraft- und Umspannwerken zum Auffinden von Erdfehlern geschaltet werden müssen, so ist dem Besitzer[1]) der Fernsprechleitungen, in denen durch solche Schaltungen schon bei früheren Gelegenheiten Gefährdungen durch Knallgeräusche verursacht worden sind, der Zeitpunkt vorher mitzuteilen, damit die gefährdeten Fernsprechleitungen vorsichtig bedient werden.

Drehstromleitungen mit Erdfehlern sind abzuschalten, sobald es die Betriebslage irgendwie gestattet, spätestens aber unbedingt nach drei Stunden. Wenn jedoch infolge des Erdfehlers wichtige Fernsprechleitungen des öffentlichen Verkehres oder Fernsprechleitungen, die zur Sicherung des Eisenbahnbetriebes dienen, unbenutzbar werden, muß die Abschaltung so schnell wie technisch möglich erfolgen, vorausgesetzt, daß dadurch nicht Menschenleben gefährdet, lebenswichtige Betriebe lahmgelegt oder sonst ein verhältnismäßig großer volkswirtschaftlicher Schaden verursacht wird.

Vorschriften für Außenantennen (Luftleiter).

(Nach V.D.E. 322 auszugsw.)

Die für den Bau von Außenantennen nach dem 1. Oktober 1925 gültigen Vorschriften gelten nicht für Balkonantennen, die über den Balkon nicht hinausragen und sich über nicht mehr als ein Stockwerk erstrecken, sowie auf Außenantennen, die nicht mehr als 5 m über dem Erdboden liegen und nicht länger als 25 m sind. Als Außenantennen sind Luftleiter anzusehen, deren Drähte ganz oder teilweise im Freien angeordnet sind. Sogenannte Dachbodenantennen müssen ebenso wie eigentliche Außenantennen durch Überspannungsschutz für höchstens 350 Volt, der außerhalb oder innerhalb des Gebäudes angebracht werden kann, gesichert sein. Ein im Gebäude befindlicher Überspannungsschutz muß nahe der Einführung in einem solchen Abstande von leicht entzündbaren Teilen liegen, daß deren Entzündung ausgeschlossen ist. Überschlagstrecken von etwa 0,1 mm Funkenlänge oder die bei Fernmeldeanlagen üblichen Luftleerblitzableiter mit Grobschutzfunkenstrecke sowie Glimmlampen sind als Überspannungsschutz geeignet. Bauerlaubnis. Öffentliche Plätze und Verkehrswege, sowie Bahnkörper und der Luftraum über ihnen dürfen nur mit Genehmigung der zuständigen Stellen benutzt werden. Bei Überkreuzung elektrischer Bahnen ist auch das Einverständnis des Bahnunternehmers erforderlich. Die Antennen einschl. ihrer Träger sollen das Straßen-, Stadt- und Landschaftsbild nicht stören. Sie sollen möglichst auf den von der Straßenseite abgelegenen Dachflächen liegen, sind also nach Möglichkeit so anzulegen, daß sie von den Straßen aus nicht zu sehen sind. Bauvorschriften. Als normale Baustoffe für Antennenleiter gelten Drähte aus Hartkupfer mit 40 kg/mm² Zugfestigkeit aus Bronze mit 50 bis 60 kg/mm² und Aluminium mit 18 kg/mm² Zugfestigkeit, und zwar in folgenden Maßen:

---

[1]) Bei der Reichspost die durch Fernsprecher oder sonst am schnellsten erreichbare Fernsprechbetriebstelle, bei der Reichsbahn eine besonders zu bezeichnende Dienststelle.

für eindrähtige Leitungen:

Bezeichnung	Durchmesser mm		Querschnitt mm² Rechnungswert
	Nennwert	Zulässige Abweichungen	
Hartkupferdraht	2,0	± 0,05	3,14
,,	2,5	± 0,05	4,01
,,	3,0	± 0,05	7,07
Bronzedraht II	1,5	± 0,05	1,76
,.	2,0	± 0,05	3,14
,,	2,5	± 0,06	4,91
,	3,0	± 0,05	7,07
Aluminium	3,0	± 0,05	7,07
,,	4,0	± 0,05	12,57

für mehrdrähtige Leitungen (aus Einzeldrähten gefertigt):

Bezeichnung	Durchmesser des Einzeldrahtes mm		Querschnitt mm² Rechnungswert	Drahtzahl und Aufbau
	Nennwert	Zulässige Abweichungen		
Hartkupferdraht oder	0,25	± 0,02	2,45	7 × 7
Bronzedraht II	0,4	± 0,03	6,2	7 × 7
Aluminium	0,4	± 0,03	6,2	7 × 7
,,	0,7	± 0,04	18,62	7 × 7

Der Durchhang der Antennenleiter ist so zu regeln, daß die Leiter bei Verkürzung durch Kälte und bei zusätzlicher Belastung durch Wind, Schnee und Eis noch eine dreifache Sicherheit aufweisen. Unter Zug stehende Antennenleiter und Abspanndrähte dürfen nicht aus zusammengesetzten Stücken bestehen sowie keine Knoten enthalten. Die Ösen der Antennenleiter müssen feuerverzinkte Kauschen erhalten. Gestänge. Alle Gestänge sowie die Rahen und Verankerungen müssen bei der auftretenden höchsten Beanspruchung mindestens eine dreifache Sicherheit aufweisen. Freistehende Rohrständer ohne Verankerung müssen so bemessen werden, daß sie auch bei Höchstbeanspruchung lotrecht stehen. Zum Abspannen der Antennen nach den Befestigungspunkten ist Volldraht (bei Eisen nicht unter 4 mm) oder Antennenlitze zu verwenden.

Abspannpunkte. Als solche dürfen Schornsteine, turmartige Aufbauten, Hausgiebel und Fahnenstangen nur dann Verwendung finden, wenn diese Teile den zu erwartenden Beanspruchungen gewachsen sind und wenn durch die Führung der Antennenleiter sowie der Abspannungen und Verankerungen der freie ungehinderte Zugang zu den Schornsteinen, deren Reinigung und die Ausführung sonstiger Arbeiten auf Dächern nicht beeinträchtigt werden.

1. Mit Rücksicht auf die Begehbarkeit der Dächer soll eine lichte Höhe von mindestens 2 m zwischen der Antenne und dem betreffenden Gebäudeteil vorhanden sein.

2. Bei Errichtung einer Antenne ist auf vorhandene Anlagen Rücksicht zu nehmen. Parallele oder nahezu parallele Führung zweier Antennen bewirkt starke Kopplung. Daher ist bei T- und L-Antennen ein Min-

destabstand der parallel geführten Teile von 5 m vorzusehen. Stehen die Drähte zweier Antennen senkrecht oder im Winkel zueinander oder kreuzen sie sich, so soll ihr Abstand an der Stelle der größten Näherung nicht unter 2 m sein.

Antennenleiter dürfen nicht über Gebäude mit weicher Bedachung (Stroh-, Rohr-, Ret-, Schindel-, Lehmschindel- und dgl. Dächer) geführt werden.

Sind Antennen gegen einen Baum abgespannt, so muß den Schwankungen durch den Wind Rechnung getragen werden.

Eiserne Dachständer, die als Gestänge dienen, müssen geerdet, hölzerne Dachständer mit Blitzableitern versehen werden. Für die Erdung der Gestänge bzw. der Blitzableiter genügt eine Verbindung mit geerdeten Metallteilen der Gebäude. Vorhandene Blitzschutzanlagen sind mit den Dachständern zu verbinden. Diese Erdungen sind als verzweigte Leitungen nach den Sonderbestimmungen für Blitzableiterbau mit einem Mindestquerschnitt bei Eisen von 50 mm², bei Kupfer 25 mm² auszuführen. Antennenableitungen. Der Querschnitt der Ableitung muß bis zum Überspannungsschutz bzw. bis zum Erdungsschalter mindestens der gleiche wie der für einen Antennenleiter vorgeschriebene sein. Bei mehrdrähtigen Antennen ist der Querschnitt entsprechend stärker zu nehmen.

Die Verbindung des Antennenleiters mit der Ableitung muß zweckmäßig durch fabrikmäßig hergestellte Klemmen, Kerbverbinder, Quetsch- oder Würgehülsen erfolgen. Klemmen, bei denen eine Schraube auf den Draht drückt, sind verboten.

Lötungen sind nur an von Zug entlasteten Stellen zulässig und mit Lötkolben auszuführen.

Antennenableitungen in und an Gebäuden müssen so geführt sein, daß mindestens 10 cm Abstand von offen verlegten Starkstromleitungen gewahrt bleibt.

Kreuzung von Hochspannungsleitungen, sowie von Fahrleitungen elektrischer Bahnen sind verboten, sofern die Betriebsspannung über 750 Volt gegen Erde beträgt. Bei Parallelführung darf der wagerechte Abstand keinesfalls weniger als 10 m betragen. Im Interesse eines guten Empfanges sind überhaupt alle Kreuzungen von elektrischen Starkstromleitungen (bis 250 Volt) usw. nach Möglichkeit zu vermeiden. Sind derartige Kreuzungen unumgänglich, so müssen wetterfest isolierte Litzen bzw. Drähte als Antennen verwendet werden, sofern nicht die Starkstromleitung isoliert ist. Kreuzungen von Telephonleitungen (Fernmeldeleitungen) dürfen nicht unter einem Winkel von 60° und in einem Abstande unter 1 m ausgeführt werden. Parallelführung im Abstande von weniger als 5 m ist verboten. Wenn bei Bruch der Antennenleiter eine Berührung mit einer nicht isolierten Fernmeldeleitung möglich ist, muß der Antennenleiter mit einer wetterfesten Isolierung versehen werden. Erdungsschalter. (Starkstromschalter für mindestens 6 Ampere) müssen an einem nahe der Einführung innen oder außen leicht zugänglichen Ort angebracht werden und sind bei Nichtbenutzung des Rundfunkapparates unbedingt einzuschalten. Erdleitungen (Schutzerdung) müssen mindestens den doppelten des für einen Antennenleiter vorgeschriebenen Querschnitt besitzen. Als ausreichende Schutzerdung gelten auch Wasserleitungen, Gasleitungen oder Heizungsrohre, wenn sie mit der Wasserleitung metallisch verbunden sind. Die Apparaterdung darf als Schutzerdung nur mitverwendet werden, wenn sie den vorstehenden Bedingungen entspricht. Bauausführung durch Fachleute. Antennenanlagen, bei denen Kreuzungen von Hochspannungs- und Niederspannungsleitungen in Frage kommen, dürfen nur im Einvernehmen mit dem Bahnunternehmer oder den Elektrizitätswerken durch anerkannte Fachleute ausgeführt werden.

XVI. Normen für Schwachstrom-Installation.

Bildzeichen für Schaltungszeichnungen zu Fernmeldeanlagen.

(Nach DIN = VDE 700.)

Allgemeine Richtlinien.

a) Isolierende Teile von Apparaten werden schräg schraffiert, nichtisolierende werden nicht schraffiert.

b) Kreuzungen werden stets rechtwinklig durchzogen.

c) Schließstellen (Kontakte) werden durch volle Dreiecke bezeichnet, die möglichst am festliegenden Teile der Schließstelle anzubringen sind.

d) Verbindungsstellen von Apparaten und Apparatteilen mit den Leitungen werden im allgemeinen nicht, solche von Leitungsteilen untereinander durch Punkte bezeichnet, gleichviel, ob die Verbindung durch Löten oder Schrauben erfolgt. Wird Wert darauf gelegt, die Art der Verbindung zu kennzeichnen, so wird die Lötöse oder Lötklemme durch einen Kreis, die Schraubklemme durch einen schräg durchstrichenen Kreis dargestellt.

e) Die Regelbarkeit der elektrischen Größen wird allgemein durch einen das Bild schräg durchkreuzenden Pfeil bezeichnet. Soll die stufenweise Regelbarkeit hervorgehoben werden, so wird sie durch eine Gleitschließstelle dargestellt.

f) Wird bei Spulen und Wicklungen der Eisenkern angedeutet, so geschieht dies allgemein durch einen Strich. Soll eine Unterteilung hervorgehoben werden, so geschieht durch zwei Striche. Kennzeichnung besonders feiner Unterteilungen durch drei Striche ist zulässig.

»Wiedergabe erfolgt mit Genehmigung des NDI. Verbindlich für die vorstehenden Angaben bleiben die DIN-VDE-Normen«. — Normblätter sind durch den Beuth-Verlag, G. m. b. H., Berlin SW 19, Beuthstr. 8 zu beziehen.

Kal. f. Schwachstrom-Install.   10

Nr.	Benennung	Bildzeichen	Kurzzeichen	Erklärung
1	Antenne		A	Antenne allgemein, besonders offene Antenne, Hoch- antenne Niedrigantenne, Hilfsantenne, Erdantenne Geschlossene An- tenne, Rahmen- antenne, Schlei- fenantenne
2	Ausgleich- Relais	s. Differential- relais für Tele- graphie (8)		
3	Ausgleich- stromzeiger	s. Stromzeiger (105)		
4	Batterie		B	Der kurze Strich ist der Pluspol, die Zahl gibt die Spannung in Volt an Vereinfachte Dar- stellung
5	Blitzableiter		Bl	Luftleer-Blitz- ableiter
6	Detektor		D	Detektor allgemein, besonders Kon- takt-, Kristall- u. Thermodetektor
7	Differential- galvanoskop	s. Stromzeiger (105)		

Nr.	Benennung	Bildzeichen	Kurz-zeichen	Erklärung	
8	Differential-relais für Telegraphie		R		
9	Drossel, Drosselspule		D	Selbstinduktions-spule mit Eisen-kern Doppeldrossel mit geschlossenem Eisenkern	
10	Druckknopf	s. Taste (108)			
11	Einbruch-melder		Em		
12	Elektrische Uhr	s. Uhr (116)			
13	Elektrisches Ventil	s. Ventil (119)			
14	Eisenkern für Spulen und Wicklungen	a b		a) offen b) geschloss. allgemein unterteilt all-gemein fein unter-teilt	s. allgemeine Richtlinien (1)
15	Erde		E		
16	Farb-schreiber		Fs	Arbeitstrom Ruhestrom	

10*

Nr.	Benennung	Bildzeichen	Kurz-zeichen	Erklärung
16	Farb-schreiber		Fs	Vereinfachte Dar-stellung
17	Fernhörer (Kopffern-hörer)		F	Fernhörer allge-mein, besonders magnetischer Fernhörer
				Kondensatorfern-hörer
			LF	Lautsprecher, Lauthörer
18	Fern-schreiber	s. Hughesapparat (45)		
19	Fernschreib-schütz	s. Telegraphen-relais (109)		
20	Fern-sprecher	s. Fernsprech-gehäuse (21), Handfernhörer (42)		
21	Fernsprech-gehäuse (Fern-sprecher)		T	für ZB (Zentralbatterie)
				für SA (Selbstanschluß)
				für OB (Ortsbatterie Induktoranruf)
				für RB (Rufbatterie Batterieanruf)

Nr.	Benennung	Bildzeichen	Kurzzeichen	Erklärung
22	Feuermelder		Fm	Geber ohne Fernsprecher
			FmT	Geber mit Fernsprecher
			Fma	selbsttätig (Gefahrmelder)
			Fm	Empfänger
23	Feuermelder mit Wächter-Überwachung (vereinigter Feuermelder)		fmW	s. auch Wächter-Überwachung (125)
24	Flacker-umschalter	s. Zeichengeber (134)		
25	Flemingrohr	s. Ventil (119), als Detektor auch Nr. 6		
26	Frequenz-messer	s. Meßgerät (72)		
27	Frequenz-wandler (ruhender)		Fq	p = primär s = sekundär
28	Funken-induktor	s. Übertrager (115) u. Selbstunter-brecher (95)		
29	Funkstelle			Funkstelle allgemein
				Sender
				Empfänger
				Sender und Empfänger

Nr.	Benennung	Bildzeichen	Kurz- zeichen	Erklärung
30	Funkenstrecke	—DC— —D|C— —D|o|o|C— (umlaufende Funkenstrecke)	Fs	Allgemein Löschfunken- strecke Mehrfach-Lösch- funkenstrecke Umlaufende Funkenstrecke
31	Gal- vanoskop	s. Stromzeiger (105)		
32	Gefahr- melder	s. Feuermelder (22)		
33	Gegen- gewicht		Gg	(Nicht Erdung über Konden- sator!)
34	Gegen- stromzeiger	s. Stromzeiger (105)		
35	Gegen- stromrelais, Gegen- stromschütz	s. Differential- relais für Tele- graphie (8)		
36	Gesprächs- zähler		GZ	
37	Gitterröhre		GR	Eingitter- röhre s. auch **Röhre** (88) Zweigitter- röhre

Nr.	Benennung	Bildzeichen	Kurz-zeichen	Erklärung	
38	Gleichrichter	.	Gl	mit flüssig. Kathode, z. B. mit 3 Anoden mit Glüh-kathode, Einphas.-Gleich-richter	s. auch Ventil (119) und Röhre (88), Pendel-Gleich-richter siehe Schütz (93)
39	Glimmlicht-lampe, Glimmlicht-röhre		Gi	Glimmlicht-Drosselröhre, Spannungs-reduktor s. auch Ventil (118)	
40	Glimmlicht-sicherung	s. Sicherung (96)			
41	Haken-umschalter	s. Umschalter (117)			
42	Handapparat, Hand-fernhörer		HF		
43	Hebeltaste	s. Taste (108)			
44	Heliumröhre	s. Leuchtröhre (65)			
45	Hughes-apparat (Hughes-Schreiber)		HG	Hughes-Geber (links der Trenn-linie)	
			HE	Hughes-Empfän-ger (rechts der Trennlinie)	
46	Hupe		Hu	s. auch Sirene (97)	

Nr.	Benennung	Bildzeichen	Kurzzeichen	Erklärung
47	Induktionsspule (für Fernsprechzwecke)		I	Zahlen ohne nähere Bezeichnung bedeuten den Gleichstromwiderstand in Ohm
48	Induktor		Ind	Vereinfachte Darstellung
49	Isolierteile			
50	Kegeltaste	s. Taste (108)		
51	Klappe		K	Rückstellklappe Vereinfachte Darstellung
52	Klemme	s. Verbindungsstelle (122)		
53	Klingeltransformator		Ktr	

Nr.	Benennung	Bildzeichen	Kurz-zeichen	Erklärung
54	Klinke		K	Zweiteilig Zweiteilig mit einfachem Unterbrecherkontakt Dreiteilig Dreiteilig mit einfachem Unterbrecherkontakt
				Dreiteilig mit doppeltem Unterbrecherkontakt
55	Klopfer		Kl	Vereinfachte Darstellung
56	Kondensator		C	Fest Beigeschriebene Zahlen bedeuten Veränderlich dürfen der siehe Angabe der Regelbarkeit Maßeinheit (82) (cm, μF oder F)
57	Kondensatorfernhörer	s. Fernhörer (17)		
58	Kontaktwerk für Wasserstandsfernmelder	s. Wasserstandsfernmelder (127)		

Nr.	Benennung	Bildzeichen	Kurz-zeichen	Erklärung
59	Koppler, Kopplungs-spule	s. Übertrager (115), s. Selbstinduk-tionsspule (94)		
60	Kraftmagnet			D = Drehmagnet H = Hebemagnet M = Auslöse-magnet
61	Künstliche Leitung	KL	KL	
62	Lampe	12V	L	Eine beigeschrie-bene Spannungs-angabe bedeutet die Nennspan-nung der Lampe in Volt
		X	LW	Lampenwider-stand
63	Läutwerk	s. Wecker (128)		
64	Leitung (s. auch 122)			Hauptstrom-leitung, z. B. Sprechader
				Nebenstrom-leitung, z. B. Zählader
				Leitungskreuzung
				Verdrillte Leitung
				Bewegliche Lei-tung
65	Leuchtröhre		H	Auch für Röhren ohne Innenelek-troden
66	Lichtbogen	X		
67	Lötösen-streifen			Für Aufbauzeich-nungen Eingeschriebene Zahlen geben an, wieviel-teilig der Lötösenstreifen ist

Nr.	Benennung	Bildzeichen	Kurzzeichen	Erklärung
68	Lötstelle	s. Verbindungs-stelle (122)		
69	Luftleiter	s. Antenne (1)		
70	Maschine	⊖	GM	Gleichstrom-maschine
		⊘		Wechselstrom-maschine für niedrige Fre-quenz Rufstrommaschine (RM)
		⊗	WM	Wechselstrom-maschine für Mittel- oder Ton-Frequenz
		⊗		Wechselstrom-maschine für Hochfrequenz
71	Mechanische Verzögerung für Schließ-stellen (Kontakte)			Beispiele für die Anwendung
72	Meßgerät	Ⓥ Ⓐ		V Spannungs-messer A Strommesser Ω Widerstands-messer f Frequenzmesser λ Wellenmesser Der eingeschriebe-ne Buchstabe gibt die Art des Meßgerätes an

Nr.	Benennung	Bildzeichen	Kurz-zeichen	Erklärung
73	Mikrophon		M	
			SM	Starkstrommikro-phon
74	Mikrotelephon	s. Handapparat (42)		
75	Morseapparat	s. Farbschreiber (16)		
76	Neonröhre	s. Leuchtröhre (65)		
77	Nummern-schalter, Nummern-scheibe		N	Vereinfachte Dar-stellungen
78	Pendel-Gleichrichter	s. Schütz gepolt (93)		
79	Photo-elek-trische Zelle	s. Ventil (119)		
80	Polizeiruf		Plz	Geber / Empfänger

Nr.	Benennung	Bildzeichen	Kurz-zeichen	Erklärung
81	Polwechsler		PW	
82	Regelbarkeit			allgemein, besonders stetig Feinregelbarkeit Beispiel stufenweise Regelbarkeit Beispiele: Abzweigwiderstand Gleitspule
83	Relais	s. Differentialrelais für Telegraphie (8), Schütz (93), Telegraphenrelais (109)		
84	Relaisunterbrecher	s. Selbstunterbrecher (95), Schütz (93), Zeichengeber (134)		
85	Resonanzrelais	s. Schütz (93)		
86	Rheostat	s. Widerstand (131)		
87	Ringübertrager	s. Übertrager (115)		

Nr.	Benennung	Bildzeichen	Kurzzeichen	Erklärung
88	Röhre: Aufbauteile		Kt An G	Röhre allgemein Röhre mit Gas- oder Luftfüllung Kathode Anode Glühelektrode, besond. Kathode Flüssige Elektrode, besond. Kathode Kalte, feste Elektrode Kalte, feste Elektrode mit Ventilwirkung Licht- (photo-) elektrische oder radio-aktive Kathode Gitter, Steuerelektrode (immer zwischen Anode und Kathode, zeichnen ohne Rücksicht auf die wirkliche Lage)
89	Ruftafel (Tableau)		RT	Gepolte Ruftafel
90	Rufstrommaschine	s. Maschine (70)	RM	
91	Schalter	s. Taste (108) und Umschalter (117)		

Nr.	Benennung	Bildzeichen	Kurz-zeichen	Erklärung
				Drosselschau-zeichen
92	Schauzeichen		Sz	Gitterschau-zeichen
				Sternschau-zeichen
93	Schütz (Relais)		R	Schütz mit 1 Schließstelle u. 1 Wicklung, auch Tikker (112) und Relaisunter-brecher (84)
				Schütz mit 1 Schließstelle u. 2 Wicklungen
				Schütz mit meh-reren Schließ-stellen
				Schütz mit unter-teiltem Kern
				Gepoltes Schütz, auch Pendel-Gleichrichter (78)
				Resonanzschütz
				Wechselstrom-schütz

Nr.	Benennung	Bildzeichen	Kurzzeichen	Erklärung
94	Selbst-induktions-spule	⟋⟋⟋⟋	L	1. Selbstinduktionsspule, allgemein 2. Wicklung, deren Selbstinduktivität (unmittelbar) von Bedeutung ist. 3. Drossel Bei Drosselspulen ohne Eisenkern ist der Buchstabe D und zweckmäßig die Höhe der abzudrosselnden Frequenz beizusetzen (z. B. $D \gtrsim$). In allen Fällen muß Eisen, wenn vorhanden, angedeutet werden (s. Eisenkern 14). Beigeschriebene Zahlen bedürfen der Angabe der Maßeinheit (cm, H, μH).
95	Selbst-unterbrecher		Su	Summer Transformator mit Selbstunterbrecher (z. B. Funkeninduktor)
96	Sicherung			a) Stromsicherungen
		⊣▭⊢	S	Hauptsicherung
		⊣▱⊢		Batteriesicherung oder Abzweigsicherung
		⊣▭⊢	s	Grobsicherung
		⊣□⊢		Feinsicherung

Nr.	Benennung	Bildzeichen	Kurz-zeichen	Erklärung
		b) Spannungsicherungen s. auch Blitzableiter (5)		
96	Sicherung			allgemein
				Glimmlichtsiche-rung
97	Sirene		Si	s. auch Hupe (46)
98	Spannungs-:messer	s. Meßgerät (72)		
99	Sprechhörer (Sprechgerät, Sprechzeug)	s. Handapparat (42)		
100	Steck-vorrichtung		St	
101	Stöpsel (Stecker)		S	langer Teil = Spitze mittlerer Teil = Hals kurzer Teil = Hülse Zwillingstöpsel
102	Strahler	s. Antenne (1)		
103	Stromart			Gleichstrom-Wechselstrom: Nieder-(Tief-) Fre-quenz bis 100 Per/s Mittel- (Ton-) Fre-quenz von 100 bis 10 000 Per/s Hochfrequenz über 10 000 Per/s Höchstfrequenz über 1 000 000 Per/s

Nr.	Benennung	Bildzeichen	Kurz-zeichen	Erklärung
104	Strommesser	s. Meßgerät (72)		
105	Stromzeiger		G	allgemein
			Gp	Gepolter Strom-zeiger
		A1 E2 / A2 E1	Gd	Gegenstromzeiger, Ausgleichstrom-zeiger (Differential-Galvanoskop)
106	Summer		Sm	
107	Tableau	s. Ruftafel (89)		
108	Taste		T	Hebeltaste mit Ar-beitsschließstelle
				Hebeltaste mit Ruheschließstelle
				Hebeltaste mit Wechselschließ-stelle
				Hebeltaste mit Wechselschließ-stelle (Morse-taste, Telegra-phiertaste)
				Kegeltaste (einfach)

Nr.	Benennung	Bildzeichen	Kurzzeichen	Erklärung
108	Taste		T	Kegeltaste mit Feststellung
				Kegeltaste mit Auslösung
				Kegeltaste mit Schleifkontakt
109	Telegraphenrelais (Fernschreibschütz)		R	
110	Thermoelement		Th	Thermokreuz
111	Thermorelais	s. Schütz (93)		
112	Tikker		Ti	s. auch Schütz (93)
113	Transformator	s. Klingeltransformator (53), Selbstinduktionsspule (94), Übertrager(115)		
114	Trennlinie			

Nr.	Benennung	Bildzeichen	Kurzzeichen	Erklärung	
115	Übertrager		Ü	Beispiele Regelbarer Übertrager (Regelbare Kopplungsspule) Ringübertrager (wenn Wert auf besondere Darstellung gelegt wird)	Bezüglich Eisenkern, Frequenz u. Maßangabe s. auch Selbstinduktionsspule (94) und Widerstand (131)
116	Uhr (elektrisch)		Uh Un	Hauptuhr Nebenuhr	
117	Umschalter		U	Kurbelumschalter (einfache u. mehrfache)	

Nr.	Benennung	Bildzeichen	Kurz-zeichen	Erklärung	
117	Umschalter			Hebelumschalter	
			U	Sitzumschalter	
				Umschalter für Tischgehäuse	
				Hakenumschalter	
118	Unter-brecher	s. Selbstunter-brecher (95), Schütz (93), Zeichengeber (134)			
119	Ventil (elektrisch)			allgemein	
			Vi	Ven-til-röhre, Ven-til-zelle	mit Glüh-kathode, auch Flemingrohr, Wehnelt-gleichrichter
					mit Glimm-licht, Glimmlicht-röhre, Glimmlicht-gleichrichter
					Photo-elektrische Zelle

Nr.	Benennung	Bildzeichen	Kurzzeichen	Erklärung	
120	Ventilröhre, Ventilzelle	s. Ventil (119)			
121	Veränderbarkeit	(s. Regelbarkeit (82)			
122	Verbindungsstelle			Verzweigungen	s. allgemeine Richtlinien (d)
				Lötöse oder Lötklemme Schraubklemme o. dgl.	
123	Verstärkergerät (Verstärkersatz)			Mittel- oder Tonfrequenz	Die Spitzen geben die Richtung, ihre Anzahl die Zahl d. Stufen der Verstärk. an, s. auch Gitterröhre (37)
				Hochfrequenz	
124	Verzögerung für Schließstellen (Kontakte)	s. mechanische Verzögerung für Schließstellen (71), Schütz (93)			
125	Wächter-Überwachung		WÜ	Geber mit einfach. Schließstelle (mit einfachem Kontakt)	
				Geber mit Laufwerk	
				Empfänger	

Nr.	Benennung	Bildzeichen	Kurzzeichen	Erklärung	
126	Wähler		W	LW = Leitungswähler VW = Vorwähler $1. GW$ = 1. Gruppenwähler DW = Dienstwähler Vereinfachte Darstellungen	
127	Wasserstandsfernmelder			Geber	Voll- und Leerkontaktgeber
		a	K		a) Kontaktwerk
		b	Z	Empfänger	b) Zeigerwerk zu a)
128	Wecker		W	Gleichstromwecker Einschlagwecker Wechselstromwecker Motorwecker	Eine beigeschriebene Zahl bedeutet den Widerstand des Weckers in Ohm

Nr.	Benennung	Bildzeichen	Kurzzeichen	Erklärung
129	Wellenmesser	s. Meßgerät (72)		
130	Wicklung	s. Widerstand (131) u. Selbstinduktionsspule (94)		
131	Widerstand	⊣⎍⎍⊢ ⎯⩗⩗⩗⎯ (⎍) ▬▬▬ ⎕	W (R)	1. Widerstand, allgemein 2. Wicklung, deren Selbstinduktivität nicht (unmittelbar) genutzt wird; z.B. Relais, Übertrager (Eisenkern im Bedarfsfall andeuten!) Induktionsfreier Widerstand, besonders bifilarer Selbstregelnder Widerstand Nichtmetallischer Widerstand Flüssigkeitswiderstand Beigeschriebene Zahlen bedeuten den Widerstand in Ohm. Andere Einheiten sind anzugeben
132	Widerstandslampe	s. Lampe (62)		
133	Widerstandsmesser	s. Meßgerät (72)		

Nr.	Benennung	Bildzeichen	Kurz-zeichen	Erklärung
134	Zeichengeber (Flacker-umschalter)		ZG	mit ungleichen Wechselzeiten
			FlU	mit gleichen Wechselzeiten
				Langsam-unterbrecher
				s. auch ; Schütz (93)
135	Zeigerwerk für Wasser-stands-fernmelder	s. Wasserstands-fernmelder (127)		

XVII. Vorbereitung der Kosten-anschläge für Schwachstromanlagen.

Die wichtigste Grundlage für die Ausarbeitung brauchbarer Angebote und Kostenanschläge sind genaue Unterlagen für den Projekteur.

Bei der Vielseitigkeit der heutigen Schwachstromtechnik beherrscht nicht jeder Installateur oder Akquisiteur die gesamte Materie vollkommen.

Ungenaue oder unvollständige Angaben über Situation, Umfang, Zweck, Verkehrsweise usw. können infolge der Rück-fragen zu großen Zeitverlusten führen, und den gesamten Erfolg einer Offerte in Frage stellen.

Um diese Nachteile auf das geringste Maß zu beschränken, sollen im Nachstehenden einige Fragebogen für die gebräuch-lichsten Anlagen, als Hilfsmittel für den Verkehr zwischen Ab-nehmer und Lieferant, gebracht werden, die zweckmäßig durch den Installateur auszufüllen sind.

Falls sich der Lieferant im Besitze des gleichen Fragebogens befindet, genügt für die Antwort lediglich die Anführung der Fragenummer ohne Wiederholung des Textes.

1. Signalanlagen.

Bei der Projektierung von Signalanlagen kommt es besonders auf die Wahl richtiger Signalapparate an, welche einerseits die erforderliche Lautstärke besitzen und andererseits auch den be-sonderen Einflüssen des Unterbringungsortes (Staub, chemische Einflüsse, Feuchtigkeit usw.) Rechnung tragen.

Besonders zu beachten ist die Lautstärke. Es muß sorgfältig erwogen werden, ob gewöhnliche Läutewerke, die neuerdings mit großem Erfolg angewendeten Signalhupen, oder Motorläute-werke bzw. Motorsirenen Verwendung finden sollen.

Vielfach wird seitens des Installateurs der Fehler gemacht, aus übertriebenen Sparsamkeitsgründen für geräuschvolle Räume mit besonders starken Geräuschen eine zu geringe Anzahl von Signalapparaten vorzusehen.

Die zweckmäßige Verteilung einer größeren Anzahl von Signalapparaten ist in solchen Räumen meistens empfehlens-werter als die Aufstellung eines Zentral-Signalapparates mit größerer Lautstärke.

In besonders ungünstigen Fällen wird vorheriges Auspro-bieren erforderlich sein und ev. Unterstützung der akustischen Signale durch Lichtsignale.

I. Fragebogen für eine Signalanlage.

1. Anzahl der Kontaktapparate?
   a) Innenräume?
   b) im Freien?

2. Anzahl der Signalapparate?
   a) Innenräume?
   b) im Freien?

3. Betätigung der Signalapparate erfolgt durch
   a) Druckknöpfe?
   b) elektrische Signaluhren?
   c) vorhandene Relais oder sonstige Kontaktvorrichtungen?
   Für Relais verwendete Stromart und Spannung ist anzugeben.

4. Als Signalapparate werden gewünscht:
   a) Läutewerke für Gleichstrom?
   b) Läutewerke für Wechselstrom?
   c) Signalhupen für Gleichstrom?
   d) Signalhupen für Wechselstrom?
   e) Motorsirenen?

5. Die Anlage soll betrieben werden
   a) durch Schwachstrom?
   b) durch Starkstrom?

6. Vorhandene Stromquellen?
   a) Elementbatterien, Größe? Zweck?
   b) Akkumulatoren, Größe? Zweck?
   c) Starkstromnetz Stromart, Spannung, Periodenzahl, Gleichstrom, Drehstrom, Zweiphasen- oder Einphasenstrom

7. Zweck der Anlage?

8. Größe der Räume?
   a) ohne Geräusche?
   b) mit lärmenden Geräuschen (Art)?

9. Erforderliche Reichweite der Signale im Freien?

10. Sind außergewöhnlich starke Geräusche zu übertönen?

11. Wird der Ton der im Freien anzubringenden oder aufzustellenden Signalapparate durch Gebäude, Berge oder dgl. begrenzt oder abgelenkt?

12. Länge der einzelnen Signale?

13. Wie oft täglich?

2. Telephonanlagen.

Bei Telephonanlagen ist in der Hauptsache zu unterscheiden, ob dieselben für reinen Hausverkehr oder für den in Deutschland und auch verschiedenen anderen Ländern zugelassenen kombinierten Post- und Hausverkehr bestimmt sind.

In bezug auf die Situation ist bei beiden Anlagen, falls mehrere Grundstücke miteinander in Verbindung gebracht werden sollen, eine genaue Angabe über die Lage derselben zu einander erforderlich, da bei Trennung derselben durch öffentliche Wege, Gewässer, fremde Grundstücke und dgl. gesetzliche Bestimmungen beachtet werden müssen, ein Umstand, dessen

Nichtbeachtung schon oftmals nachträglich zu Beanstandungen durch die Behörden geführt hat.

Bei Anlagen mit unregelmäßigem Verkehr empfiehlt sich die Benutzung des unter IV. angegebenen Verkehrsschemas.

II. Fragebogen für eine manuelle Telephonanlage.

1. Anzahl der Telephonstationen?

2. Anzahl der Gebäude?

3. Wie groß sind die Entfernungen zwischen den entferntesten Stationen?

   (Sofern die Stationen in mehrere Gebäude kommen, ist die Mitsendung einer Situationsskizze mit Angabe der Längen- und Breitenmaße der Gebäude und ihrer Abstände voneinander unter gleichzeitiger Einzeichnung der Lage der Stationen erforderlich.)

4. Welche Stationen sollen miteinander in Verkehr treten?

   (Falls nicht allgemeiner gegenseitiger Verkehr in Frage kommt, Angabe nach dem Verkehrsschema auf S. 174.)

5. Soll die Verbindung mehrerer Apparate durch eine von einer Person zu bedienenden Zentralstelle erfolgen, oder direkt von Apparat zu Apparat (Linienwähler)?

6. Falls Zentralumschalter gewünscht wird, welcher Raum kommt für die Aufstellung in Frage?

7. Sollen die Apparate Wand- oder Tischstationen sein und einfache oder bessere Ausführung?

8. Werden alle Apparate in trockenen Räumen untergebracht? Falls Ausnahmen, welche?

9. Sollen die Leitungen zur Verbindung mehrerer Gebäude als Kabel oder Freileitung verlegt werden?

10. Sind für erforderliche Freileitungen geeignete Stützpunkte in Abständen von 50 bis 100 m (Gebäude, Maste u. dgl.) vorhanden oder müssen Stangen gestellt werden?

11. Befinden sich in oder auf den Gebäuden Wasserleitungsanlagen, welche als Erdleitungen besonders geeignet sind?

Anmerkung: Für Anlagen mit Postverkehr ist der Fragebogen noch durch Fragebogen Nr. III zu ergänzen.

**III. Fragebogen für eine manuelle Telephonanlage
für Post- und Hausverkehr.**
(Janustelephonie.)

1. Anzahl der Posthauptanschlüsse?

2. Anzahl der Postnebenstellen?
   a) auf dem Grundstück des Hauptanschlusses gelegen?
   b) auf anderen Grundstücken gelegen,
   die durch öffentliche Wege usw. von
   dem Grundstück des Hauptanschlusses getrennt sind?
   (Größte Entfernung?)

3. Anzahl der Privatstellen
   a) auf dem Grundstück des Hauptanschlusses?
   b) auf anderen Grundstücken (größte
   Entfernung)?

4. Sollen die Nebenstellen während eines
   Postgespräches Rückfrage im Hausnetz
   halten können?

5. Die Postleitungen sind angeschlossen an
   Amt . . . .
   a) mit Anruf- und Schlußklappen, sowie Induktoranruf,
   b) mit Anrufklappen, automatischem
   Schlußzeichen und Induktoranruf,
   c) mit Glühlampenanruf, doppelseiti-
   gem Glühlampenschlußzeichen und
   Zentralbatteriebetrieb.

6. Sollen die Postnebenstellen mit dem
   Amt direkt oder durch Vermittlung einer
   Zentrale verkehren?

7. Sollen bei Verwendung einer Schrankzentrale dem Schrank auf den Postleitungen noch Nebenstellen vorgeschaltet
   werden, die ohne Vermittelung des
   Schrankes das Amt direkt anrufen können?
   a) wieviele?
   b) je auf wieviel Amtsleitungen?
   (Anmerkung: Laut Postvorschrift müssen auch die vorgeschalteten Nebenstellen,
   wenn sie nicht auf allen Amtsleitungen
   vorgeschaltet sind, noch von den übrigen
   Amtsleitungen des Schrankes zu erreichen
   sein.)

8. Bei Verwendung einer Vermittelungs-
   zentrale sollen die Anrufzeichen sein:
   a) Fallklappen?
   b) Rückstellklappen?
   c) Glühlampen?

9. Sollen bei einer ev. Schrankzentrale die
   Teilnehmerapparate automatischen Anruf nach dem Schrank besitzen? (Zulässig
   bei Rückstellklappen- und Glühlampen-
   schränken.)

10. Sollen nach Dienstschluß der Vermitte-
    lungsstelle Nebenstellen ohne Vermitte-
    lung des Schrankes direkt vom Amt aus
    angerufen werden können (Nacht-
    schaltung)? Welche?

11. Sollen bestimmte Stellen Mithörmög-
    lichkeit im Postverkehr haben?
    a) Welche?
    b) Auf wieviel Amtsleitungen?

12. Soll der Hausverkehr über eine Zen-
    trale erfolgen oder direkt durch Linien-
    wähler?

13. Welche Stationen sollen im Hause mit-
    einander in Verkehr treten? (Falls nicht
    allgemeiner gegenseitiger Verkehr in
    Frage kommt, Angaben nach nachstehen-
    dem Verkehrsschema.)

14. Ist bei Verwendung von Akkumulatoren
    Ladegelegenheit vorhanden und welche
    Netzspannung und Stromart steht zur
    Verfügung?

IV. Verkehrsschema einer Telephonanlage.

Nr.	Lage, Ge-bäude Nr.	Stockwerk	W = Wand T = Tisch	Post direkt	Post über Zentrale	Haus 1	Haus 2	Haus 3	Haus 4	Haus 5	Haus 6	Post	Haus
	Stations-bezeich-nung		Apparat-form	Station in Spalte 1 spricht (/) — spricht nicht (0) — mit Station								Rich-tungs-zahl	
1	1	E	W	/	/	/	/	/	/	/	/	2	6
2	1	E	W	/	/	/	/	/	/	/	/	2	6
3	2	I	T	/	/	0	0	/	/	0	0	2	2
4	3	I	T	/	0	/	/	/	0	/	0	1	4
5	6	II	W	0	0	/	/	0	0	/	/	—	4
6	6	I	T	0	/	/	0	0	/	/	/	1	4
7	7	E	T	/	0	0	0	/	/	0	0	1	2
8	8	II	W	0	0	/	/	0	0	0	0	—	2

V. Fragebogen für eine vollautomatische Zentral-
einrichtung für reinen Hausverkehr.

1. Wieviel Sprechstellen kommen in Frage?

2. Auf wieviel Anschlüsse soll die zu projektierende Anlage erweiterungsfähig sein?

3. Wie hoch ist maximal der Widerstand in den Teilnehmerleitungen?

4. Werden Teilnehmerleitungen als Freileitungen zum Haupt- und Rangierverteiler geführt?
Wenn ja, wieviel?

5. Welche speziellen Wünsche des Kunden sind zu berücksichtigen?

6. Sind Unterzentralen vorhanden bzw. ist später die Einrichtung eines Verbindungsverkehrs geplant?

7. Welcher Art sind die Unterzentralen?
Manuell oder automatisch?
Welches System?
Wieviel Teilnehmeranschlüsse liegen auf den Unterzentralen? (Je Unterzentrale getrennt anzugeben.)
In welcher Entfernung liegen die Unterzentralen zur Hauptzentrale?

8. Wieviel Verbindungsleitungen sind vorzusehen?

9. Wie hoch ist maximal der Widerstand pro Verbindungsleitung?

10. Soll auf den Verbindungsleitungen nur in einer Richtung gesprochen werden, oder ist doppeltgerichteter Verkehr vorzusehen?

11. Welche Netzspannung bzw. Stromart ist vorhanden?

12. Ist eine Nebenstellenzentrale vorhanden?
Halbautomat oder manueller Schrank?
Welches System?
Wieviel Anschlüsse liegen auf der Nebenstellenzentrale?
Amtsleitungen?
Innenliegende Nebenstellen?
Außenliegende Nebenstellen?
Querverbindungen?

13. Wieviel Teilnehmerstationen werden benötigt?
Tischstationen?
Wandstationen?
Apparate besonderer Konstruktion?
   (Wasserdichte, transportable, Grubenapparate.)

14. Wie sind die Stationen verteilt?
    (Gebäudepläne mit eingetragenen
    Sprechstellen.)

15. Wo soll die Wählereinrichtung aufgestellt
    werden?
    (Raumskizze des Zentralenraumes so-
    wie Batterieraumskizze.)

16. Wo soll die Akkumulatorenbatterie auf-
    gestellt werden?
    (Raumskizze, Entfernung vom Zen-
    tralenraum.)

VI. Fragebogen für eine automatische Nebenstellen-zentrale für den Postverkehr.

1. Wieviel Amtsleitungen kommen in Frage?

2. Wieviel Nebenstellen innenliegend?
   Wieviel Nebenstellen außenliegend?

3. Wieviel Querverbindungen?

4. Wieviel Nebenstellen sollen Rückfrage-
   möglichkeit erhalten?
   Innenliegende?
   Außenliegende?

5. Die Anlage soll erweiterungsfähig sein
   auf:
   Amtsleitungen?
   Innenliegende Nebenstellen?
   Außenliegende Nebenstellen?
   Querverbindungen?

6. Soll auf den Amtsleitungen nur in einer
   Richtung gesprochen werden oder soll
   doppelt gerichteter Amtsverkehr vor-
   gesehen werden?
   Bei Richtungsverkehr:
   Ankommende Amtsleitungen?
   Abgehende Amtsleitungen?

7. Wie hoch ist maximal der Widerstand
   in den Nebenstellenleitungen?
       a) Innenliegende?
       b) Außenliegende?

8. Wie hoch ist der maximale Widerstand
   in den Querverbindungsleitungen?

9. Liegen die Teilnehmerleitungen in Kabel
   oder sind dieselben als Freileitungen zum
   Haupt- und Rangierverteiler geführt?

10. Art des Ortsamtes?
    OB — ZB — SA.

11. Wohin führen die Querverbindungen?
Zentralentype (Hersteller, Belegung usw.)

12. Welche Art der Besetztkontrolle wird gewünscht?
    a) gemeinsame Besetztlampe für sämtliche Nebenstellen bzw. Knackkontrolle?
    b) Besetztlampe pro Nebenstelle gemeinsam für Haus- und Postverkehr?
    c) Besetztlampe pro Nebenstelle für Haus- und Postgespräche getrennt?

13. Wieviel Arbeitsplätze sind vorzusehen?

14. Welche Sonderausführungen von Stationen werden gewünscht?
    (Vorschaltstation, Sekretärstation usw.)

15. Wieviel Teilnehmerstationen werden benötigt?
    a) Tischstationen?
       1. einfache Stationen,
       2. Stationen mit Rückfrage.
    b) Wandstationen?
       1. einfache Stationen,
       2. Stationen mit Rückfrage.
    c) Apparate besonderer Konstruktion?
       (Wasserdichte, transportable Grubenapparate.)

16. Wie sind die Teilnehmerapparate verteilt?
    (Gebäudepläne mit eingetragenen Sprechstellen.)

17. Ist eine Hauszentrale vorhanden?
    (Automatisch oder manuell, System, Belegung.)

18. Wieviel Anschlußleitungen zur Hauszentrale sind vorzusehen?

19. Wo soll die Zentraleinrichtung aufgestellt werden?
    (Raumskizze des Zentralenraumes.)

20. Wieviel Meldeleitungen sind zwischen Haus- und Nebenstellenzentrale vorzusehen?

21. Welche Netzspannung ist vorhanden bzw. welche Stromart?

22. Wo soll die Akkumulatorenbatterie aufgestellt werden?
    (Raumskizze, Entfernung vom Zentralenraum.)

3. Wächter-Kontrollanlagen.

Im allgemeinen werden folgende Systeme ausgeführt:

1. Jede Kontrollstelle besitzt Verbindung mit einem Elektromagneten des Registrierwerkes. Bei Betätigung des Kontrollkontaktes wird die Nummer der betätigten Kontrollstelle mit Zeitangabe vermerkt.

2. Für die Kontrollstellen eines bestimmten Rundganges (Bezirkes) erfolgt gemeinsame Registrierung.

3. Nach Ablauf einer bestimmten Zeit erfolgt ein Alarmsignal, falls der Wächter bis dahin nicht alle Kontakte des Bezirkes betätigt hat.

VII. Fragebogen für Wächter-Kontrollanlagen.

1. Wieviel Kontrollstellen kommen in Frage?
   a) in trockenen Räumen?
   b) in feuchten Räumen?

2. Wieviel Wächter sind für die Bedienung der Anlage vorgesehen?

3. Wieviel Kontrollstellen soll jeder Wächter bedienen?

4. In welcher Zeit kann ein Wächter seinen Rundgang erledigt haben?

5. Soll von jeder Kontrollstelle aus eine Registrierung erfolgen?

6. Soll nur nach Beendigung eines Rundganges eine Registrierung erfolgen?

7. Wie soll die Registrierung erfolgen? (Durch Punktmarkierung oder durch Nummerndruck?)

8. Soll nach Ablauf einer bestimmten Zeit, falls der Wächter bis dahin den Rundgang nicht beendet hat, ein Alarmwecker ertönen?

9. Wird die Wächter-Registrieruhr zum Anschluß an eine elektrische Hauptuhrenanlage gewünscht? Z. F. nach welchem System arbeitet die Uhrenanlage?

4. Wasserstandsfernmelder.

Wasserstandsfernmelder dienen zur optischen, akustischen oder optisch-akustischen Anzeigung der Höhenveränderungen in Wasser- und ähnlichen Behältern auf elektrischem Wege.

Die Höhenveränderungen werden durch Schwimmer und Seil auf die Kontaktapparate oder Kontaktwerke übertragen, die mit den Meldeapparaten durch Freileitungen in Verbindung stehen.

Je nach Anforderung wird Vollalarm, Leeralarm, Voll- und Leeralarm oder auch laufende Anzeigung des Wasserstandes erreicht, letztere ev. in Verbindung mit Voll- und Leeralarm.

Auch zur Anzeigung des Standes von Gasometerglocken sind dieselben geeignet.

VIII. Fragebogen
für eine elektrische Wasserstands-Fernmelderanlage.

1. Was soll mit der Anlage erreicht werden?
   a) Voll- oder Leeralarm durch Wecker?
   b) Voll- und Leeralarm durch Wecker mit Anzeigung von »Voll« und »Leer« an einem Tableau?
   c) Übertragung des Wasserstandes durch ein Kontakt- auf ein Zeigerwerk mit ständiger Ablesung. in Abständen von 10:10 cm (5:5 cm), mit (ohne) Registriervorrichtung, mit (ohne) Voll- und Leeralarm?
   d) Sind mehrere Zeigerwerke erwünscht und wieviele? (Lage zueinander?)

2. Beschaffenheit des Wasserbehälters, eisernes Hochreservoir, gemauertes Bassin, offen, abgedeckt, ruhiges, fließendes, reines, verunreinigtes Wasser. Skizze bzw. Zeichnungen beifügen. Bei Verunreinigungen Stoffe angeben.

3. a) Höchster Wasserstand Meter?
   b) Tiefster Wasserstand Meter?

4. Befindet sich in der Nähe des Wasserbehälters oder nahe des Aufstellungsortes des Kontaktapparates ein zur Aufstellung der Batterie geeigneter, trockener Raum?

5. Wie groß ist die Entfernung zwischen Behälter, Pumpstation, Kontrollort und etwaigem zweiten Beobachtungsort?

6. a) Ist Freileitung oder Kabel gewünscht?
   b) Sind für Freileitung Stützpunkte vorhanden, zutreffendenfalls welche und in welchen Abständen?
   c) Kann die Leitung an vorhandenen Gestängen entlanggeführt werden, und was für Leitungen tragen dieselben jetzt?

7. Ist mit der Meldeanlage eine Fernsprechanlage zu veranschlagen?
   a) mit besonderer Leitung?
   b) mit derselben Leitung?
   c) wieviel Telephonapparate kommen in Frage und wo sind dieselben anzubringen?

8. Bestehen an den für die Freileitung zu
benutzenden Wegen schon elektrische
Leitungen? (Starkstrom-, Telegraphen-,
Fernsprechleitung)

    a) Wem gehören dieselben?

    b) Müssen derartige Leitungen ge-
kreuzt werden, und in welcher
Höhe sind dieselben geführt?

9. Treffen diese Voraussetzungen auch für
etwaiges Kabel zu?

Anmerkung: Einsendung einer Bassinzeichnung und eines
Situationsplanes ist dringend erforderlich.

IX. Fragebogen für eine Haus-Feuermeldeanlage.

1. Kommen für die Anlage nur automatisch
wirkende Feuermelder oder nur von Hand
zu betätigende Druckknopfmelder in
Frage?

2. Sind in ein und derselben Anlage sowohl
automatisch wirkende, als auch von
Hand zu betätigende Druckknopfmelder
vorzusehen?

3. Wieviel automatische Feuermelder werden im ganzen benötigt?

4. Wieviel Druckknopfmelder werden im
ganzen benötigt?

5. Wieviel von den in 3. und 4. angefragten
Meldern sind voraussichtlich zu einer
Schleife zu vereinigen?

6. Für wieviel Meldestellen ist der Klappenschrank einzurichten, d. h. wieviel An-
zeigeklappen sind vorzusehen?

7. Wieviel von den unter 4. angefragten
Druckknopfmeldern werden im Freien
montiert?

8. Soll die Alarmierung nur in der Zentralstelle am Klappenschrank erfolgen, oder
ist noch eine zweite Neben-Alarmstelle
vorzusehen?

9. Muß der Betrieb der Anlage mit primären
Elementen erfolgen, oder können hierfür
Akkumulatorenbatterien verwendet wer-
den?

10. Ist zum Laden der Akkumulatorenbatterien bereits eine Ladevorrichtung
vorhanden?

11. Welche Netzspannung und welche Stromart befindet sich zum Laden der Akkumulatoren bereits am Platze?

12. Wird für die Anlage voraussichtlich Kupfer, Bronze, Zink oder Eisendraht als
Leitungsmaterial verwendet, und welchen Durchmesser erhält der Draht?

13. Welche Drahtlänge ist für die längste
Schleife anzunehmen? (Hin- und Rückleitung zusammen?)

5. Lichtsignalanlagen.

Lichtsignalanlagen vermeiden die Nachteile der rein akustischen Signalanlagen mit ihren für Fremdenzimmer, Kranken-
zimmer usw. störenden Glockengeräuschen. Die Signale erfolgen vorwiegend optisch; Glockenzeichen werden nur noch in
geschlossenen Personal-Aufenthaltsräumen verwendet und
auch da nur in Form von Einschlagglocken.

Die Lichtsignalanlage muß sich, wenn sie ihren Zweck erfüllen soll, der Bauart und Einteilung der betreffenden Lokali-
täten und der Organisation der Bedienung anpassen.

Am gebräuchlichsten sind folgende Systeme:

1. Die Zimmer erhalten auf dem Korridor 1- bis 3teilige
Signallampen. Bei Betätigung eines Rufknopfes leuchtet
die entsprechende Signallampe auf, welche den rufenden
Bezirk nebst Art der gewünschten Bedienung signalisiert,
unterstützt durch eine Bezirkslampe an den Korridor-
ecken.

   In der Office wird ebenfalls Rufart und Bezirk angezeigt.

2. Ausführung wie 1., jedoch ergänzt durch ein Zimmer-
tableau in der Office mit 1 bis 3 Lampen pro Zimmer.

3. Ausführung ohne Zimmeranzeigung auf den Korridoren
und mit Anzeigung jedes rufenden Zimmers durch ein
Lampentableau in der Office mit 1 bis 3 Bedienungslampen
pro Bezirk neben den Zimmerlampen, unterstützt durch
Bezirkslampen auf den Korridoren, welche die Rufart
anzeigen.

   Kontrollvorrichtungen im Büro und beim Portier
können mannigfach angebracht werden, und zwar sowohl
mit Anzeigung des Rufbezirkes als auch der Rufart und
des rufenden Zimmers.

X. Fragebogen über eine Lichtsignalanlage.

1. Anzahl der Zimmer mit Rufkontakten
für Wand?
   a) Einfachruf?
   b) Zweifachruf?
   c) Dreifachruf?

2. Anzahl der Tischkontakte?
   a) Einfachruf?
   b) Zweifachruf?
   c) Dreifachruf?

3. Anzahl der Badekontakte (auch für Bal-
kons, Veranden, feuchte Behandlungs-
räume usw.)?
   a) Einfachruf?
   b) Zweifachruf?
   c) Dreifachruf?

4. Anzahl der Zimmerlampen (bei mehreren Bezirken Angabe der Gesamtzahl für jeden einzelnen Bezirk)?

5. Anzahl der Abstellkontakte?

6. Anzahl der Bedienungsbezirke? (Bei mehreren Bezirken pro Etage ist Angabe der Zahl erforderlich.)

7. Anzahl der Etagen?

8. Anzahl der Offices? (Falls mehrere für jeden Bedienungsbezirk oder jede Etage in Frage kommen, ist nähere Angabe über die Verteilung erforderlich, desgleichen, falls eine Trennung zwischen weiblichem und männlichem Personal erfolgt.)

9. Was soll durch ev. Zimmerlampen angezeigt werden?
   a) allgemeine Bedienung?
   b) Unterscheidung des Rufes »Kellner«, »Mädchen«, »Diener«?

10. Wo soll der Zimmerruf ankommen?

11. Soll im Bedienungsraum das rufende Zimmer angezeigt werden? (Hierbei wird bei getrennter Bedienung nicht angezeigt, welche Bedienungsperson gewünscht wird.) Die Abstellung erfolgt hierbei entweder am Tableau oder im Zimmer.

12. Soll im Bedienungsraum die Art der gewünschten Bedienung angezeigt werden? (Hierbei bleibt das rufende Zimmer im Bedienungsraum unbekannt. Dieses wird erst der dem Rufe folgenden Bedienungsperson durch die verschiedenfarbigen Korridorlampen bzw. durch die Zimmerlampen kenntlich gemacht.)
   Die Abstellung erfolgt hierbei zweckmäßig an der Zimmertür.

13. Soll das rufende Zimmer und die Art der gewünschten Bedienung angezeigt werden? (Kombination von 11. und 12.)
   Abstellung erfolgt zweckmäßig von der Zimmertür aus.

14. Sollen auf den Korridoren sowie an Korridorkreuzungen und -zugängen Bedienungslampen angebracht werden, welche die Art der gewünschten Bedienung kennzeichnen?

15. Soll in der Bedienung selbst bei Tag und Nacht ein Unterschied gemacht werden? (Zutreffendenfalls welcher?)

16. Wird eine Überwachung der Bedienung (Wiederholung der Signale an einer oder mehreren Kontrollstellen gewünscht?.
    a) wo? (Hotelchef, Büro, Portier.)
    b) durch Wiederholung der Anzeigung des rufenden Zimmers?
    c) durch Anzeigung der Rufart für jeden Bezirk?
    d) durch Anzeigung der Rufart für jede Etage?
    e) durch allgemeine Anzeigung der Rufart ohne Unterscheidung des Rufes?
    f) welche Unterschiede sind bei Tag und Nacht in der Kontrolle vorzusehen?

    (Falls mit Nachtumschaltung, von welcher Stelle aus soll dieselbe erfolgen?)

17. Art und Spannung des zur Verfügung stehenden Starkstromes?

18. Spannung und Kapazität der etwa vorhandenen Akkumulatorenbatterie?

19. Soll mit der Signalanlage für die Logier- bzw. Krankenräume eine Signalanlage für den Wirtschaftsbetrieb verbunden werden (Kellner-Rufanlage mit Lichtsignalen)?
    a) für wieviel Kellner?
    b) an wieviel Stellen sollen hierfür Lichtsignale aufleuchten?

Anmerkung: Angabe der Bedienungsorganisation ratsam, Pläne erforderlich. Bei größeren Anlagen mit mehreren Offices in jeder Etage sind die Bedienungsbezirke genau anzugeben. Bei kleineren Anlagen, in denen die Bedienung nicht etagenweise getrennt ist, ist genau anzugeben, von welcher Etage aus die Bedienung erfolgt.

6. Leitungsanlagen.

XI. Fragebogen über eine Leitungsanlage.

1. Wie sind die Innenleitungen zu verlegen?
    a) in Drähten?
    b) als Kabel?
    c) auf Putz?
    d) unter Putz?
    e) auf Isolierrollen?
    f) in Isolierrohr?
    g) davon in trockenen Räumen Meter?
    h) davon in feuchten Räumen Meter?

2. Wie sollen die Außenleitungen verlegt werden?
    a) als Freileitung?
    b) als Luftkabel?
    c) als Erdkabel?
    d) als Unterwasserkabel?

3. Sind Stützpunkte für Freileitungen vorhanden? (Gebäude, Maste oder dgl.) oder
   müssen Masten aufgestellt werden?

4. Falls etwa Gestänge vorhanden sind,
   welche Leitungen tragen dieselben jetzt
   schon?

5. Können die Leitungsmasten an Ort und
   Stelle beschafft werden?

6. Bestehen an den für die Freileitung zu
   benutzenden Wegen schon elektrische
   Leitungen (Starkstrom-, Hochspannungs-,
   Telegraphen-, Fernsprechleitungen)?
   a) Wem gehören dieselben?
   b) Müssen derartige Leitungen gekreuzt
      werden, oder in welcher Höhe sind
      dieselben geführt?
   c) Abstand derselben von der Schwach-
      stromleitung?

7. Treffen diese Voraussetzungen auch für
   etwaiges Kabel zu?

8. Zahl und Lage der Abzweigstellen, soweit
   dieselben nicht aus einem eingesandten
   Plan hervorgehen?

9. Wie sind die Bodenverhältnisse für etwaige Erdarbeiten?

    Anmerkung: Soweit nicht aus einem mitgesandten Plane
ersichtlich, sind bei den einzelnen Fragen die Längen in Metern
unter Angabe der Adernzahl erforderlich.
    Zweckmäßig ist in allen Fällen die Einsendung von Lage-
plänen mit eingezeichnetem zulässigen Leitungswege.
    Bei Starkstromleitungen ist Angabe der Spannung er-
forderlich.

7. Gebäude-Blitzschutzanlagen.

    Von dem veralteten System der Verwendung von Platin- und
Kupferspitzen als Auffangevorrichtungen und von Kupfer für
Ab- und Erdleitungen ist man in neuerer Zeit und vor allen
Dingen infolge der kriegswirtschaftlichen Verordnungen vollkommen abgekommen. Man begnügt sich mit Auffangevorrichtungen aus oben zugespitztem Rundeisen und mit Eisen-
seil oder Bandeisen als Ab- und Erdleitungen, sowie mit Eisen-
platten als Erdleitungskörper und benutzt mehr als bisher die
in den Gebäuden vorhandenen Metallmassen.

XII. Fragebogen für eine Blitzableiteranlage.

1. Welches sind die Abmessungen der Gebäude:
   a) die Länge?
   b) die Breite?
   c) die Höhe bis zur Traufe?

d) die Höhe von der Traufe bis zum First?

(Sofern mehrere Gebäude eines Grundstückes mit Blitzableiter versehen werden sollen, ist der Lageplan der Gebäude unter Angabe ihrer Längen-, Breiten- und Höhenmaße, sowie ihrer Abstände voneinander nötig.)

2. Wie tief liegt der Grundwasserspiegel in der Nähe der betreffenden Gebäude?

3. Sind Brunnen in der Nähe der Gebäude vorhanden?

a) Sind es Kessel- oder Röhrenbrunnen?
b) Wird aus dem Brunnen Gebrauchswasser für Menschen oder Tiere entnommen?
c) Wie weit sind die Brunnen von dem Gebäude entfernt?

4. Wie ist der Boden beschaffen?
(Gewöhnlicher Erdboden, Felsen, Lehm, Ton oder Sand.)

5. Wie sind die einzelnen Gebäude eingedeckt? (Ziegel, Schiefer (auf Latten oder Schalung), Holzzement, Pappe, Stroh.)

6. Sind Schornsteine vorhanden, und wieviele?
Wie weit sind dieselben von dem First entfernt?

7. Befinden sich in dem Gebäude Metallmassen von größerer Ausdehnung?
(Wasser- und Gasleitungen, eiserne Treppen, Träger, Säulen, Maschinen.)

8. Liegt das Haus in einer Ebene, einem Tal oder einer Anhöhe?

9. Sind hohe Häuser, Schornsteine oder Bäume in der Nähe? Die Höhe dieser Objekte und ihr Abstand von den zu schützenden Gebäuden ist anzugeben!

10. Besitzt ein Gebäude Fahnenstangen oder Zierspitzen?
a) von Holz oder Metall?
b) Art der Spitze? (Holz oder Metall.)
c) Ist die Stange umlegbar?
d) Höhe der Stangen oder Spitzen?

11. Blitzableiter für Dampfschornsteine?
a) Höhe des Schornsteins?
b) Ist der Schornstein außen oder innen mit Steigeisen versehen?
c) Ist der Schornstein im Betrieb, und kann derselbe für Blitzableiterarbeiten außer Betrieb gesetzt werden?

Anmerkung: Bei größeren Anlagen ist der Fragebogen möglichst durch Einsendung eines Lageplanes zu ergänzen.

8. Kassensicherungsanlagen.

XIII. Fragebogen für eine Kassensicherungsanlage.

1. Anzahl der zu sichernden
   a) Türen?
   b) Fenster?
   c) Tresors?
   d) Geldschränke?
   e) Kassetten?

2. Genügt ein allgemeines Alarmsignal für die ganze Anlage ohne Kenntlichmachung des alarmierenden Kontaktes?

3. Soll der Alarmort durch eine Tableaukappe kenntlich gemacht werden?
   a) für jeden einzelnen Kontakt?
   b) für mehrere Kontakte gruppenweise zusammengefaßt (zutreffendenfalls, welche bzw. wieviele)?

4. Wo soll der Alarmapparat untergebracht werden?

5. Wird außer diesem ein zweites Alarmsignal gewünscht, und wo?

6. Größte Entfernung zwischen dem weitesten Kontakt und dem Alarmapparat?

7. Falls Leitungsmaterial vorhanden, Angabe des Durchmessers und des Materials?

8. Sollen die Räume, in welchen sich die zu sichernden Gegenstände befinden, außerdem durch telephonische Belauschung kontrolliert werden?

9. Lautsprecheranlagen.

XIV. Fragebogen für eine Lausch-, Lautsprech- und Diktieranlage.

1. Sollen durch die Anlage laute Befehle oder Diktate wiedergegeben werden?

2. Erfolgt die Übermittlung von einer oder mehreren Stellen aus?

3. Falls es sich um eine Lauschanlage handelt, wieviel Räume sollen kontrolliert werden (Größe der Räume)?

4. Ist der Abhörraum ruhig, oder welche Geräusche sind in demselben?

5. Nach wieviel Stellen soll die Übermittlung erfolgen?

6. Soll bei Lautsprechanlagen der Verkehr ein einseitiger sein oder korrespondierend?

7. Ist bei Anlagen mit mehreren Haupt- und Nebenapparaten gegenseitige Besetztanzeigung durch Glühlampensignale erwünscht?

8. Wird bei Diktieranlagen Wert darauf gelegt, daß der Diktierende frei im Gebrauch der Hände ist oder der Aufnehmende, unabhängig vom normalen Gebrauch des Mikrophons?

   (Im ersteren Falle muß der Aufnehmende sich eines Kopfbügeltelephons und. eines Brust- oder Handmikrophons bedienen, im letzteren Fall der Diktierende sich eines Mikrotelephons.)

9. Größte Entfernung zwischen dem weitesten Geber und Empfänger?

10. Sollen Wand- oder Tischapparate verwendet werden?

11. Größe, Zweck und Spannung etwa vorhandener Akkumulatorenbatterien?

12. Ist Ladegelegenheit für eine Akkumulatorenbatterie vorhanden und welche Stromart und Netzspannung steht zur Vergung?

Anmerkung: In das Lauschmikrophon muß bei Diktieranlagen in normaler Weise direkt gesprochen werden; für Lauschanlagen hat jedes Mikrophon einen Wirkungsbereich von etwa 2 bis 4 m. Die Lautwiedergabe für Lautsprechanlagen erstreckt sich in ruhigen Räumen bis auf ca. 10 m Entfernung vom Telephon.

Bei mit Verstärkern arbeitenden sog. Saal-Lautsprechanlagen ist genaue Angabe der Situation erforderlich.

10. Motorsirenen.
XV. Fragebogen für Motorsirenen.

Bestimmte Reichweiten für Motorsirenen können unter keinen Umständen garantiert werden, da hierbei zu sehr die örtlichen Verhältnisse, insbesondere der Aufstellungsort und die Umgebung desselben zu berücksichtigen sind. Die in den Preislisten angegebenen Reichweiten sind deshalb, wenn auch sorgfältig ermittelt, nur annähernde und gelten bei Aufstellung der Sirene auf einem hochgelegenen freien Ort und für Hörbarmachung im Freien. Für Hörbarmachung in geschlossenen Räumen gelten dieselben nicht.

1. Welchem Zweck soll die Sirene dienen?

2. Wie lange soll die Sirene nach jeder Einschaltung laufen?

3. Wird der abzugebende Ton der Sirene scharf begrenzt gewünscht und sollen ev. für unterschiedliche Signale mehrere kurz aufeinanderfolgende Töne (Morsesignale) abgegeben werden oder kann der Ton der Sirene langsam ausheulen?

4. Wird beabsichtigt, mit der Sirene in bestimmten Zeitabständen bestimmte automatisch wiederkehrende Signale (z. B. Nebelsignale) abzugeben?

5. Soll die Sirene im Innern von Gebäuden oder im Freien (auf Türmen, Dächern usw.) aufgestellt werden?

6. Wie groß (Meter im Radius) ist das Gebiet bei Aufstellung im Freien, in welchem die Sirene noch gehört werden soll?
(Zusendung eines Situationsplanes ist zur Ausarbeitung einer genauen Offerte unerläßlich, Bildansicht des Ortes oder des Werkes ist vorteilhaft.)

7. Sind außergewöhnlich starke Geräusche zu übertönen, wenn ja, welcher Art sind dieselben?

8. Soll die Sirene, wenn im Freien aufgestellt, auch im Innern von Gebäuden mit lautem Betrieb gehört werden, wenn ja, welcher Art ist der Betrieb bzw. welche Geräusche sind in diesem Betriebe zu übertönen?

9. Ist der Aufstellungsort stark dem Wetter ausgesetzt?

10. Welches ist die vorherrschende Windrichtung?

11. Stehen der Fortpflanzung des Sirenentones Hindernisse durch hohe Gebäude, Baumgruppen, Hügel, Gebirge usw. entgegen?

12. Soll die Einschaltung der Sirene von Hand am Aufstellungsort geschehen?

13. Kommt Ferneinschaltung der Sirene in Frage, so sind Angaben darüber erforderlich, in welcher Weise die Einschaltung durchgeführt werden soll und was dafür bereits vorhanden ist.

14. Welche Stromart und Spannung steht am Aufstellungsort der Sirene zum Betriebe zur Verfügung (Gleich-, Dreh-, Zweiphasen- oder Einphasenstrom)?

15. Können bei höheren als normalen Spannungen Vorschaltwiderstände bzw. Transformatoren verwendet werden oder soll der Anschluß direkt an das Starkstromnetz erfolgen?

16. Soll die Sirene durch unser Montagepersonal aufgestellt werden, was besonders bei größeren Sirenen bzw. bei solchen mit begrenzter Signalabgabe zu empfehlen ist?

XVIII. Tabellen.

1. Technische Tabellen.

Spezifischer Leitungswiderstand fester Körper bei 20° C.

Stoff	Spezifischer Leitungs-widerstand	Änderung für 1° C Temperaturerhöhung für Temperaturen zwischen 0 u. 30° C
Aluminium	0,03 — 0,05	+ 0,0039
Aluminiumbronze . .	0,12	+ 0,001
Antimon	0,5	+ 0,0041
Blei	0,22	+ 0,0041
Eisen	0,10 — 0,12	+ 0,0045
Konstantan	0,5	— 0,00003
Kupfer	0,017—0,018	+ 0,0037
Manganin	0,42	± 0,00001
Messing	0,07 — 0,08	+ 0,0015
Neusilber	0,15 — 0,51	+ 0,0002 bis + 0,00007
Nickel	0,15	+ 0,0087
Nickelin	0,40 — 0,44	+ 0,00022
Platin	0,12 — 0,16	+ 0,0024 bis 0,0035
Quecksilber	0,95	+ 0,00091
Silber	0,016—0,012	+ 0,0034 bis 0,0040
Stahl	0,10 — 0,25	+ 0,0052
Wismut	1,2	+ 0,0037
Zink	0,06	+ 0,0042
Zinn	0,10	+ 0,0042
Kohle	100 — 1000	— 0,0003 bis — 0,008

Tabelle der Widerstände von Kupferdrähten.

Durch-messer in mm	Quer-schnitt in qmm	Widerstand pro m in Ohm bei 20° C	Durch-messer in mm	Quer-schnitt in qmm	Widerstand pro m in Ohm bei 20° C
0,05	0,00196	8,95	0,45	0,1590	0,110
0,08	0,00503	3,487	0,50	0,1963	0,0893
0,10	0,00785	2,234	0,55	0,2376	0,0738
0,12	0,0113	1,553	0,60	0,2827	0,0621
0,13	0,0133	1,323	0,70	0,3848	0,0456
0,14	0,0154	1,140	0,80	0,5026	0,0349
0,15	0,0176	0,993	0,90	0,6362	0,0276
0,16	0,0201	0,872	1,00	0,7854	0,0223
0,17	0,0227	0,773	1,128	1,00	0,0175
0,18	0,0254	0,690	1,38	1,50	0,01167
0,19	0,0283	0,617	1,78	2,50	0,007
0,20	0,0314	0,558	2,26	4,00	0,00437
0,22	0,0380	0,462	2,76	6,00	0,00292
0,25	0,0491	0,357	3,57	10,0	0,00175
0,28	0,0616	0,285	4,52	16,0	0,00109
0,30	0,0707	0,248	5,65	25,0	0 0007
0,35	0,0962	0,183	6,68	35,0	0,0005
0,40	0,1257	0,134	7,98	50,0	0,00035

Tabelle für Widerstandsdrähte.

Durch- messer in mm	Nickelin (0,40) Widerstand pro m in Ohm	Manganin (0,42) Widerstand pro m in Ohm	Konstantan (0,50) Widerstand pro m in Ohm
0,05	204	214	255
0,08	79	83	99
0,10	51	53,5	64
0,11	42	44,2	52,6
0,12	35,4	37,1	44,2
0,13	30,3	31,6	37,8
0,14	26,3	27,6	32,9
0,15	22,6	23,7	28,3
0,16	19,9	20,9	24,9
0,17	17,6	18,5	22,0
0,18	15,7	16,5	19,6
0,19	14,1	14,8	17,6
0,20	12,7	13,3	15,9
0,22	10,5	11,0	13,1
0,25	8,1	8,5	10,2
0,28	6,5	6,8	8,1
0,30	5.66	5,94	7,07
0,35	4,16	4,37	5,20
0,40	3,18	3,34	3,98
0,45	2,51	2,64	3,15
0,50	2,04	2,14	2,55
0,55	1,68	1,77	2,10
0,60	1,41	1,48	1,77
0,65	1,20	1,26	1,50
0,70	1,04	1,09	1,30
0,75	0,91	0,95	1,13
0,80	0,80	0,84	0,99
0,85	0,71	0,74	0,88
0,90	0,63	0,66	0,79
0,95	0,56	0,59	0,70
1,00	0,51	0,53	0,64
1,20	0,354	0,371	0,442
1,50	0,226	0,237	0,283
1,80	0,157	0,165	0,196
2,00	0,127	0,133	0,159
2,50	0,081	0,085	0.102
3,00	0,057	0,059	0,071

2. Dielektrizitätskonstanten:

E gibt an, wievielmal die Kapazität eines Kondensators mit dem betreffenden Dielektrikum größer ist als bei Ersatz desselben durch den luftleeren Raum.

Äthylalkohol.. 26	Rizinusöl 4,6	Hartgummi
Azeton........ 21	Terpentinöl... 2,3	2,3 bis 2,7
Chloroform ... 5	Asphalt....... 2,7	Holz .... 2 bis 8
Äthyläther.... 4,4	Schwefel .... ca. 4	Porzellan 6
Paraffin 2,0	Glas ....5 bis 7	Glimmer 8
Petroleum 2,0	Bernstein 2,8	

3. Magnetisierbarkeit von Eisensorten.

Die Zusammenstellung gibt die Abhängigkeit der Induktion $\mathfrak{B}$ von der magnetisierenden Kraft $\mathfrak{H}$ bei geschlossenem Eisenkreis an. Die für eine bestimmte Eisenpfadlänge 1 erforderliche Amperewindungszahl $m \cdot I$ ist:

$$m \cdot I = \frac{\mathfrak{H} \cdot 1}{0.4 \cdot \pi} = 0,8 \cdot \mathfrak{H} \cdot 1.$$

$\mathfrak{H}$	Elek-trolyt-eisen	Stahl-guß	Schwed. Eisen	Guß-eisen	Stahl, weich	Magnet-stahl, ge-härtet	Dyna-mo-blech	
0,5	7200	7100	1000	—	---	---	2000	
1,0	•10200	10200	6350	—	40	20	6500	
5	14500	15000	13000	3000	500	350	12000	
10	15500	15700	14600	5200	1700	1000	14600	$\mathfrak{B}$
20	16200	16100	16100	6800	7000	3100	15800	
50	17100	17100	17100	8600	14000	8000	16800	
100	18000	18300	18100	10000	15800	11500	17500	
500	21700	21500	21100	14000	19000	12500	18000	

4. Koerzitivkraft C und Remanenz R von Eisensorten.

	C	R
Legiertes Dynamoblech	0.8	9900
Dynamoblech	0,9	10000
Weicheisen . . . . 0,7 bis	0,8	9900
Elektrolyteisen	0,3	10900
Stahlguß	0,37	12000
Gußeisen	4,60	5500
Stahl, weich	17	13000
Stahl, hart	52	7500
Wolframmagnetstahl (5% Wo)	65	10500
Wolframstahl (1,5% Wo)	55	9500
Chrommagnetstahl (3% Chr)	57	8000
Kobaltmagnetstahl	150	8000

5. Widerstände R in Ohm pro Kilometer Einfachleistung.

Drahtdurchmesser in mm	6　5　4,5　4　3　2　1,5	
Verzinkter Eisendraht	4,65 6,72 8,26 10,5 18,6 — —	} Ohm
Siliziumbronzedraht	0,67 1,02 1,19 1,52 2,67 6.02 14,4	

Widerstände von Kabeln aus verzinntem Kupfer pro Kilometer Doppelleitung.

Drahtdurchmesser in mm	0,6　0,8　1,5　2
Widerstand pro Kilometer in Ohm .	1,31　74　20　11,6　Ohm

6. Selbstinduktionen von Leitungen:
von Freileitungen pro Kilometer Doppelleitung.

Leiter-durchmesser in mm	Abstand der Drahtmitten in cm		
	25	50	75
1	0,0026	0,00286	0,00308
2	0,00232	0,00260	0,00274
3	0,00212	0,00242	0,00258
4	0,00204	0,00232	0,00248
5	0,00194	0,00222	0,00238
6	0,00186	0,00214	0,00230

} Henry

Von Kabeln gewöhnlicher Bauart: $0 \cdot 6 \cdot 10^{-3}$ bis $0,62 \cdot 10^{-3}$ Henry
Von Kabeln nach Karup: $8,65 \cdot 10^{-3}$ bis $10 \cdot 10^{-3}$ Henry.

7. Kapazität von Leitungen.
Von Freileitungen pro Kilometer Doppelleitung:
$a = $ Abstand der beiden Leiter in Zentimetern,
$d = $ Durchmesser des einzelnen Leiters in Zentimetern.

$\dfrac{2 \cdot a}{d}$	25	50	75	100	150	200	300	400
Kapazität in Mikrofarad	0,0165	0,014	0,013	0,012	0,011	0,0105	0,007	0,002

Von Kabeln pro Kilometer Doppelleitung
(Normalie der Reichspost):

Bezeichnung	Kupferdurchmesser in mm	Kapazität in Mikrofarad
Hauptkabel (Papier)	0,8	0,037
,, ,,	1,5	0,040
,, ,,	2,0	0,043
Anschlußkabel ,,	0,8	0,55
Faserstoffkabel	0,8	0,2

Man beachte: 1 Mikrofarad $= 10^{-6}$ Farad!
Von Karupkabel (Fehmarn-Laaland) $0,042 \cdot 10^{-6}$ Farad.

8. Ableitung von Leitungen.
Von Freileitungen pro Kilometer Doppelleitung:
$0,5$ bis $1 \cdot 10^{-6}$ Siemens.
Von gewöhnlichen Papierkabeln pro Kilometer Doppelleitung: $3 \cdot 10^{-6}$ Siemens.

9. Dämpfung und Sprechverständigung von Leitungen.

Gesamte Dämpfung $\beta \cdot 1$	Güte der Verständigung
2,0	ausgezeichnet und laut
2,5	sehr gut, mittellaut
3,0	gut, deutlich
3,5	ausreichend, nicht laut
4,5	mangelhaft, leise
5,0	kaum möglich, sehr leise

Kal. f. Schwachstrom-Install.   13

10. Tabelle über Konstruktion und Verwendungsart

A. Isolierte

Benennung	Verwendungszweck	Konstruktion	
Asphaltdraht	Geeignet z. festen Verlegung in dauernd trockenen Räumen über Putz	Kupferdraht, doppelt mit Papiergarn oder Papierband in entgegengesetzter Richtung umsponnen oder umwickelt und in geeigneter Weise imprägniert	
Draht mit Lack- (Emaille-) u. Faserstoffisolierung	Geeignet z. festen Verlegung in trockenen Räumen über Putz oder in Rohr unter Putz	Draht mit dichter Lackschicht überzogen, sodann zwei Umhüllungen, mit Isoliermasse getränkt	
Wachsdraht	Wie vorst.	Draht mit zwei Lagen Papierband in entgegengesetzter Richtung umsponnen[1])	
Gummiaderdraht	Geeignet z. festen Verlegung über Putz oder in Rohr unter Putz	Draht mit einer Umhüllung aus Gummi, darüber imprägnierte Umklöppelung aus Baumwollgarn	
Kabel ohne Bleimantel	Geeignet z. festen Verlegung in dauernd trockenen Räumen über Putz und für Kabelroste	Ausführung der Einzeladern wie vorstehend	Adern 1 2 3 4 1 2
Kabel mit Bleimantel	Geeignet für alle Räume und an der Außenseite von Gebäuden	Wie vorst., jedoch mit nahtlosem Bleimantel umpreßt	3 4 1 2 3 4 1 2 3 4

der gebräuchlichsten Schwachstromleitungen.

Leitungen.

Durchmesser des Leiters mm	Durchmesser der fertigen Leitung mm	Art des verwendeten Leiters	Querschnitt	Widerstand pro 100 m ca.Ohm	Gewicht 100 m ca. kg	Länge pro kg ca. m	Bemerkungen
0,8 0,9	1,6 1,9	}Kupfer	0.5 0,63	3,5 2,76	0,75 0,82	133 122	
1×0,8 2×0,8 3×0,8 4×0,8	3,6 4,0 4,6 5,0	}Kupfer	1×0,5 2×0,5 3×0,5 4×0,5	3,5:1 3,5:2 3,5:3 3,5:4	3,8 4,2 4,7 5,2	26,2 23,5 21,2 19,2	
1×0,8 2×0,8 3×0,8 4×0,8	5,4 6,0 6,5 7,0	}Kupfer	1×0,5 2×0,5 3×0,5 4×0,5	3,5:1 3,5:2 3,5:3 3,5:4	9,5 16,5 18,5 21,0	10,5 6,1 5,4 4,8	Außerdem werden geführt: Asphaltierte Bleikabel mit Bedeckung des Bleimantels m. einer Lage gut imprägnierter Jute. Bewehrte Bleikabel: mit Flach- oder Runddrähten umgeben u. m. ein. Lage gut imprägn. Jute bedeckt.

13*

Tabelle über Konstruktion und Verwendungsart

Benennung	Verwendungs-zweck	Konstruktion
Schnüre	Geeignet zum Anschluß beweglicher Kontakte	Die Kupferseele besteht aus verseilten Drähten von höchstens 0,2 mm Durchmesser; Gesamtquerschnitt mindestens 0,3 mm. Kupferseele mit Beilauf aus Baumwollgarn versehen und mit Kunstseide umklöppelt. Zwei oder mehr Adern miteinander oder mit einer Tragschnur zu verseilen
		Die angegebenen Materialien entsprechen den Vor-
Wachsdraht (Einfachleitung)	Geeignet für feste Verlegung in dauernd trock. Räumen	Kupferdraht von 0,6 bis 0,9 mm mit zwei Lagen Papier umgeben und gewachst und einer Lage Baumwolle umsponnen und gewachst
Wachsdraht (Doppelleitung)	Desgl.	Wie vorst., jedoch zwei Drähte verseilt

B. Blanke

Durchmesser	Querschnitt	Widerstand pro 100 m 15° C	Gewicht. pro 100 m	Länge pro kg
mm	qmm	Ohm	ca. kg	ca. m
				Eisendraht
6	28,3	0,47	22,0	4,5
5	19,6	0,67	15,0	6,7
4	12,6	1,2	9,01	11
3	7,1	2,2	5,88	17
2	3,14	4,8	2,38	42
		Bronzedraht 96% Leitfähigkeit,		
5	19,6	0,09	17,8	5,6
4	12,6	0,15	11,2	9
3	7,1	0,26	6,3	16
2	3,14	0,59	2,96	34
1,5	1,77	1,04	1,66	60
1,2	1,13	1,55	1,00	99

der gebräuchlichsten Schwachstromleitungen.

Durchm. des Leiters mm	Durchm. der fertigen Leitung mm	Art des verwendeten Leiters	Querschnitt qmm	Widerstand pro 100 m ca. Ohm	Gewicht 100 m ca. kg	Länge pro kg ca. m	Bemerkungen
2×0,6	—	Kupfer	2×0,3	6,2:2	0,85	118	Mit Tragschnur
2×0,6	—		2×0,3	6,2:2	0,95	105	(blinde Ader)
3×0,6	—		3×0,3	6,2:3	1,3	77	versehen
4×0,6	—		4×0,3	6,2:4	1,6	62	

schriften des Verbands Deutscher Elektrotechniker.

0,8	1,4	Kupfer	0,5	3,5	0,59	170	
0,9	1,6		0,63	2,76	0,72	140	

2×0,8	—	Kupfer	2×0,5	3,5:2	1,43	70	
2×0,9	—		2×0,63	2,76:2	1,67	60	

Leitungen.

Länge pro Ohm ca. m	Art der zu verwendenden Isolatoren [1]	Kapazität einer Einzelleitung [2]) pro km Farad	Selbsinduktion pro km Henry	Bemerkungen
verzinkt.				
214	I			
150	I	0,0065	0,012	
83	I	bis	bis	
50	II	0,0100	0,016	
24,4	III	10^{-6}		
43—46 kg Bruchfestigkeit pro qmm				
1110	I			
667	I[3])	0,0065	0,0025	
385	I[3])	bis	bis	
169	I[3])	0,0100	0,0030	
96,3	III	10^{-6}		
65	IV			

[1]) Typenbezeichnung entspricht Reichspostmodell.
[2]) Für Nebenlinien finden Isolatoren II Verwendung.
[3]) Frei in 6—8 m Entfernung vom Boden geführt.

11. Gewichte und Querschnittstabelle für Blitzableiterseile.

Durch-messer des einzelnen Drahtes mm	Anzahl der Drähte	Seil-durch-messer mm	Seilquer-schnitt qmm	100 m Seil wiegen	
				verzinkter Eisendraht kg	Kupfer-draht kg
1,8	7	5,5	17,85	15	18
1,8	9	7,5	22,95	20	24
1,8	12	8	30,60	26	31
1,8	19	9	48,45	41	49
1,8	28	14	71,40	60	72
2	7	6	21,98	19	23
2	9	8	28,26	24	29
2	12	9	37,68	32	38
2	19	10	59,66	51	61
2	28	15	87,92	75	90
3	7	9	49,49	42	50
3	9	12	63,63	54	65
3	12	13	84,84	72	86
3,25	7	10	57,68	40	59
3,25	9	13	74,16	63	76
3,25	12	14	98,88	84	101
3,3	7	10	59,85	51	61
3,3	9	14	76,95	65	78
3,3	12	15	102,60	87	104
4,5	7	14	111,30	94	113
4,5	9	18	143,10	121	145
4,5	12	20	190,80	161	193
5	7	15	137,58	116	139
5	9	20	176,76	149	179
5	12	22	235,68	199	239

Mikrophonkapseln.

	Füllung	Widerstand	Betriebstrom	Spannung	Bemerkungen
Emgephon-Mikrophon	Kugel	8—15 Ohm	250—120 M. Amp.	1—2 Volt	Weißes Kreuz
OB-Mikrophon	„	8—15 „	250—120 „	1—2 „	Rotes Kreuz
ZB-Mikrophon	Pulver	150—300 „	40—15 „	12—24 „	Über 26 V.Weck. parallel zum Mikrophon schalten
Lautsprech-Mikrophon	„	25—35 „	350—250 „	6—12 „	Blaues Kreuz

Fernhörer.

	Magnete	Widerstand	Betriebsart	Bemerkungen
Emgephon-Telephon	1	30 Ohm	dir. Schaltung	Ohne Einstellvorrichtung
Privat-Telephon „	1	200 „	OB	„
	2	60 „	ZB	„
Reichspost-Modell „	2	200 „	OB	„
	3	60 „	ZB	Mit
Gr. Reichspost-Modell	4	200 „	OB	„
	4	60 „	ZB	„
Radio-Doppelhörer „	je 1 lamelliert	je 2000 „	OB	„

Induktionsrollen.

	Widerstand	Windungen	Widerstand	Windungen	Bemerkungen
Reichspost-Typ OB 20	Pr. 1,6 Ω	385 W	Sek. 39 Ohm	1650	Lamelliert
Reichspost-Typ ZB 21	Pr. 29 Ω	1500 W	„ 32 „	1100	Geschlossen
Reichspost-Typ OZ Rolle	Pr. 16 Ω	1600 W	„ 54 „	2200	Länge 52 mm
Ringübertrager V	Pr. 2×21 Ω	2×1300	„ 2×21 „	2×1300	—

Drosselspulen.

	Widerstand	Windungen	Selbstinduktion	Länge	Bemerkungen
Posttyp	1000 Ohm	10 300	14 Henry	52 mm	Lamelliert = geschlossen
	600 „	7 600	9,5 „	52 „	„
	100 „	3 925	2 „	52 „	„
M. & G. Drossel	1000 „	12 000	30 „	76 „	„
„ „	600 „	10 000	15,5 „	76 „	„
„ „	100 „	4 500	3,1 „	76 „	„

Wechselstrom-Wecker.

	Widerstand	mit Rufstrom 40 V 25 Perioden	Bemerkungen
Wecker A 1700	1000 Ohm	ca. 3000 Ohm	{ Werk unter der Schale
Wecker A 1701	300 „	„ 3000 „	nur eine Schale 80 mm
Wecker A 1777	1000 „	„ 6000 „	2 Schalen à 80 mm
Wecker A 1747	300 „	„ 3000 „	2 „ „ 80 „
Postmodell Stf. A 1797	1000 „	„ 6000 „	2 „ „ 70 „
Postmodell Stf. A 1787	300 „	„ 3000 „	2 „ „ 70 „
St. 24	600 „	„ 5000 „	2 „ „ 56 „

Relais.

	Widerstand	Klemmenspannung	Empfindlichkeit	Bemerkungen
Für Haustelegraphen A 9100	40 Ohm	3 Volt	50 Milli Amp.	1 Arbeitskontakt
„ „ A 9101	130 „	3,6 „	30 „	1 Ruhekontakt
„ „ A 9102	100 „	4,0 „	4 „	1 Wechselkontakt
„ „ A 9105 Fallhebel	10 „	1,2 „	120 „	1 Dauerkontakt

Relais.

	Widerstand	Windungen	Draht	1 Arbeits-kont. 65 AW	1 Wechsel-kont. 90 AW	2 Wechsel-kont. 115 AW	3 Wechsel-kont. 140 AW
Schrank-Relais gr. L. Relais	100 Ohm	5600	0,23	12 Milli	16 Milli	20 Milli	25 Milli
,, ,,	300 ,,	9500	0,17	7 ,,	9,5 ,,	12 ,,	14,5 ,,
,, ,,	1000 ,,	14500	0,12	4,2 AW	6,2 AW	8 ,,	10 ,,
Aut. Relais	100 ,,	5500	0,25	60 ,,	75 AW	100 AW	125 AW
,, ,,	300 ,,	7000	0,15	11 Milli	13,6 Milli	18 Milli	22,7 Milli
,, ,,	1000 ,,	16000	0,13	8,5 AW	10,7 AW	14,3 AW	18 AW
				3,8 ,,	4,7 ,,	6,3 ,,	7,8 ,,

Anruforgane.

	Wider-stand	Win-dungen	Empfind-lichkeit
Tableau-Klappe A3011	3 Ohm	—	150 Milli Amp.
Schrank-Fall-klappe	150 ,,	3900	12 ,, ,,
Drossel-Schau-zeichen	2×50 ,,	2×3000	7,5 ,, ,,
Stern-Schau-zeichen	100 ,,	3200	10 ,, ,,

Gleichstrom-Wecker.

	Wider-stand	Anlauf-strom	Anlauf- Volt	Ampere	Schalen-durchm.
Hauswecker A 1017	5 Ohm	0,2 Amp.	1,5	150 Milli	70 mm
,, A 1027	10 ,,	0,15 ,,	3,6	100 ,,	70 ,,
,, A 1032	20 ,,	0,12 ,,	6	90 ,,	70 ,,
,, A 1037	40 ,,	0,1 ,,	8	75 ,,	70 ,,
,, A 1052	100 ,,	0,06 ,,	2,5	45 ,,	70 ,,
Lautschläger A 1250	4 ,,	0,2 ,,	2,5	150 ,,	100 ,,
Langsamschläger A 1541	10 ,,	0,4 ,,	4	400 ,,	90 ,,

Aus dem Anlaufstrom und dem Leitungswiderstand läßt sich der für die Funktion der Wecker maßgebliche Spannungsabfall berechnen.

Allgemeine Tarife und Tabellen.

1. Lohntabellen (Stundenlohnsatz),
2. Schmelz- und Gefrierpunkte,
3. Zusammensetzung von Metallegierungen,
4. Spezifische Gewichte fester Körper,
5. Längenmaße,
6. Flächenmaße,
7. Körpermaße und Hohlmaße,
8. Gewichte,
9. Währungstabelle,
10. Zinstabellen,
11. Gewichtstabellen für Eisen in verschiedenen Formen,
12. Gewichtstabelle für Kupfer- und Messingdrähte,
13. Thermometerskalen.

I. Lohntabellen (Stundenlohnsatz)

Std.	0,50 ℳ	0,51 ℳ	0,52 ℳ	0,53 ℳ	0,54 ℳ	0,55 ℳ	0,56 ℳ	0,57 ℳ	0,58 ℳ	0,59 ℳ	0,60 ℳ	0,61 ℳ	0,62 ℳ	0,63 ℳ	0,64 ℳ	0,65 ℳ	0,66 ℳ	0,67 ℳ	0,68 ℳ	0,69 ℳ	0,70 ℳ
1	0,50	0,51	0,52	0,53	0,54	0,55	0,56	0,57	0,58	0,59	0,60	0,61	0,62	0,63	0,64	0,65	0,66	0,67	0,68	0,69	0,70
2	1,00	1,02	1,04	1,06	1,08	1,10	1,12	1,14	1,16	1,18	1,20	1,22	1,24	1,26	1,28	1,30	1,32	1,34	1,36	1,38	1,40
3	1,50	1,53	1,56	1,59	1,62	1,65	1,68	1,71	1,74	1,77	1,80	1,83	1,86	1,89	1,92	1,95	1,98	2,01	2,04	2,07	2,10
4	2,00	2,04	2,08	2,12	2,16	2,20	2,24	2,28	2,32	2,36	2,40	2,44	2,48	2,52	2,56	2,60	2,64	2,68	2,72	2,76	2,80
5	2,50	2,55	2,60	2,65	2,70	2,75	2,80	2,85	2,90	2,95	3,00	3,05	3,10	3,15	3,20	3,25	3,30	3,35	3,40	3,45	3,50
6	3,00	3,06	3,12	3,18	3,24	3,30	3,36	3,42	3,48	3,54	3,60	3,66	3,72	3,78	3,84	3,90	3,96	4,02	4,08	4,14	4,20
7	3,50	3,57	3,64	3,71	3,78	3,85	3,92	3,99	4,06	4,13	4,20	4,27	4,34	4,41	4,48	4,55	4,62	4,69	4,76	4,83	4,90
8	4,00	4,08	4,16	4,24	4,32	4,40	4,48	4,56	4,64	4,72	4,80	4,88	4,96	5,04	5,12	5,20	5,28	5,36	5,44	5,52	5,60
9	4,50	4,59	4,68	4,77	4,86	4,95	5,04	5,13	5,22	5,31	5,40	5,49	5,58	5,67	5,76	5,85	5,94	6,03	6,12	6,21	6,30
10	5,00	5,10	5,20	5,30	5,40	5,50	5,60	5,70	5,80	5,90	6,00	6,10	6,20	6,30	6,40	6,50	6,60	6,70	6,80	6,90	7,00
11	5,50	5,61	5,72	5,83	5,94	6,05	6,16	6,27	6,38	6,49	6,60	6,71	6,82	6,93	7,04	7,15	7,26	7,37	7,48	7,59	7,70
12	6,00	6,12	6,24	6,36	6,48	6,60	6,72	6,84	6,96	7,08	7,20	7,32	7,44	7,56	7,68	7,80	7,92	8,04	8,16	8,28	8,40
13	6,50	6,63	6,76	6,89	7,02	7,15	7,28	7,41	7,54	7,67	7,80	7,93	8,06	8,19	8,32	8,45	8,58	8,71	8,84	8,97	9,10
14	7,00	7,14	7,28	7,42	7,56	7,70	7,84	7,98	8,12	8,26	8,40	8,54	8,68	8,82	8,96	9,10	9,24	9,38	9,52	9,66	9,80
15	7,50	7,65	7,80	7,95	8,10	8,25	8,40	8,55	8,70	8,85	9,00	9,15	9,30	9,45	9,60	9,75	9,90	10,05	10,20	10,35	10,50
16	8,00	8,16	8,32	8,48	8,64	8,80	8,96	9,12	9,28	9,44	9,60	9,76	9,92	10,08	10,24	10,40	10,56	10,72	10,88	11,04	11,20
17	8,50	8,67	8,84	9,01	9,18	9,35	9,52	9,69	9,86	10,03	10,20	10,37	10,54	10,71	10,88	11,05	11,22	11,39	11,56	11,73	11,90
18	9,00	9,18	9,36	9,54	9,72	9,90	10,08	10,26	10,44	10,62	10,80	10,98	11,16	11,34	11,52	11,70	11,88	12,06	12,24	12,42	12,60
19	9,50	9,69	9,88	10,07	10,26	10,45	10,64	10,83	11,02	11,21	11,40	11,59	11,78	11,97	12,16	12,35	12,54	12,73	12,92	13,11	13,30
20	10,00	10,20	10,40	10,60	10,80	11,00	11,20	11,40	11,60	11,80	12,00	12,20	12,40	12,60	12,80	13,00	13,20	13,40	13,60	13,80	14,00
21	10,50	10,71	10,92	11,13	11,34	11,55	11,76	11,97	12,18	12,39	12,60	12,81	13,02	13,23	13,44	13,65	13,86	14,07	14,28	14,49	14,70
22	11,00	11,22	11,44	11,66	11,88	12,10	12,32	12,54	12,76	12,98	13,20	13,42	13,64	13,86	14,08	14,30	14,52	14,74	14,96	15,18	15,40
23	11,50	11,73	11,96	12,19	12,42	12,65	12,88	13,11	13,34	13,57	13,80	14,03	14,26	14,49	14,72	14,95	15,18	15,41	15,64	15,87	16,10
24	12,00	12,24	12,48	12,72	12,96	13,20	13,44	13,68	13,92	14,16	14,40	14,64	14,88	15,12	15,36	15,60	15,84	16,08	16,32	16,56	16,80
25	12,50	12,75	13,00	13,25	13,50	13,75	14,00	14,25	14,50	14,75	15,00	15,25	15,50	15,75	16,00	16,25	16,50	16,75	17,00	17,25	17,50

Std.	0,50 ℳ	0,51 ℳ	0,52 ℳ	0,53 ℳ	0,54 ℳ	0,55 ℳ	0,56 ℳ	0,57 ℳ	0,58 ℳ	0,59 ℳ	0,60 ℳ	0,61 ℳ	0,62 ℳ	0,63 ℳ	0,64 ℳ	0,65 ℳ	0,66 ℳ	0,67 ℳ	0,68 ℳ	0,69 ℳ	0,70 ℳ
26	13,00	13,26	13,52	13,78	14,04	14,30	14,56	14,82	15,08	15,34	15,60	15,86	16,12	16,38	16,64	16,90	17,16	17,42	17,68	17,94	18,20
27	13,50	13,77	14,04	14,31	14,58	14,85	15,12	15,39	15,66	15,93	16,20	16,47	16,74	17,01	17,28	17,55	17,82	18,09	18,36	18,63	18,90
28	14,00	14,28	14,56	14,84	15,12	15,40	15,68	15,96	16,24	16,52	16,80	17,08	17,36	17,64	17,92	18,20	18,48	18,76	19,04	19,32	19,60
29	14,50	14,79	15,08	15,37	15,66	15,95	16,24	16,53	16,82	17,11	17,40	17,69	17,98	18,27	18,56	18,85	19,14	19,43	19,72	20,01	20,30
30	15,00	15,30	15,60	15,90	16,20	16,50	16,80	17,10	17,40	17,70	18,00	18,30	18,60	18,90	19,20	19,50	19,80	20,10	20,40	20,70	21,00
31	15,50	15,81	16,12	16,43	16,74	17,05	17,36	17,67	17,98	18,29	18,60	18,91	19,22	19,53	19,84	20,15	20,46	20,77	21,08	21,39	21,70
32	16,00	16,32	16,64	16,96	17,28	17,60	17,92	18,24	18,56	18,88	19,20	19,52	19,84	20,16	20,48	20,80	21,12	21,44	21,76	22,08	22,40
33	16,50	16,83	17,16	17,49	17,82	18,15	18,48	18,81	19,14	19,47	19,80	20,13	20,46	20,79	21,12	21,45	21,78	22,11	22,44	22,77	23,10
34	17,00	17,34	17,68	18,02	18,36	18,70	19,04	19,38	19,72	20,06	20,40	20,74	21,08	21,42	21,76	22,10	22,44	22,78	23,12	23,46	23,80
35	17,50	17,85	18,20	18,55	18,90	19,25	19,60	19,95	20,30	20,65	21,00	21,35	21,70	22,05	22,40	22,75	23,10	23,45	23,80	24,15	24,50
36	18,00	18,36	18,72	19,08	19,44	19,80	20,16	20,52	20,88	21,24	21,60	21,96	22,32	22,68	23,04	23,40	23,76	24,12	24,48	24,84	25,20
37	18,50	18,87	19,24	19,61	19,98	20,35	20,72	21,09	21,46	21,83	22,20	22,57	22,94	23,31	23,68	24,05	24,42	24,79	25,16	25,53	25,90
38	19,00	19,38	19,76	20,14	20,52	20,90	21,28	21,66	22,04	22,42	22,80	23,18	23,56	23,94	24,32	24,70	25,08	25,46	25,84	26,22	26,60
39	19,50	19,89	20,28	20,67	21,06	21,45	21,84	22,23	22,62	23,01	23,40	23,79	24,18	24,57	24,96	25,35	25,74	26,13	26,52	26,91	27,30
40	20,00	20,40	20,80	21,20	21,60	22,00	22,40	22,80	23,20	23,60	24,00	24,40	24,80	25,20	25,60	26,00	26,40	26,80	27,20	27,60	28,00
41	20,50	20,91	21,32	21,73	22,14	22,55	22,96	23,37	23,78	24,19	24,60	25,01	25,42	25,83	26,24	26,65	27,06	27,47	27,88	28,29	28,70
42	21,00	21,42	21,84	22,26	22,68	23,10	23,52	23,94	24,36	24,78	25,20	25,62	26,04	26,46	26,88	27,30	27,72	28,14	28,56	28,98	29,40
43	21,50	21,93	22,36	22,79	23,22	23,65	24,08	24,51	24,94	25,37	25,80	26,23	26,66	27,09	27,52	27,95	28,38	28,81	29,24	29,67	30,10
44	22,00	22,44	22,88	23,32	23,76	24,20	24,64	25,08	25,52	25,96	26,40	26,84	27,28	27,72	28,16	28,60	29,04	29,48	29,92	30,36	30,80
45	22,50	22,95	23,40	23,85	24,30	24,75	25,20	25,65	26,10	26,55	27,00	27,45	27,90	28,35	28,80	29,25	29,70	30,15	30,60	31,05	31,50
46	23,00	23,46	23,92	24,38	24,84	25,30	25,76	26,22	26,68	27,14	27,60	28,06	28,52	28,98	29,44	29,90	30,36	30,82	31,28	31,74	32,20
47	23,50	23,97	24,44	24,91	25,38	25,85	26,32	26,79	27,26	27,73	28,20	28,67	29,14	29,61	30,08	30,55	31,02	31,49	31,96	32,43	32,90
48	24,00	24,48	24,96	25,44	25,92	26,40	26,88	27,36	27,84	28,32	28,80	29,28	29,76	30,24	30,72	31,20	31,68	32,16	32,64	33,12	33,60
49	24,50	24,99	25,48	25,97	26,46	26,95	27,44	27,93	28,42	28,91	29,40	29,89	30,38	30,87	31,36	31,85	32,34	32,83	33,32	33,81	34,30
50	25,00	25,50	26,00	26,50	27,00	27,50	28,00	28,50	29,00	29,50	30,00	30,30	31,00	31,50	32,00	32,50	33,00	33,50	34,00	34,50	35,00

Stunden den	0,71 ℳ	0,72 ℳ	0,73 ℳ	0,74 ℳ	0,75 ℳ	0,76 ℳ	0,77 ℳ	0,78 ℳ	0,79 ℳ	0,80 ℳ	0,81 ℳ	0,82 ℳ	0,83 ℳ	0,84 ℳ	0,85 ℳ	0,86 ℳ	0,87 ℳ	0,88 ℳ	0,89 ℳ	0,90 ℳ
1	0,71	0,72	0,73	0,74	0,75	0,76	0,77	0,78	0,79	0,80	0,81	0,82	0,83	0,84	0,85	0,86	0,87	0,88	0,89	0,90
2	1,42	1,44	1,46	1,48	1,50	1,52	1,54	1,56	1,58	1,60	1,62	1,64	1,66	1,68	1,70	1,72	1,74	1,76	1,78	1,80
3	2,13	2,16	2,19	2,22	2,25	2,28	2,31	2,34	2,37	2,40	2,43	2,46	2,49	2,52	2,55	2,58	2,61	2,64	2,67	2,70
4	2,84	2,88	2,92	2,96	3,00	3,04	3,08	3,12	3,16	3,20	3,24	3,28	3,32	3,36	3,40	3,44	3,48	3,52	3,56	3,60
5	3,55	3,60	3,65	3,70	3,75	3,80	3,85	3,90	3,95	4,00	4,05	4,10	4,15	4,20	4,25	4,30	4,35	4,40	4,45	4,50
6	4,26	4,32	4,38	4,44	4,50	4,56	4,62	4,68	4,74	4,80	4,86	4,92	4,98	5,04	5,10	5,16	5,22	5,28	5,34	5,40
7	4,97	5,04	5,11	5,18	5,25	5,32	5,39	5,46	5,53	5,60	5,67	5,74	5,81	5,88	5,95	6,02	6,09	6,16	6,23	6,30
8	5,68	5,76	5,84	5,92	6,00	6,08	6,16	6,24	6,32	6,40	6,48	6,56	6,64	6,72	6,80	6,88	6,96	7,04	7,12	7,20
9	6,39	6,48	6,57	6,66	6,75	6,84	6,93	7,02	7,11	7,20	7,29	7,38	7,47	7,56	7,65	7,74	7,83	7,92	8,01	8,10
10	7,10	7,20	7,30	7,40	7,50	7,60	7,70	7,80	7,90	8,00	8,10	8,20	8,30	8,40	8,50	8,60	8,70	8,80	8,90	9,00
11	7,81	7,92	8,03	8,14	8,25	8,36	8,47	8,58	8,69	8,80	8,91	9,02	9,13	9,24	9,35	9,46	9,57	9,68	9,79	9,90
12	8,52	8,64	8,76	8,88	9,00	9,12	9,24	9,36	9,48	9,60	9,72	9,84	9,96	10,08	10,20	10,32	10,44	10,56	10,68	10,80
13	9,23	9,36	9,49	9,62	9,75	9,88	10,01	10,14	10,27	10,40	10,53	10,66	10,79	10,92	11,05	11,18	11,31	11,44	11,57	11,70
14	9,94	10,08	10,22	10,36	10,50	10,64	10,78	10,92	11,06	11,20	11,34	11,48	11,62	11,76	11,90	12,04	12,18	12,32	12,46	12,60
15	10,65	10,80	10,95	11,10	11,25	11,40	11,55	11,70	11,85	12,00	12,15	12,30	12,45	12,60	12,75	12,90	13,05	13,20	13,35	13,50
16	11,36	11,52	11,68	11,84	12,00	12,16	12,32	12,48	12,64	12,80	12,96	13,12	13,28	13,44	13,60	13,76	13,92	14,08	14,24	14,40
17	12,07	12,24	12,41	12,58	12,75	12,92	13,09	13,26	13,43	13,60	13,77	13,94	14,11	14,28	14,45	14,62	14,79	14,96	15,13	15,30
18	12,78	12,96	13,14	13,32	13,50	13,68	13,86	14,04	14,22	14,40	14,58	14,76	14,94	15,12	15,30	15,48	15,66	15,84	16,02	16,20
19	13,49	13,68	13,87	14,06	14,25	14,44	14,63	14,82	15,01	15,20	15,39	15,58	15,77	15,96	16,15	16,34	16,53	16,72	16,91	17,10
20	14,20	14,40	14,60	14,80	15,00	15,20	15,40	15,60	15,80	16,00	16,20	16,40	16,60	16,80	17,00	17,20	17,40	17,60	17,80	18,00
21	14,91	15,12	15,33	15,54	15,75	15,96	16,17	16,38	16,59	16,80	17,01	17,22	17,43	17,64	17,85	18,06	18,27	18,48	18,69	18,90
22	15,62	15,84	16,06	16,28	16,50	16,72	16,94	17,16	17,38	17,60	17,82	18,04	18,26	1,848	1,870	18,92	19,14	19,36	19,58	1,980
23	16,33	16,56	16,79	17,02	17,25	17,48	17,71	17,94	18,17	18,40	18,63	18,86	19,09	19,32	19,55	19,78	20,01	20,24	20,47	20,70
24	17,04	17,28	17,52	17,76	18,00	18,24	18,48	18,72	18,96	19,20	19,44	19,68	19,92	20,16	20,40	20,64	20,88	21,12	21,36	21,60
25	17,75	18,00	18,25	18,50	18,75	19,00	19,25	19,50	19,75	20,00	20,25	20,50	20,75	21,00	21,25	21,50	21,75	22,00	22,25	22,50

Stunden	0,71 ℳ	0,72 ℳ	0,73 ℳ	0,74 ℳ	0,75 ℳ	0,76 ℳ	0,77 ℳ	0,78 ℳ	0,79 ℳ	0,80 ℳ	0,81 ℳ	0,82 ℳ	0,83 ℳ	0,84 ℳ	0,85 ℳ	0,86 ℳ	0,87 ℳ	0,88 ℳ	0,89 ℳ	0,90 ℳ
26	18,46	18,72	18,98	19,24	19,50	19,76	20,02	20,28	20,54	20,80	21,06	21,32	21,58	21,84	22,10	22,36	22,62	22,88	23,14	23,40
27	19,17	19,44	19,71	19,98	20,25	20,52	20,79	21,06	21,33	21,60	21,87	22,14	22,41	22,68	22,95	23,22	23,49	23,76	24,03	24,30
28	19,88	20,16	20,44	20,72	21,00	21,28	21,56	21,84	22,12	22,40	22,68	22,96	23,24	23,52	23,80	24,08	24,36	24,64	24,92	25,20
29	20,59	20,88	21,17	21,46	21,75	22,04	22,33	22,62	22,91	23,20	23,49	23,78	24,07	24,36	24,65	24,94	25,23	25,52	25,81	26,10
30	21,30	21,60	21,90	22,20	22,50	22,80	23,10	23,40	23,70	24,00	24,30	24,60	24,90	25,20	25,50	25,80	26,10	26,40	26,70	27,00
31	22,01	22,32	22,63	22,94	23,25	23,56	23,87	24,18	24,49	24,80	25,11	25,42	25,73	26,04	26,35	26,66	26,97	27,28	27,59	27,90
32	22,72	23,04	23,36	23,68	24,00	24,32	24,64	24,96	25,28	25,60	25,92	26,24	26,56	26,88	27,20	27,52	27,84	28,16	28,48	28,80
33	23,43	23,76	24,09	24,42	24,75	25,08	25,41	25,74	26,07	26,40	26,73	27,06	27,39	27,72	28,05	28,38	28,71	29,04	29,37	29,70
34	24,14	24,48	24,82	25,16	25,50	25,84	26,18	26,52	26,86	27,20	27,54	27,88	28,22	28,56	28,90	29,24	29,58	29,92	30,26	30,60
35	24,85	25,20	25,55	25,90	26,25	26,60	26,95	27,30	27,65	28,00	28,35	28,70	29,05	29,40	29,75	30,10	30,45	30,80	31,15	31,50
36	25,56	25,92	26,28	26,64	27,00	27,36	27,72	28,08	28,44	28,80	29,16	29,52	29,88	30,24	30,60	30,96	31,32	31,68	32,04	32,40
37	26,27	26,64	27,01	27,38	27,75	28,12	28,49	28,86	29,23	29,60	29,97	30,34	30,71	31,08	31,45	31,82	32,19	32,56	32,93	33,30
38	26,98	27,36	27,74	28,12	28,50	28,88	29,26	29,64	30,02	30,40	30,78	31,16	31,54	31,92	32,30	32,68	33,06	33,44	33,82	34,20
39	27,69	28,08	28,47	28,86	29,25	29,64	30,03	30,42	30,81	31,20	31,59	31,98	32,37	32,76	33,15	33,54	33,93	34,32	34,71	35,10
40	28,40	28,80	29,20	29,60	30,00	30,40	30,80	31,20	31,60	32,00	32,40	32,80	33,20	33,60	34,00	34,40	34,80	35,20	35,60	36,00
41	29,11	29,52	29,93	30,34	30,75	31,16	31,57	31,98	32,39	32,80	33,21	33,62	34,03	34,44	34,85	35,26	35,67	36,08	36,49	36,90
42	29,82	30,24	30,66	31,08	31,50	31,92	32,34	32,76	33,18	33,60	34,02	34,44	34,86	35,28	35,70	36,12	36,54	36,96	37,38	37,80
43	30,53	30,96	31,39	31,82	32,25	32,68	33,11	33,54	33,97	34,40	34,83	35,26	35,69	36,12	36,55	36,98	37,41	37,84	38,27	38,70
44	31,24	31,68	32,12	32,56	33,00	33,44	33,88	34,32	34,76	35,20	35,64	36,08	36,52	36,96	37,40	37,84	38,28	38,72	39,16	39,60
45	31,95	32,40	32,85	33,30	33,75	34,20	34,65	35,10	35,55	36,00	36,45	36,90	37,35	37,80	38,25	38,70	39,15	39,60	40,05	40,50
46	32,66	33,12	33,58	34,04	34,50	34,96	35,42	35,88	36,34	36,80	37,26	37,72	38,18	38,64	39,10	39,56	40,02	40,48	40,94	41,40
47	33,37	33,84	34,31	34,78	35,25	35,72	36,19	36,66	37,13	37,60	38,07	38,54	39,01	39,48	39,95	40,42	40,89	41,36	41,83	42,30
48	34,08	34,56	35,04	35,52	36,00	36,48	36,96	37,44	37,92	38,40	38,88	39,36	39,84	40,32	40,80	41,28	41,76	42,24	42,72	43,20
49	34,79	35,28	35,77	36,26	36,75	37,24	37,73	38,22	38,71	39,20	39,69	40,18	40,67	41,16	41,65	42,14	42,63	43,12	43,61	44,10
50	35,50	36,00	36,50	37,00	37,50	38,00	38,50	39,00	39,50	40,00	40,50	41,00	41,50	42,00	42,50	43,00	43,50	44,00	44,50	45,00

Stunden	1,10 ℳ	1,09 ℳ	1,08 ℳ	1,07 ℳ	1,06 ℳ	1,05 ℳ	1,04 ℳ	1,03 ℳ	1,02 ℳ	1,01 ℳ	1,00 ℳ	0,99 ℳ	0,98 ℳ	0,97 ℳ	0,96 ℳ	0,95 ℳ	0,94 ℳ	0,93 ℳ	0,92 ℳ	0,91 ℳ
1	1,10	1,09	1,08	1,07	1,06	1,05	1,04	1,03	1,02	1,01	1,00	0,99	0,98	0,97	0,96	0,95	0,94	0,93	0,92	0,91
2	2,20	2,18	2,16	2,14	2,12	2,10	2,08	2,06	2,04	2,02	2,00	1,98	1,96	1,94	1,92	1,90	1,88	1,86	1,84	1,82
3	3,30	3,27	3,24	3,21	3,18	3,15	3,12	3,09	3,06	3,03	3,00	2,97	2,94	2,91	2,88	2,85	2,82	2,79	2,76	2,73
4	4,40	4,36	4,32	4,28	4,24	4,20	4,16	4,12	4,08	4,04	4,00	3,96	3,92	3,88	3,84	3,80	3,76	3,72	3,68	3,64
5	5,50	5,45	5,40	5,35	5,30	5,25	5,20	5,15	5,10	5,05	5,00	4,95	4,90	4,85	4,80	4,75	4,70	4,65	4,60	4,55
6	6,60	6,54	6,48	6,42	6,36	6,30	6,24	6,18	6,12	6,06	6,00	5,94	5,88	5,82	5,76	5,70	5,64	5,58	5,52	5,46
7	7,70	7,63	7,56	7,49	7,42	7,35	7,28	7,21	7,14	7,07	7,00	6,93	6,86	6,79	6,72	6,65	6,58	6,51	6,44	6,37
8	8,80	8,72	8,64	8,56	8,48	8,40	8,32	8,24	8,16	8,08	8,00	7,92	7,84	7,76	7,68	7,60	7,52	7,44	7,36	7,28
9	9,90	9,81	9,72	9,63	9,54	9,45	9,36	9,27	9,18	9,09	9,00	8,91	8,82	8,73	8,64	8,55	8,46	8,37	8,28	8,19
10	11,00	10,90	10,80	10,70	10,60	10,50	10,40	10,30	10,20	10,10	10,00	9,90	9,80	9,70	9,60	9,50	9,40	9,30	9,20	9,10
11	12,10	11,99	11,88	11,77	11,66	11,55	11,44	11,33	11,22	11,11	11,00	10,89	10,78	10,67	10,56	10,45	10,34	10,23	10,12	10,01
12	13,20	13,08	12,96	12,84	12,72	12,60	12,48	12,36	12,24	12,12	12,00	11,88	11,76	11,64	11,52	11,40	11,28	11,16	11,04	10,92
13	14,30	14,17	14,04	13,91	13,78	13,65	13,52	13,39	13,26	13,13	13,00	12,87	12,74	12,61	12,48	12,35	12,22	12,09	11,96	11,83
14	15,40	15,26	15,12	14,98	14,84	14,70	14,56	14,42	14,28	14,14	14,00	13,86	13,72	13,58	13,44	13,30	13,16	13,02	12,88	12,74
15	16,50	16,35	16,20	16,05	15,90	15,75	15,60	15,45	15,30	15,15	15,00	14,85	14,70	14,55	14,40	14,25	14,10	13,95	13,80	13,65
16	17,60	17,44	17,28	17,12	16,96	16,80	16,64	16,48	16,32	16,16	16,00	15,84	15,68	15,52	15,36	15,20	15,04	14,88	14,72	14,56
17	18,70	18,53	18,36	18,19	18,02	17,85	17,68	17,51	17,34	17,17	17,00	16,83	16,66	16,49	16,32	16,15	15,98	15,81	15,64	15,47
18	19,80	19,62	19,44	19,26	19,08	18,90	18,72	18,54	18,36	18,18	18,00	17,82	17,64	17,46	17,28	17,10	16,92	16,74	16,56	16,38
19	20,90	20,71	20,52	20,33	20,14	19,95	19,76	19,57	19,38	19,19	19,00	18,81	18,62	18,43	18,24	18,05	17,86	17,67	17,48	17,29
20	22,00	21,80	21,60	21,40	21,20	21,00	20,80	20,60	20,40	20,20	20,00	19,80	19,60	19,40	19,20	19,00	18,80	18,60	18,40	18,20
21	23,10	22,89	22,68	22,47	22,26	22,05	21,84	21,63	21,42	21,21	21,00	20,79	20,58	20,37	20,16	19,95	19,74	19,53	19,32	19,11
22	24,20	23,98	23,76	23,54	23,32	23,10	22,88	22,66	22,44	22,22	22,00	21,78	21,56	21,34	21,12	20,90	20,68	20,46	20,24	20,02
23	25,30	25,07	24,84	24,61	24,38	24,15	23,92	23,69	23,46	23,23	23,00	22,77	22,54	22,31	22,08	21,85	21,62	21,39	21,16	20,93
24	26,40	26,16	25,92	25,68	25,44	25,20	24,96	24,72	24,48	24,24	24,00	23,76	23,52	23,28	23,04	22,80	22,56	22,32	22,08	21,84
25	27,50	27,25	27,00	26,75	26,50	26,25	26,00	25,75	25,50	25,25	25,00	24,75	24,50	24,25	24,00	23,75	23,50	23,25	23,00	22,75

Stun-den	0,91	0,92	0,93	0,94	0,95	0,96	0,97	0,98	0,99	1,00	1,01	1,02	1,03	1,04	1,05	1,06	1,07	1,08	1,09	1,10
	ℳ	ℳ	ℳ	ℳ	ℳ	ℳ	ℳ	ℳ	ℳ	ℳ	ℳ	ℳ	ℳ	ℳ	ℳ	ℳ	ℳ	ℳ	ℳ	ℳ
26	23,66	23,92	24,18	24,44	24,70	24,96	25,22	25,48	25,74	26,00	26,26	26,52	26,78	27,04	27,30	27,56	27,82	28,08	28,34	28,60
27	24,57	24,84	25,11	25,38	25,65	25,92	26,19	26,46	26,73	27,00	27,27	27,54	27,81	28,08	28,35	28,62	28,89	29,16	29,43	29,70
28	25,48	25,76	26,04	26,32	26,60	26,88	27,16	27,44	27,72	28,00	28,28	28,56	28,84	29,12	29,40	29,68	29,96	30,24	30,52	30,80
29	26,39	26,68	26,97	27,26	27,55	27,84	28,13	28,42	28,71	29,00	29,29	29,58	29,87	30,16	30,45	30,74	31,03	31,32	31,61	31,90
30	27,30	27,60	27,90	28,20	28,50	28,80	29,10	29,40	29,70	30,00	30,30	30,60	30,90	31,20	31,50	31,80	32,10	32,40	32,70	33,00
31	28,21	28,52	28,83	29,14	29,45	29,76	30,07	30,38	30,69	31,00	31,31	31,62	31,93	32,24	32,55	32,86	33,17	33,48	33,79	34,10
32	29,12	29,44	29,76	30,08	30,40	30,72	31,04	31,36	31,68	32,00	32,32	32,64	32,96	33,28	33,60	33,92	34,24	34,56	34,88	35,20
33	30,03	30,36	30,69	31,02	31,35	31,68	32,01	32,34	32,67	33,00	33,33	33,66	33,99	34,32	34,65	34,98	35,31	35,64	35,97	36,30
34	30,94	31,28	31,62	31,96	32,30	32,64	32,98	33,32	33,66	34,00	34,34	34,68	35,02	35,36	35,70	36,04	36,38	36,72	37,06	37,40
35	31,85	32,20	32,55	32,90	33,25	33,60	33,95	34,30	34,65	35,00	35,35	35,70	36,05	36,40	36,75	37,10	37,45	37,80	38,15	38,50
36	32,76	33,12	33,48	33,84	34,20	34,56	34,92	35,28	35,64	36,00	36,36	36,72	37,08	37,44	37,80	38,16	38,52	38,88	39,24	39,60
37	33,67	34,04	34,41	34,78	35,15	35,52	35,89	36,26	36,63	37,00	37,37	37,74	38,11	38,48	38,85	39,22	39,59	39,96	40,33	40,70
38	34,58	34,96	35,34	35,72	36,10	36,48	36,86	37,24	37,62	38,00	38,38	38,76	39,14	39,52	39,90	40,28	40,66	41,04	41,42	41,80
39	35,49	35,88	36,27	36,66	37,05	37,44	37,83	38,22	38,61	39,00	39,39	39,78	40,17	40,56	40,95	41,34	41,73	42,12	42,51	42,90
40	36,40	36,80	37,20	37,60	38,00	38,40	38,80	39,20	39,60	40,00	40,40	40,80	41,20	41,60	42,00	42,40	42,80	43,20	43,60	44,00
41	37,31	37,72	38,13	38,54	38,95	39,36	39,77	40,18	40,59	41,00	41,41	41,82	42,23	42,64	43,05	43,46	43,87	44,28	44,69	45,10
42	38,22	38,64	39,06	39,48	39,90	40,32	40,74	41,16	41,58	42,00	42,42	42,84	43,26	43,68	44,10	44,52	44,94	45,36	45,78	46,20
43	39,13	39,56	39,99	40,42	40,85	41,28	41,71	42,14	42,57	43,00	43,43	43,86	44,29	44,72	45,15	45,58	46,01	46,44	46,87	47,30
44	40,04	40,48	40,92	41,36	41,80	42,24	42,68	43,12	43,56	44,00	44,44	44,88	45,32	45,76	46,20	46,64	47,08	47,52	47,96	48,40
45	40,95	41,40	41,85	42,30	42,75	43,20	43,65	44,10	44,55	45,00	45,45	45,90	46,35	46,80	47,25	47,70	48,15	48,60	49,05	49,50
46	41,86	42,32	42,78	43,24	43,70	44,16	44,62	45,08	45,54	46,00	46,46	46,92	47,38	47,84	48,30	48,76	49,22	49,68	50,14	50,60
47	42,77	43,24	43,71	44,18	44,65	45,12	45,59	46,06	46,53	47,00	47,47	47,94	48,41	48,88	49,35	49,82	50,29	50,76	51,23	51,70
48	43,68	44,16	44,64	45,12	45,60	46,08	46,56	47,04	47,52	48,00	48,48	48,96	49,44	49,92	50,40	50,88	51,36	51,84	52,32	52,80
49	44,59	45,08	45,57	46,06	46,55	47,04	47,53	48,02	48,51	49,00	49,49	49,98	50,47	50,96	51,45	51,94	52,43	52,92	53,41	53,90
50	45,50	46,00	46,50	47,00	47,50	48,00	48,50	49,00	49,50	50,00	50,50	51,00	51,50	52,00	52,50	53,00	53,50	54,00	54,50	55,00

Stunden	1,11 ℳ	1,12 ℳ	1,13 ℳ	1,14 ℳ	1,15 ℳ	1,16 ℳ	1,17 ℳ	1,18 ℳ	1,19 ℳ	1,20 ℳ	1,21 ℳ	1,22 ℳ	1,23 ℳ	1,24 ℳ	1,25 ℳ	1,26 ℳ	1,27 ℳ	1,28 ℳ	1,29 ℳ	1,30 ℳ
1	1,11	1,12	1,13	1,14	1,15	1,16	1,17	1,18	1,19	1,20	1,21	1,22	1,23	1,24	1,25	1,26	1,27	1,28	1,29	1,30
2	2,22	2,24	2,26	2,28	2,30	2,32	2,34	2,36	2,38	2,40	2,42	2,44	2,46	2,48	2,50	2,52	2,54	2,56	2,58	2,60
3	3,33	3,36	3,39	3,42	3,45	3,48	3,51	3,54	3,57	3,60	3,63	3,66	3,69	3,72	3,75	3,78	3,81	3,84	3,87	3,90
4	4,44	4,48	4,52	4,56	4,60	4,64	4,68	4,72	4,76	4,80	4,84	4,88	4,92	4,96	5,00	5,04	5,08	5,12	5,16	5,20
5	5,55	5,60	5,65	5,70	5,75	5,80	5,85	5,90	5,95	6,00	6,05	6,10	6,15	6,20	6,25	6,30	6,35	6,40	6,45	6,50
6	6,66	6,72	6,78	6,84	6,90	6,96	7,02	7,08	7,14	7,20	7,26	7,32	7,38	7,44	7,50	7,56	7,62	7,68	7,74	7,80
7	7,77	7,84	7,91	7,98	8,05	8,12	8,19	8,26	8,33	8,40	8,47	8,54	8,61	8,68	8,75	8,82	8,89	8,96	9,03	9,10
8	8,88	8,96	9,04	9,12	9,20	9,28	9,36	9,44	9,52	9,60	9,68	9,76	9,84	9,92	10,00	10,08	10,16	10,24	10,32	10,40
9	9,99	10,08	10,17	10,26	10,35	10,44	10,53	10,62	10,71	10,80	10,89	10,98	11,07	11,16	11,25	11,34	11,43	11,52	11,61	11,70
10	11,10	11,20	11,30	11,40	11,50	11,60	11,70	11,80	11,90	12,00	12,10	12,20	12,30	12,40	12,50	12,60	12,70	12,80	12,90	13,00
11	12,21	12,32	12,43	12,54	12,65	12,76	12,87	12,98	13,09	13,20	13,31	13,42	13,53	13,64	13,75	13,86	13,97	14,08	14,19	14,30
12	13,32	13,44	13,56	13,68	13,80	13,92	14,04	14,16	14,28	14,40	14,52	14,64	14,76	14,88	15,00	15,12	15,24	15,36	15,48	15,60
13	14,43	14,56	14,69	14,82	14,95	15,08	15,21	15,34	15,47	15,60	15,73	15,86	15,99	16,12	16,25	16,38	16,51	16,64	16,77	16,90
14	15,54	15,68	15,82	15,96	16,10	16,24	16,38	16,52	16,66	16,80	16,94	17,08	17,22	17,36	17,50	17,64	17,78	17,92	18,06	18,20
15	16,65	16,80	16,95	17,10	17,25	17,40	17,55	17,70	17,85	18,00	18,15	18,30	18,45	18,60	18,75	18,90	19,05	19,20	19,35	19,50
16	17,76	17,92	18,08	18,24	18,40	18,56	18,72	18,88	19,04	19,20	19,36	19,52	19,68	19,84	20,00	20,16	20,32	20,48	20,64	20,80
17	18,87	19,04	19,21	19,38	19,55	19,72	19,89	20,06	20,23	20,40	20,57	20,74	20,91	21,08	21,25	21,42	21,59	21,76	21,93	22,10
18	19,98	20,16	20,34	20,52	20,70	20,88	21,06	21,24	21,42	21,60	21,78	21,96	22,14	22,32	22,50	22,68	22,86	23,04	23,22	23,40
19	21,09	21,28	21,47	21,66	21,85	22,04	22,23	22,42	22,61	22,80	22,99	23,18	23,37	23,56	23,75	23,94	24,13	24,32	24,51	24,70
20	22,20	22,40	22,60	22,80	23,00	23,20	23,40	23,60	23,80	24,00	24,20	24,40	24,60	24,80	25,00	25,20	25,40	25,60	25,80	26,00
21	23,31	23,52	23,73	23,94	24,15	24,36	24,57	24,78	24,99	25,20	25,41	25,62	25,83	26,04	26,25	26,46	26,67	26,88	27,09	27,30
22	24,42	24,64	24,86	25,08	25,30	25,52	25,74	25,96	26,18	26,40	26,62	26,84	27,06	27,28	27,50	27,72	27,94	28,16	28,38	28,60
23	25,53	25,76	25,99	26,22	26,45	26,68	26,91	27,14	27,37	27,60	27,83	28,06	28,29	28,52	28,75	28,98	29,21	29,44	29,67	29,90
24	26,64	26,88	27,12	27,36	27,60	27,84	28,08	28,32	28,56	28,80	29,04	29,28	29,52	29,76	30,00	30,24	30,48	30,72	30,96	31,20
25	27,75	28,00	28,25	28,50	28,75	29,00	29,25	29,50	29,75	30,00	30,25	30,50	30,75	31,00	31,25	31,50	31,75	32,00	32,25	32,50

Stunden	1,11 ℳ	1,12 ℳ	1,13 ℳ	1,14 ℳ	1,15 ℳ	1,16 ℳ	1,17 ℳ	1,18 ℳ	1,19 ℳ	1,20 ℳ	1,21 ℳ	1,22 ℳ	1,23 ℳ	1,24 ℳ	1,25 ℳ	1,26 ℳ	1,27 ℳ	1,28 ℳ	1,29 ℳ	1,30 ℳ
26	28,86	29,12	29,38	29,64	29,90	30,16	30,42	30,68	30,94	31,20	31,46	31,72	31,98	32,24	32,50	32,76	33,02	33,28	33,54	33,80
27	29,97	30,24	30,51	30,78	31,05	31,32	31,59	31,86	32,13	32,40	32,67	32,94	33,21	33,48	33,75	34,02	34,29	34,56	34,83	35,10
28	31,08	31,36	31,64	31,92	32,20	32,48	32,76	33,04	33,32	33,60	33,88	34,16	34,44	34,72	35,00	35,28	35,56	35,84	36,12	36,40
29	32,19	32,48	32,77	33,06	33,35	33,64	33,93	34,22	34,51	34,80	35,09	35,38	35,67	35,96	36,25	36,54	36,83	37,12	37,41	37,70
30	33,30	33,60	33,90	34,20	34,50	34,80	35,10	35,40	35,70	36,00	36,30	36,60	36,90	37,20	37,50	37,80	38,10	38,40	38,70	39,00
31	34,41	34,72	35,03	35,34	35,65	35,96	36,27	36,58	36,89	37,20	37,51	37,82	38,13	38,44	38,75	39,06	39,37	39,68	39,99	40,30
32	35,52	35,84	36,16	36,48	36,80	37,12	37,44	37,76	38,08	38,40	38,72	39,04	39,36	39,68	40,00	40,32	40,64	40,96	41,28	41,60
33	36,63	36,96	37,29	37,62	37,95	38,28	38,61	38,94	39,27	39,60	39,93	40,26	40,59	40,92	41,25	41,58	41,91	42,24	42,57	42,90
34	37,74	38,08	38,42	38,76	39,10	39,44	39,78	40,12	40,46	40,80	41,14	41,48	41,82	42,16	42,50	42,84	43,18	43,52	43,86	44,20
35	38,85	39,20	39,55	39,90	40,25	40,60	40,95	41,30	41,65	42,00	42,35	42,70	43,05	43,40	43,75	44,10	44,45	44,80	45,15	45,50
36	39,96	40,32	40,68	41,04	41,40	41,76	42,12	42,48	42,84	43,20	43,56	43,92	44,28	44,64	45,00	45,36	45,72	46,08	46,44	46,80
37	41,07	41,44	41,81	42,18	42,55	42,92	43,29	43,66	44,03	44,40	44,77	45,14	45,51	45,88	46,25	46,62	46,99	47,36	47,73	48,10
38	42,18	42,56	42,94	43,32	43,70	44,08	44,46	44,84	45,22	45,60	45,98	46,36	46,74	47,12	47,50	47,88	48,26	48,64	49,02	49,40
39	43,29	43,68	44,07	44,46	44,85	45,24	45,63	46,02	46,41	46,80	47,19	47,58	47,97	48,36	48,75	49,14	49,53	49,92	50,31	50,70
40	44,40	44,80	45,20	45,60	46,00	46,40	46,80	47,20	47,60	48,00	48,40	48,80	49,20	49,60	50,00	50,40	50,80	51,20	51,60	52,00
41	45,51	45,92	46,33	46,74	47,15	47,56	47,97	48,38	48,79	49,20	49,61	50,02	50,43	50,84	51,25	51,66	52,07	52,48	52,89	53,30
42	46,62	47,04	47,46	47,88	48,30	48,72	49,14	49,56	49,98	50,40	50,82	51,24	51,66	52,08	52,50	52,92	53,34	53,76	54,18	54,60
43	47,73	48,16	48,59	49,02	49,45	49,88	50,31	50,74	51,17	51,60	52,03	52,46	52,89	53,32	53,75	54,18	54,61	55,04	55,47	55,90
44	48,84	49,28	49,72	50,16	50,60	51,04	51,48	51,92	52,36	52,80	53,24	53,68	54,12	54,56	55,00	55,44	55,88	56,32	56,76	57,20
45	49,95	50,40	50,85	51,30	51,75	52,20	52,65	53,10	53,55	54,00	54,45	54,90	55,35	55,80	56,25	56,70	57,15	57,60	58,05	58,50
46	51,06	51,52	51,98	52,44	52,90	53,36	53,82	54,28	54,74	55,20	55,66	56,12	56,58	57,04	57,50	57,96	58,42	58,88	59,34	59,80
47	52,17	52,64	53,11	53,58	54,05	54,52	54,99	55,46	55,93	56,40	56,87	57,34	57,81	58,28	58,75	59,22	59,69	60,16	60,63	61,10
48	53,28	53,76	54,24	54,72	55,20	55,68	56,16	56,64	57,12	57,60	58,08	58,56	59,04	59,52	60,00	60,48	60,96	61,44	61,92	62,40
49	54,39	54,88	55,37	55,86	56,35	56,84	57,33	57,82	58,31	58,80	59,29	59,78	60,27	60,76	61,25	61,74	62,23	62,72	63,21	63,70
50	55,50	56,00	56,50	57,00	57,50	58,00	58,50	59,00	59,50	60,00	60,50	61,00	61,50	62,00	62,50	63,00	63,50	64,00	64,50	65,00

Stunden	1,85 ℳ	1,40 ℳ	1,45 ℳ	1,50 ℳ	1,55 ℳ	1,60 ℳ	1,65 ℳ	1,70 ℳ	1,75 ℳ	1,80 ℳ	1,85 ℳ	1,90 ℳ	1,95 ℳ	2,00 ℳ	2,05 ℳ	2,10 ℳ
1	1,35	1,40	1,45	1,50	1,55	1,60	1,65	1,70	1,75	1,80	1,85	1,90	1,95	2,00	2,05	2,10
2	2,70	2,80	2,90	3,00	3,10	3,20	3,30	3,40	3,50	3,60	3,70	3,80	3,90	4,00	4,10	4,20
3	4,05	4,20	4,35	4,50	4,65	4,80	4,95	5,10	5,25	5,40	5,55	5,70	5,85	6,00	6,15	6,30
4	5,40	5,60	5,80	6,00	6,20	6,40	6,60	6,80	7,00	7,20	7,40	7,60	7,80	8,00	8,20	8,40
5	6,75	7,00	7,25	7,50	7,75	8,00	8,25	8,50	8,75	9,00	9,25	9,50	9,75	10,00	10,25	10,50
6	8,10	8,40	8,70	9,00	9,30	9,60	9,90	10,20	10,50	10,80	11,10	11,40	11,70	12,00	12,30	12,60
7	9,45	9,80	10,15	10,50	10,85	11,20	11,55	11,90	12,25	12,60	12,95	13,30	13,65	14,00	14,35	14,70
8	10,80	11,20	11,60	12,00	12,40	12,80	13,20	13,60	14,00	14,40	14,80	15,20	15,60	16,00	16,40	16,80
9	12,15	12,60	13,05	13,50	13,95	14,40	14,85	15,30	15,75	16,20	16,65	17,10	17,55	18,00	18,45	18,90
10	13,50	14,00	14,50	15,00	15,50	16,00	16,50	17,00	17,50	18,00	18,50	19,00	19,50	20,00	20,50	21,00
11	14,85	15,40	15,95	16,50	17,05	17,61	18,15	18,70	19,25	19,80	20,35	20,90	21,45	22,00	22,55	23,10
12	16,20	16,80	17,40	18,00	18,60	19,20	19,80	20,40	21,00	21,60	22,20	22,80	23,40	24,00	24,60	25,20
13	17,55	18,20	18,85	19,50	20,15	20,80	21,45	22,10	22,75	23,40	24,05	24,70	25,35	26,00	26,65	27,30
14	18,90	19,60	20,30	21,00	21,70	22,40	23,10	23,80	24,50	25,20	25,90	26,60	27,30	28,00	28,70	29,40
15	20,25	21,00	21,75	22,50	23,25	24,00	24,75	25,50	26,25	27,00	27,75	28,50	29,25	30,00	30,75	31,50
16	21,60	22,40	23,20	24,00	24,80	25,60	26,40	27,20	28,00	28,80	29,60	30,40	31,20	32,00	32,80	33,60
17	22,95	23,80	24,65	25,50	26,35	27,20	28,05	28,90	29,75	30,60	31,45	32,30	33,15	34,00	34,85	35,70
18	24,30	25,20	26,10	27,00	27,90	28,80	29,70	30,60	31,50	32,40	33,30	34,20	35,10	36,00	36,90	37,80
19	25,65	26,60	27,55	28,50	29,45	30,40	31,35	32,30	33,25	34,20	35,15	36,10	37,05	38,00	38,95	39,90
20	27,00	28,00	29,00	30,00	31,00	32,00	33,00	34,00	35,00	36,00	37,00	38,00	39,00	40,00	41,00	42,00
21	28,35	29,40	30,45	31,50	32,55	33,60	34,65	35,70	36,75	37,80	38,85	39,90	40,95	42,00	43,05	44,10
22	29,70	30,80	31,90	33,00	34,10	35,20	36,30	37,40	38,50	39,60	40,70	41,80	42,90	44,00	45,10	46,20
23	31,05	32,20	33,35	34,50	35,65	36,80	37,95	39,10	40,25	41,40	42,55	43,70	44,85	46,00	47,15	48,30
24	32,40	33,60	34,80	36,00	37,20	38,40	39,60	40,80	42,00	43,20	44,40	45,60	46,80	48,00	49,20	50,40
25	33,75	35,00	36,25	37,50	38,75	40,00	41,25	42,50	43,75	45,00	46,25	47,50	48,75	50,00	51,25	52,50

Stunden	1,35 ℳ	1,40 ℳ	1,45 ℳ	1,50 ℳ	1,55 ℳ	1,60 ℳ	1,65 ℳ	1,70 ℳ	1,75 ℳ	1,80 ℳ	1,85 ℳ	1,90 ℳ	1,95 ℳ	2,00 ℳ	2,05 ℳ	2,10 ℳ
26	35,10	36,40	37,70	39,00	40,30	41,60	42,90	44,20	45,50	46,80	48,10	49,40	50,70	52,00	53,30	54,60
27	36,45	37,80	39,15	40,50	41,85	43,20	44,55	45,80	47,15	48,50	49,85	51,20	52,55	54,00	55,35	56,70
28	37,80	39,20	40,60	42,00	43,40	44,80	46,20	47,60	49,00	50,40	51,80	53,20	54,60	56,00	57,40	58,80
29	39,15	40,60	42,05	43,50	44,95	46,40	47,85	49,30	50,75	52,20	53,65	55,00	56,50	58,00	59,45	60,90
30	40,50	42,00	43,50	45,00	46,50	48,00	49,50	51,00	52,50	54,00	55,50	57,00	58,50	60,00	61,50	63,00
31	41,85	43,40	44,95	46,50	48,05	49,60	51,15	52,70	54,25	55,80	57,35	58,90	60,45	62,00	63,55	65,10
32	43,20	44,80	46,40	48,00	49,60	51,20	52,80	54,40	56,00	57,60	59,20	60,80	62,40	64,00	65,60	67,20
33	44,55	46,20	47,85	49,50	51,15	52,80	54,45	56,10	57,75	59,40	61,05	62,70	64,35	66,00	67,65	69,30
34	45,90	47,60	49,30	51,00	52,70	54,40	56,10	57,80	59,50	61,20	62,90	64,60	66,30	68,00	69,70	71,40
35	47,25	49,00	50,75	52,50	54,25	56,00	57,75	59,50	61,25	63,00	64,75	66,50	68,25	70,00	71,75	73,50
36	48,60	50,40	52,20	54,00	55,80	57,60	59,40	61,20	63,00	64,80	66,60	68,40	70,20	72,00	73,80	75,60
37	49,95	51,80	53,65	55,50	57,35	59,20	61,05	62,90	64,75	66,60	68,45	70,30	72,15	74,00	75,85	77,70
38	51,30	53,20	55,10	57,00	58,90	60,80	62,70	64,60	66,50	68,40	70,30	72,20	74,10	76,00	77,90	79,80
39	52,65	54,60	56,55	58,50	60,45	62,40	64,35	66,30	69,25	70,20	72,15	74,10	76,05	78,00	79,95	81,90
40	54,00	56,00	58,00	60,00	62,00	64,00	66,00	68,00	70,00	72,00	74,00	76,00	78,00	80,00	82,00	84,00
41	55,35	57,40	59,45	61,50	63,55	65,60	67,65	69,70	71,75	73,80	75,85	77,90	79,75	82,00	84,05	86,10
42	56,70	58,80	60,90	63,00	65,10	67,20	69,30	71,40	73,50	75,60	77,70	79,80	81,90	84,00	86,10	88,20
43	58,05	60,20	62,35	64,50	66,65	68,80	70,95	73,10	75,25	77,40	79,55	81,70	83,85	86,00	88,15	90,30
44	59,40	61,60	63,80	66,00	68,20	70,40	72,60	74,80	77,00	79,20	81,40	83,60	85,80	88,00	90,20	92,40
45	60,75	63,00	65,25	67,50	69,75	72,00	74,25	76,50	78,75	81,00	83,25	85,50	87,75	90,00	92,25	94,50
46	62,10	64,40	66,70	69,00	71,30	73,60	75,90	78,20	80,50	82,80	85,10	87,40	89,70	92,00	94,30	96,60
47	63,45	65,80	68,15	70,50	72,85	75,20	77,55	79,90	82,25	84,60	86,95	89,30	91,65	94,00	96,35	98,70
48	64,80	67,20	69,60	72,00	74,40	76,80	79,20	81,60	84,00	86,40	88,80	91,20	93,60	96,00	98,40	100,80
49	66,15	68,60	71,05	73,50	75,95	78,40	80,85	83,30	85,75	88,20	90,65	93,10	95,55	98,00	100,45	102,90
50	67,50	70,00	72,50	75,00	77,50	80,00	82,50	85,00	87,50	90,00	92,50	95,00	97,50	100,00	102,50	105,00

Stunden den	2,15 ℳ	2,20 ℳ	2,25 ℳ	2,30 ℳ	2,35 ℳ	2,40 ℳ	2,45 ℳ	2,50 ℳ	2,55 ℳ	2,60 ℳ	2,65 ℳ	2,70 ℳ	2,75 ℳ	2,80 ℳ	2,85 ℳ
1	2,15	2,20	2,25	2,30	2,35	2,40	2,45	2,50	2,55	2,60	2,65	2,70	2,75	2,80	2,85
2	4,30	4,40	4,50	4,60	4,70	4,80	4,90	5,00	5,10	5,20	5,30	5,40	5,50	5,60	5,70
3	6,45	6,60	6,75	6,90	7,05	7,20	7,35	7,50	7,65	7,80	7,95	8,10	8,25	8,40	8,55
4	8,60	8,80	9,00	9,20	9,40	9,60	9,80	10,00	10,20	10,40	10,60	10,80	11,00	11,20	11,40
5	10,75	11,00	11,25	11,50	11,75	12,00	12,25	12,50	12,75	13,00	13,25	13,50	13,75	14,00	14,25
6	12,90	13,20	13,50	13,80	14,10	14,40	14,70	15,00	15,30	15,60	15,90	16,20	16,50	16,80	17,10
7	15,05	15,40	15,75	16,10	16,45	16,80	17,15	17,50	17,85	18,20	18,55	18,90	19,25	19,60	19,95
8	17,20	17,60	18,00	18,40	18,80	19,20	19,60	20,00	20,40	20,80	21,20	21,60	22,00	22,40	22,80
9	19,35	19,80	20,25	20,70	21,15	21,60	22,05	22,50	22,95	23,40	23,85	24,30	24,75	25,20	25,65
10	21,50	22,00	22,50	23,00	23,50	24,00	24,50	25,00	25,50	26,00	26,50	27,00	27,50	28,00	28,50
11	23,65	24,20	24,75	25,30	25,85	26,40	26,95	27,50	28,05	28,60	29,15	29,70	30,25	30,80	31,35
12	25,80	26,40	27,00	27,60	28,20	28,80	29,40	30,00	30,60	31,20	31,80	32,40	33,00	33,60	34,20
13	27,95	28,60	29,25	29,90	30,55	31,20	31,85	32,50	33,15	33,80	34,45	35,10	35,75	36,40	37,05
14	30,10	30,80	31,50	32,20	32,90	33,60	34,30	35,00	35,70	36,40	37,10	37,80	38,50	39,20	39,90
15	32,25	33,00	33,75	34,50	35,25	36,00	36,75	37,50	38,25	39,00	39,75	40,50	41,75	42,00	43,25
16	34,40	35,20	36,00	36,80	37,60	38,40	39,20	40,00	40,80	41,60	42,40	43,20	44,00	44,80	45,60
17	36,55	37,40	38,25	39,10	39,95	40,80	41,65	42,50	43,35	44,20	45,05	45,90	46,75	47,60	48,45
18	38,70	39,60	40,50	41,40	42,30	43,20	44,10	45,00	45,90	46,80	47,70	48,60	49,50	50,40	51,30
19	40,85	41,80	42,75	43,70	44,65	45,60	46,55	47,50	48,45	49,40	50,35	51,30	52,25	53,20	54,15
20	43,00	44,00	45,00	46,00	47,00	48,00	49,00	50,00	51,00	52,00	53,00	54,00	55,00	56,00	57,00
21	45,15	46,20	47,25	48,30	49,35	50,40	51,45	52,50	53,55	54,60	55,65	56,70	57,75	58,80	59,85
22	47,30	48,40	49,50	50,60	51,70	52,80	53,90	55,00	56,10	57,20	58,30	59,40	60,50	61,60	62,70
23	49,45	50,60	51,75	52,90	54,05	55,20	56,35	57,50	58,65	59,80	60,95	62,10	63,25	64,40	65,55
24	51,60	52,80	54,00	55,20	56,40	57,60	58,80	60,00	61,20	62,40	63,60	64,80	66,00	67,20	68,40
25	53,75	55,00	56,25	57,50	58,75	60,00	61,25	62,50	63,75	65,00	66,25	67,50	68,75	71,00	71,25

Stunden	2,15 ℳ	2,20 ℳ	2,25 ℳ	2,30 ℳ	2,35 ℳ	2,40 ℳ	2,45 ℳ	2,50 ℳ	2,55 ℳ	2,60 ℳ	2,65 ℳ	2,70 ℳ	2,75 ℳ	2,80 ℳ	2,85 ℳ
26	55,90	57,20	58,50	59,80	61,10	62,40	63,70	65,00	66,30	67,60	68,90	70,20	71,50	72,80	74,10
27	58,05	59,40	60,75	62,10	63,45	64,80	66,15	67,50	68,85	70,20	71,55	72,90	74,25	75,60	76,95
28	60,20	61,60	63,00	64,40	65,80	67,20	68,60	70,00	71,40	72,80	74,20	75,60	77,00	78,40	79,80
29	62,35	63,80	65,25	66,70	68,15	69,60	71,05	72,50	73,95	75,40	76,85	78,30	79,75	81,20	82,65
30	64,50	66,00	67,50	69,00	70,50	72,00	73,50	75,00	76,50	78,00	79,50	81,00	82,50	84,00	85,50
31	66,65	68,20	69,75	71,30	72,85	74,40	75,95	77,50	79,05	80,60	82,15	83,70	85,25	86,80	88,35
32	68,80	70,40	72,00	73,60	75,20	76,80	78,40	80,00	81,60	83,20	84,80	86,40	88,00	89,60	91,20
33	70,95	72,60	74,25	75,90	77,55	79,20	80,85	82,50	84,15	85,80	87,45	89,10	90,75	92,40	94,05
34	73,10	74,80	76,50	78,20	79,90	81,60	83,30	85,00	86,70	88,40	90,10	91,80	93,50	95,20	96,90
35	75,25	77,00	78,75	80,50	82,25	84,00	85,75	87,50	89,25	91,00	92,75	94,50	96,25	98,00	99,75
36	77,40	79,20	81,00	82,80	84,60	86,40	88,20	90,00	91,80	93,60	95,40	97,20	99,00	100,80	102,60
37	79,55	81,40	83,25	85,10	86,95	88,80	90,65	92,50	94,35	96,20	98,05	99,90	101,75	103,60	105,45
38	81,70	83,60	85,50	87,40	89,30	91,20	93,10	95,00	96,90	98,80	100,70	102,60	104,50	106,40	108,30
39	83,85	85,80	87,75	89,70	91,65	93,60	95,55	97,50	99,45	101,40	103,35	105,30	107,25	109,20	111,15
40	86,00	88,00	90,00	92,00	94,00	96,00	98,00	100,00	102,00	104,00	106,00	108,00	110,00	112,00	114,00
41	88,15	90,20	92,25	94,30	96,35	98,40	100,45	102,50	104,55	106,60	108,65	110,70	112,75	114,80	116,85
42	90,30	92,40	94,50	96,60	98,70	100,80	102,90	105,00	107,10	109,20	111,30	113,40	115,50	117,60	119,70
43	92,45	94,60	96,75	98,90	101,05	103,20	105,35	107,50	109,65	111,80	113,95	116,10	118,25	120,40	122,55
44	94,60	96,80	99,00	101,20	103,40	105,60	107,80	110,00	112,20	114,40	116,60	118,80	121,00	123,20	125,40
45	96,75	99,00	101,25	103,50	105,75	108,00	110,25	112,50	114,75	117,00	119,25	121,50	123,75	126,00	128,25
46	98,90	101,20	103,50	105,80	108,10	110,40	112,70	115,00	117,30	119,60	121,90	124,20	126,50	128,80	131,10
47	101,05	103,60	105,75	108,10	110,45	112,80	115,15	117,50	119,85	122,20	124,55	126,90	129,25	131,60	133,95
48	103,20	105,60	108,00	110,40	112,80	115,20	117,60	120,00	122,40	124,80	127,20	129,60	132,00	134,40	136,80
49	105,35	107,80	110,25	112,70	115,15	117,60	120,05	122,50	124,95	127,40	129,85	132,30	134,75	137,20	139,65
50	107,50	110,00	112,50	115,00	117,50	120,00	122,50	125,00	127,50	130,00	132,50	135,00	137,50	140,00	142,50

Stunden	2,90 ℳ	2,95 ℳ	3,00 ℳ	3,05 ℳ	3,10 ℳ	3,15 ℳ	3,20 ℳ	3,25 ℳ	3,30 ℳ	3,35 ℳ	3,40 ℳ	3,45 ℳ	3,50 ℳ	3,55 ℳ	3,60 ℳ
1	2,90	2,95	3,00	3,05	3,10	3,15	3,20	3,25	3,30	3,35	3,40	3,45	3,50	3,55	3,60
2	5,80	5,90	6,00	6,10	6,20	6,30	6,40	6,50	6,60	6,70	6,80	6,90	7,00	7,10	7,20
3	8,70	8,85	9,00	9,15	9,30	9,45	9,60	9,75	9,90	10,05	10,20	10,35	10,50	10,65	10,80
4	11,60	11,80	12,00	12,20	12,40	12,60	1,280	13,00	13,20	13,40	13,60	13,80	14,00	14,20	14,40
5	14,50	14,75	15,00	15,25	15,50	15,75	16,00	16,25	16,50	16,75	17,00	17,25	17,50	17,75	18,00
6	17,40	17,70	18,00	18,30	18,60	18,90	19,20	19,50	19,80	20,10	20,40	20,70	21,00	21,30	21,60
7	20,30	20,65	21,00	21,35	21,70	22,05	22,40	22,75	23,10	23,45	23,80	24,15	24,50	24,85	25,20
8	23,20	23,60	24,00	24,40	24,80	25,20	25,60	26,00	26,40	26,80	27,20	27,60	28,00	28,40	28,80
9	26,10	26,55	27,00	27,45	27,90	28,35	28,80	29,25	29,70	30,15	30,60	31,05	31,50	32,95	32,40
10	29,00	29,50	30,00	30,50	31,00	31,50	32,00	32,50	33,00	33,50	34,00	34,50	35,00	35,50	36,00
11	31,90	32,45	33,00	33,55	34,10	34,65	35,20	35,75	36,30	36,85	37,40	37,95	38,50	39,05	39,60
12	34,40	35,40	36,00	36,60	37,20	37,80	38,40	39,00	39,60	40,20	40,80	41,40	42,00	42,60	43,20
13	37,70	38,35	39,00	39,65	40,30	40,95	41,60	42,25	42,90	43,55	44,20	44,85	45,50	46,15	46,80
14	40,60	41,30	42,00	42,70	43,40	44,10	44,80	45,50	46,20	46,90	47,60	48,30	49,00	49,70	50,40
15	43,50	44,75	45,00	46,25	46,50	47,75	48,00	49,25	49,50	50,25	51,00	51,75	52,50	53,25	54,00
16	46,40	48,20	48,00	48,80	49,60	50,40	51,20	52,00	52,80	53,60	54,40	55,20	56,00	56,80	57,60
17	49,30	50,15	51,00	51,85	52,70	53,55	54,40	55,25	56,10	56,95	57,80	58,65	59,50	60,35	61,20
18	52,20	53,10	54,00	54,90	55,80	56,70	57,60	58,50	59,40	60,30	61,20	62,10	63,00	63,90	64,80
19	55,10	56,06	57,00	57,95	58,90	59,85	60,80	61,75	62,70	63,65	64,60	65,55	66,50	67,45	68,40
20	58,00	59,00	60,00	61,00	62,00	63,00	64,00	65,00	66,00	67,00	68,00	69,00	70,00	71,00	72,00
21	60,90	61,95	63,00	64,05	65,10	66,15	67,20	68,25	69,30	70,35	71,40	72,45	73,50	74,55	75,60
22	63,80	64,90	66,00	67,10	68,20	69,30	70,40	71,50	72,60	73,70	74,80	75,90	77,00	78,10	79,20
23	66,70	67,85	69,00	70,15	71,30	72,45	73,60	74,75	75,90	77,05	78,20	79,35	80,50	81,65	82,80
24	69,60	70,80	72,00	73,20	74,40	75,60	76,80	78,00	79,20	80,40	81,60	82,80	84,00	85,20	86,40
25	72,50	73,75	75,00	76,25	77,50	78,75	80,00	81,25	82,50	83,75	85,00	86,25	87,50	88,75	90,00

Stunden	2,90 ℳ	2,95 ℳ	3,00 ℳ	3,05 ℳ	3,10 ℳ	3,15 ℳ	3,20 ℳ	3,25 ℳ	3,30 ℳ	3,35 ℳ	3,40 ℳ	3,45 ℳ	3,50 ℳ	3,55 ℳ	3,60 ℳ
26	75,40	76,70	78,00	79,30	80,60	81,90	83,20	84,50	85,80	87,10	88,40	89,70	91,00	92,30	92,60
27	78,30	79,65	81,00	82,35	83,70	85,05	86,40	87,75	89,10	90,45	91,80	93,15	94,50	95,85	97,20
28	81,20	82,60	84,00	85,40	86,80	88,20	89,60	91,00	92,40	93,80	95,20	96,60	98,00	99,40	100,80
29	84,10	85,55	87,00	88,45	89,90	91,35	92,80	94,25	95,70	97,15	98,60	100,05	101,50	102,95	104,40
30	87,00	88,50	90,00	91,50	93,00	94,50	96,00	97,50	99,00	100,50	102,00	103,50	105,00	106,50	108,00
31	89,90	91,45	93,00	94,55	96,10	97,65	99,20	100,75	102,30	103,85	105,40	106,95	108,50	110,05	111,60
32	92,80	94,40	96,00	97,60	99,20	100,80	102,40	104,00	105,60	107,20	108,80	110,40	112,00	113,60	115,20
33	95,70	97,35	99,00	100,65	102,30	103,95	105,60	107,25	108,90	110,55	112,20	113,85	115,50	117,15	118,80
34	98,60	100,30	102,00	103,70	105,40	107,10	108,80	110,50	112,20	113,90	115,60	117,30	119,00	120,70	122,40
35	101,50	103,25	105,00	106,75	108,50	110,25	112,00	113,75	115,50	117,25	119,00	120,75	122,50	124,25	126,00
36	104,40	106,20	108,00	109,80	111,60	113,40	115,20	117,00	118,80	120,60	122,40	124,20	126,00	127,80	129,60
37	107,30	109,15	111,00	112,85	114,70	116,55	118,40	120,25	122,10	123,95	125,80	127,65	129,50	131,35	133,20
38	110,20	112,10	114,00	115,90	117,80	119,70	121,60	123,50	125,40	127,30	129,20	131,10	133,00	134,90	136,80
39	113,10	115,05	117,00	118,95	120,90	122,85	124,80	126,75	128,70	130,65	132,60	134,55	136,50	138,45	140,40
40	116,00	118,00	120,00	122,00	124,00	126,00	128,00	130,00	132,00	134,00	136,00	138,00	140,00	142,00	144,00
41	118,90	120,95	123,00	125,05	127,10	129,15	131,20	133,25	135,30	137,35	139,40	141,45	143,50	145,55	147,60
42	121,80	123,90	126,00	128,10	130,30	132,30	134,40	136,50	138,60	140,70	142,80	144,90	147,00	149,10	151,20
43	124,70	126,85	129,00	131,15	133,30	135,45	137,60	139,75	141,90	144,05	146,20	148,35	150,50	152,65	154,80
44	127,60	129,80	132,00	134,20	136,40	138,60	140,80	143,00	145,20	147,40	149,60	151,80	154,00	156,20	158,40
45	130,50	132,75	135,00	137,25	139,50	141,75	144,00	145,25	148,50	150,75	153,00	155,25	157,50	159,75	162,00
46	133,40	135,70	138,00	140,30	142,30	144,90	147,20	149,50	151,80	154,10	156,40	158,70	161,00	163,30	165,60
47	136,30	138,65	141,00	143,35	145,70	148,05	150,40	152,75	155,10	157,45	159,80	162,15	164,50	166,85	169,20
48	139,20	141,60	144,00	146,40	148,80	151,20	153,60	156,00	158,40	160,80	163,20	165,60	168,00	170,40	172,80
49	142,10	144,55	147,00	149,45	151,90	154,35	156,80	159,25	161,70	164,15	166,60	169,05	171,50	173,95	176,40
50	145,00	147,50	150,00	152,50	155,00	157,50	160,00	162,50	165,00	167,50	170,00	172,50	175,00	177,50	180,00

2. Schmelz- und Gefrierpunkte

bei einem Druck von 760 mm Quecksilbersäule.

Gegenstand	Schmelz- oder Gefrier- punkt °C	Gegenstand	Schmelz- oder Gefrier- punkt °C
Osmium	2500	Wismutlote	94—128
Iridium	1450	Kautschuk	125
Platin	1720	Schwefel	115
Palladium	1550	Natrium	96
Porzellan	1550	Wachs	64
Schweißeisen	1500—1600	Kalium	62
Nickel	1470	Paraffin	54
Flußeisen	1350—1450	Stearin	50
Stahl	1300—1400	Walrat	49
Eisenhochofen-		Phosphor	44
schlacke	1300—1430	Benzol	6
Gußeisen, grau . . .	1200	Wasser	0
„ weiß . . .	1100	Seewasser	—2,5
Kupfer	1084	Rüböl	—2,5
Glas	800—1400	Anilin	—8
Gold	1084	Terpentinöl	—10
Silber	961	Kochsalzlösung, ges.	—18
Schmelzfarben		Leinöl	—20
(Emailfarben) . .	960	Glyzerin	—20
Deltametall	950	Quecksilber	—39
Messing	900	Chlorkalziumlösung,	
Bronze	900	ges.	—40
Aluminium	657	Chloroform	—70
Antimon	430	Schweflige Säure . .	—76
Zink	419	Ammoniak	—78
Blei	327	Flüss. Kohlensäure .	—79
Kadmium	321	Alkohol abs.	—100
Wismut	269	Toluol	—102
Zinn	232	Schwefelkohlenstoff .	—113
Weichlote	135—200	Äther	—118

3. Zusammensetzung von Metallegierungen.

1. **Messing.** Legierung aus Kupfer und Zink.
   Stolberger Messing: 64,8 Kupfer; 32,8 Zink; 2,0 Blei; 0,4 Zinn.
   Englisches Messing: 66,7 Kupfer; 33,3 Zink.
   Tombak: 85 Kupfer; 15 Zink.
   Weißmessing: 50—80 Zink; 20—50 Kupfer.

2. **Bronze (Rotguß).** Legierung aus Kupfer und Zinn.
   Phosphorbronze: 0,5—1 % Phosphor.
   Glockenmetall enthält bis 25 % Zinn.
   Geschützbronze bis 10 % Zinn.

3. **Weißmetall.** Zinnreiche Legierung mit Blei, Antimon oder Kupfer; z. B.: 85 Zinn, 10 Antimon, 5 Kupfer.
   Antifriktionsmetall: Zinn, Antimon, Blei, Kupfer, Zink.

4. **Deltametall** aus Kupfer, Zink, Eisen; goldgelb; große Festigkeit und Dehnbarkeit.

5. **Duranametall** aus Zink, Kupfer, Eisen. (Dürener Metallwerke.)

6. Sonstige Legierungen.

Bezeichnung	Kupfer	Zinn	Zink	Antimon	Blei	Aluminium	Nickel
Letternmetall . .	—	—	—	16—25	84—75	¹)	—
„ von							
Ehrhardt . . .	4,2	4—3	89--93	—	3—2	—	—
Hartes Typen-	—	59	33	—	—	—	—
metall von	—	75	—	25	—	—	—
Johnson . . .	--	—	—	20	80	—	--
Britanniametall .	1,85	81,9	—	16,25	—	—	--
	—	90	—	10	—	—	--
Neusilber, Pack-	50—65	--	30—20	—	—	—	20—15
fong, Argentan	55	—	25	—	--	—	20
Alfenide	59	—	36	—	--	—	10
Aluminiumbronze	85—95	—	—	—	—	15—5	—
Aluminiummessing	96,7	—	—	—	—	3,3	—

Magnalium: 77—98 Aluminium; 23--2 Magnesium.
100 Teile Aluminium + 10 Teile Magnesium etwa mechanische
    Eigenschaften des gewalzten Zinks.
100 Teile Aluminium + 15 Teile Magnesium etwa mechanische
    Eigenschaften des Messings.
100 Teile Aluminium + 20 Teile Magnesium etwa mechanische
    Eigenschaften der weichen Bronze.
100 Teile Aluminium + 25 Teile Magnesium etwa mechanische
    Eigenschaften der gewöhnlichen Bronze.

4. Spezifische Gewichte fester Körper. Wasser (bei 4°) = 1.

Aluminium, geh. .	2,75	Erde, lehmig,	
–, gegossen . . .	2,56	frisch	2
Aluminiumbronze		–, trocken . . .	1,6 – 1,9
gegossen . . .	7,7	Feldspat	2,53– 2,58
Amalgam . . .	13,7 –14,1	Fette	0,92– 0,94
Antimon	6,7	Feuerstein . . .	2,6 – 2,8
Asbest	2,1 – 2,8	Flachs, trocken .	1,5
Asphalt	1,1 – 1,5	Flußeisen . . .	7,85
Baumwolle . . .	1,47– 1,50	Flußspat	3,1 – 3,2
Beton	1,80– 2,45	Flußstahl	7,86
Bittersalz. . . .	1,7 – 1,8	Gips, gebrannt .	1,81
Blei	11,25–11,37	–, geg. trocken .	0,97
Borax	1,7 – 1,8	Glas, Fenster- .	2,4 – 2,6
Braunkohle . .	1,2 – 1,5	–, Flint-	3,15– 3,90
Braunstein . . .	3,7 – 4,6	–, Kristall- . .	2,9 – 3
Bronze	7,4 – 8,9	–, Spieg.- oder	
Calciumcarbid . .	2,26	Kronen- . . .	2,45– 2,72
Chroms.-Kali,		Glaubersalz . . .	1,4 – 1,5
dopp.	2,7	Glimmer	2,65– 3,20
Deltametall . . .	8,6	Glockenmetall .	8,81
Diamant	3,5 – 3,6	Gold, gediegen .	19,33
Eis	0,88– 0,92	–, gegossen . . .	19,25
Eisen, chem. rein	7,88	–, gehämmert .	19,30–19,35
Eisenvitriol . .	1,80– 1,98	Granat	3,4 – 4,3
Elfenbein . . .	1,83– 1,92	Granit	2,51– 3,05

¹) Auch mit 15 bis 5 % Aluminium.

Graphit	1,9 – 2,3	Linoleum	1,15– 1,30
Grobkohle	1,2 – 1,5	Lonarit	1,7
Gummi, arabisch	1,31– 1,45	Magnesium	1,74
–, Kautschuk-	0,92– 0,96	Mangan	7,15– 8,03
Gummifabrikate	1,45	Marmor	2,52– 2,85
Gußeisen	7,25	Messing, gewalzt	8,52– 8,62
–, flüssig	6,9	–, gegossen	8,4 – 8,7
Guttapercha	0,96– 0,99	Neusilber	8,4 – 8,7
Harz	1,07	Nickel	8,9 – 9,2
Holzarten, lufttrocken:		Papier	0,7 – 1,15
Ahorn	0,53– 0,81	Paraffin	0,87– 0,91
Apfelbaum	0,66– 0,84	Phosphorbronze	8,8
Birke	0,66– 0,84	Platin	21,3 –21,5
Birnbaum	0,61– 0,73	Porzellan	2,4 – 2,5
Buchsbaum	0,91– 1,16	Preßkohle	1,25
Ebenholz	1,26	Roheisen	6,7 – 7,6
Eiche	0,69– 1,03	Salmiak	1,5 – 1,6
Esche	0,57– 0,94	Schiefer	2,65– 2,70
Kiefer	0,31– 0,76	Schießpulver	0,9
Linde	0,32– 0,59	Schmirgel	4,0
Mahagoni	0,56– 1,06	Schwefel, krist.	1,96– 2,07
Nußbaum	0,60– 0,81	Schweißeisen	7,8
Pappel	0,39– 0,59	Schweißstahl	7,86
Rotbuche	0,66– 0,83	Silber, gegossen	10,42–10,53
Weide	0,59– 0,94	–, gehämmert	10,5 –10,6
Holzkohle, luft-		Soda, krist.	1,45
frei	1,4 – 1,5	Stahl	7,86
Kalk, gebrannt	2,3 – 3,2	Steinkohle	1,2 – 1,5
Kalkmörtel	1,7	Talg	0,90– 0,97
Kartoffel	1,06– 1,13	Ton	1,8 – 2,6
Knochen	1,7 – 2	Torf	0,64
Kobalt	8,51	Wachs	0,95– 0,98
Kochsalz	2,15– 2,17	Weißmetall	7,1
Kolophonium	1,07	Wismut, gegossen	9,82
Kork	0,24	Wolfram	17,5
Kreide	1,8 – 2,6	Ziegel	1,40– 1,55
Kupfer, gegossen	8,8	Zink, gewalzt	7,13– 7,20
–, gehämmert	8,9 – 9	Zinn, geh. oder	
Leder, trocken	0,86	gew.	7,3 – 7,5
Leim	1,27	Zucker	1,61

5. Längenmaße.

	Kilo-meter	Hekto-meter	Deka-meter	Meter
1 Kilometer (km)	1	10	100	1000
1 Hektometer (hm)	0,1	1	10	100
1 Dekameter (dm)	0,01	0,1	1	10
1 Meter (m)	0,001	0,01	0,1	1
	Meter	Zenti-meter	Milli-meter	
1 Meter (m)	1	100	1000	—
1 Zentimeter (cm)	0,01	1	10	—
1 Millimeter (mm)	0,001	0,1	1	—

Vergleichstabelle gebräuchlicher, nicht metrischer
Maße.

Land	Altes Maß	m	Land	Altes Maß	m
Baden	1 Fuß	0,3	Rheinpfalz .	1 Fuß	0,333
„	1 Elle	0,6	Sachsen . . .	1 „	0,283
Bayern . . .	1 Fuß	0,292	Schweden . .	1 „	0,297
Belgien	1 Elle	0,695	„ . .	1 Elle	0,5938
Dänemark	1 Fuß	0,314	Schweiz . . .	1 Fuß	0,3
„	1 Elle	0,628	„ . . .	1 Elle	0,6
Österreich . .	1 Fuß	0,316	Württemberg	1 Fuß	0,286
„	1 Elle	0,7776	Frankreich .	1 „	0,325
Preußen . . .	1 Fuß	0,314	Hessen	1 „	0,250
„ . . .	1 Zoll	0,026	„	1 Elle	0,6
„ . . .	1 Elle	0,6660			

1 geogr. Meile = 7420,44 m, 1 Seemeile (Knoten) = 1852 m,
1 Äquatorgrad = 15 geogr. Meilen = 111,3066 km,
1 preußische (auch dänische) Meile = 7532,484 m = 2000 Ruten zu 12 Fuß zu 12 Zoll zu 12 Linien,
1 englische Meile (London mile) zu 5000 engl. Fuß = 1523,973 m,
1 engl. Meile (Statute mile) zu 1760 Yards = 1609,342 m,
1 engl. Yard = 3 Feet zu 12 inches = 0,914 m; 1 Zoll engl. =
25,4 mm,
1 russische Werst = 500 Saschen = 1066,781 m,
1 Saschen = 7 Fuß zu 12 Zoll = 2,133 m,
1 chin. Li zu 360 Schritt = 578,3 m,
1 chin. Yin zu 10 Tschang zu 10 Covids = 35,8 m,
1 jap. Ri (Meile) = 3935 m, 1 Kreu zu 6 Schaku = 1,812 m.

6. Flächenmaße.

	qkm	ha	a	qm
1 ☐ Kilometer qkm	1	100	10000	1 000 000
1 Hektar ha	0,01	1	100	10 000
1 Ar a	0,0001	0,01	1	100
1 ☐ Meter qm	0,000001	0,0001	0,01	1

1 qm = 10 000 qcm
1 qcm = 100 qmm
1 preuß. ☐ Rute = 0,142 a
1 preuß. Morgen = 0,255 ha
1 geog. ☐ Meile = 55,0629 qkm
1 preuß. ☐ Fuß = 0,0985 qm
1 preuß. ☐ Zoll = 6,849 qcm

1 deutsche ☐ Meile = 56,25 qkm
1 dän. Tonne Land = 55,162 a
1 engl. Acre = 40,467 a
1 österr. Joch = 57,554 a
1 russ. ☐ Werst = 1,138 qkm
1 russ. Desjatine = 109,25 a
1 span. Fanegada = 64,4 a

Vergleichstabelle für deutsche Flächenmaße.

Deutsches Reich	Baden	Bayern	Preußen	Sachsen	Württemberg
Hektar	Morgen	Tagwerk	Morgen	Acker	Morgen
1	2,778	2,935	3,917	1,807	3,173
0,360	1	1,057	1,410	0,651	1,142
0,341	0,947	1	1,335	0,616	1,081
0,255	0,709	0,749	1	0,461	0,810
0,553	0,537	1,624	2,168	1	1,756
0,315	0,875	0,925	1,234	0,570	1
Ar	□ Rute	□ Rute	□ Rute	□ Rute	□ Rute
1	11,111	11,740	7,050	5,421	12,184
1,090	1	1,057	0,634	0,488	1,097
0,085	0,947	1	0,601	0,462	1,038
0,142	1,576	1,665	1	0,760	1,728
0,184	2,050	2,166	1,301	1	2,248
0,082	0,912	0,964	0,579	0,445	1

1 bad. (bayer. Tagwerk) Morgen = 400 □ Ruten,
1 preuß. Morgen = 180 □ Ruten,
1 sächs. Acker = 300 □ Ruten,
1 württemb. Morgen = 384 □ Ruten.

Körpermaße und Hohlmaße.

1 Kubikmeter = 1000 Kubikdezimeter (cdm),
1 cdm = 1000 Kubikzentimeter (ccm),
1 ccm = 1000 Kubikmillimeter (cmm),
1 preuß. Kubikfuß = 0,0309 cbm,
1 preuß. Kubikzoll = 17,9 ccm,
1 engl. Kubikfuß = 0,028315 cbm,
1 engl. Kubikzoll = 16,386 ccm.

	cbm	hl	l	dl
1 Kubikmeter (cbm)	1	10	1000	10000
1 Hektoliter (hl)	0,1	1	100	1000
1 Liter (l)	0,001	0,01	1	10
1 Deziliter (dl)	0,0001	0,001	0,01	1

1 preuß. Scheffel = 0,055 cbm
1 preuß. Scheffel = 0,55 hl
1 preuß. Quart = 1,145 l
1 Oxhoft = 209.9 l
1 russ. Tschetwert = 290,9 l
1 engl. Quarter = 290,78 l

1 engl. Imp. Bushel = 36,35 l
1 amerik. Barrel = 35 engl. Gallonen zu 4,54 l = 1,59 hl
1 chin. Tschi = 103,1 l
1 jap. Koku = 181,4 l
1 Registertonne = 2,832 cbm

8. Gewichte.

Das Kilogramm (kg) bildet die Grundlage; es hat das Gewicht eines Liters destillierten Wassers.

	kg	g	cg	mg
1 Kilogramm (kg) . .	1	1000	100 000	100 000
1 Gramm (g)	0,001	1	100	1 000
1 Zentigramm (cg) . .	0,00001	0,01	1	10
1 Milligramm (mg) . .	0,000001	0,001	0,1	1

l Tonne (t) = 1000 kg	l russ. Tonne = 1015,5 kg
l Zentner = 50 kg	1 russ. Pfund = 0,4095 kg
l Pfund = 0,5 kg = 500 g	1 russ. Pud = 16,38 kg
l preuß. Lot = 16,667 g	1 chin. Pikul = 60,48 kg
l Karat = etwa 205 mg	1 chin. Tael = 37,78 kg
l Unze = 31,1 g	1 jap. Pikul = 60 kg
l Wiener Pfund = 0,56 kg	1 span. Quintal = 46,01 kg

1 türk. Kantar = 56,36 kg,
1 engl. Pfund (lb) = 16 Ounces = 0,4536 kg,
1 engl. Centner (cwt) = 112 lbs. = 50,8 kg,
1 engl. Tonne (t) = 20 cwts = 2240 lbs. = 1016 kg.

9. Währungstabelle.

1 amerik. Dollar ($) = 100 Cents = Goldmark 4,20.

Länder	Bezeichnung der Münzen	Gold-parität $\mathcal{M}$
Europa:		
Belgien	1 Frank = 100 Centimes . . .	0,81
Bulgarien . . .	1 Lewa = 100 Stotinki . . .	0,81
Dänemark	1 Krone = 100 Öre . . .	1,12 ½
Estland	1 Esti Mark = 100 Penni . .	0,81
Danzig	1 Danziger Gulden = ¹/₂₅ £ = 100 Pf.	0,81
Frankreich . . .	1 Frank = 100 Centimes. . .	0,81
Griechenland . . .	1 Drachme = 100 Lepta . . .	0,81
Großbritannien und Irland . . .	1 Pfd. Sterling oder 1 Sovereign (£) = 20 shilling (s) zu 12 pence (d) . . .	20,40
Italien	1 Lira = 100 Centesimi . . .	0,81
Lettland	1 Lat = 100 Santimi, 1 Lat = 50 lett. Rubel	0,81
Litauen.	1 Litas = 100 Centu	0,42
Luxemburg	wie Belgien	0,81
Niederlande . . .	1 Gulden = 100 Cents . . .	1,70
Norwegen	1 Krone = 100 Öre	1,12 ½
Deutsch-Österreich .	1 Schilling = 100 Groschen	
Polen	1 Zloty (zl.) = 100 Groszy (gr)	0,81
Portugal	1 Escudo = 100 Centavos 1 Milreis = 1000 Reis . . .	4,53 ½
Rumänien	1 Leu = 100 Bani (Centimes).	0,81
Rußland	1 Rubel = 100 Kopeken 1 Tscherwonez = 10 Goldr.	21,60
Schweden	1 Krone = 100 Öre	1,12 ½
Schweiz	1 Frank = 100 Centimes. . .	0,81
Serbien	1 Dinar = 100 Paras (Cent.) .	0,81
Spanien	1 Peseta = 100 Centimes . .	0,81
	1 Duro = 5 Pesetas	4,05
Ungarn	1 Krone = 100 Filler . . .	0,85
Amerika:		
Argentinien	1 Gold-Peso = 100 Centavos .	4,05
	1 Papier-Peso (m/l $) = 100 Cent = 0,44 Gold-Peso	1,78
Bolivien	1 Boliviano = 100 Centavos .	1,63
Brasilien	1 Milreis (1 $) = 1000 Reis . .	1,36 ¼
	1 Conto (:) = 1000 Milreis	
	1 Milreis Gold = 27 d	2,30

Länder	Bezeichnung der Münzen	Gold-parität ℳ
Chile	1 Gold-Peso = 100 Centavos .	1,53
	1 Papier-Peso = 100 Centavos	0,81
Columbien	1 Gold-Peso ($) = 100 Cen-	
	tavos	4,08
Costa Rica	1 Colön = 100 Centimos . .	1,96
Ecuador	1 Condor = 10 Sucres . . .	20,40
	1 Sucre = 100 Cent	2,04
Guatemala	1 Peso od. Dollar = 100 Cen-	
	tavos	0,22
Mexiko	1 Peso = 100 Centavos . . .	2,10
Nicaragua	1 Cordoba	4,20
Paraguay	1 Peso = 100 Centavos . . .	4,08
Peru	1 Peruan. Pfd. (£p) = 10 Soles	
	zu 100 Centavos	20,40
Uruguay	1 Gold-Peso = 100 Centesim.	4,35
Venezuela.	1 Bolivar = 100 Centavos . .	0,81
Ver. Staaten v. A. .	1 Dollar ($) = 100 Cents . .	4,20
	1 Eagle = 10 Dollars	
Asien:		
China	1 Hongkong $ = 100 Cents .	1,85
	1 Shanghai Tael	2,47 ½
Japan	1 Yen = 100 Sen zu 10 Rin .	2,08
Korea	1 Hoan (Yen) = 100 Cheun	
	(Sen)	2,08
Ost-Indien . . .	1 Rupie = 16 Annas zu 12 Pies	1,36 ¹₁
Persien	1 Tomân = 10 Kran zu	
	1000 Dinare	8,10
Siam	1 Tikal = 100 Salung	1,53
Türkei	1 türk. Pfd. (£tg.) =	
	100 Piaster	18,45
	1 Piaster (Pt) = 40 Paras zu	
	3 Asper	
Afrika:		
Ägypten	1 ägypt. £ (Guinee) =	
	100 Piaster	20,75
	1 Piaster = 10 Millièmes	

10. Zinstabellen.

Zur Berechnung der Zinsen multipliziert man das Kapital mit
der Zahl der Tage (das Jahr zu 360 Tagen gerechnet) und dividiert mit dem aus der Tabelle zu entnehmenden Divisor.

%	Divisor	%	Divisor	%	Divisor	%	Divisor	%	Divisor
$\frac{1}{8}$	288000	$2\frac{1}{4}$	16000	$4\frac{1}{2}$	8000	$6\frac{3}{4}$	5333	10	3600
$\frac{1}{4}$	144000	$2\frac{1}{2}$	14400	$4\frac{3}{4}$	7579	7	5143	$10\frac{1}{2}$	3420
$\frac{1}{2}$	72000	$2\frac{3}{4}$	13012	5	7200	$7\frac{1}{4}$	4966	11	3273
$\frac{3}{4}$	48000	3	12000	$5\frac{1}{4}$	6857	$7\frac{1}{2}$	4800	$11\frac{1}{2}$	3130
1	36000	$3\frac{1}{4}$	11077	$5\frac{1}{2}$	6545	$7\frac{3}{4}$	4645	12	3000
$1\frac{1}{4}$	28800	$3\frac{1}{2}$	10286	$5\frac{3}{4}$	6261	8	4500	13	2769
$1\frac{1}{2}$	24000	$3\frac{3}{4}$	9600	6	6000	$8\frac{1}{2}$	4235	14	2571
$1\frac{3}{4}$	20571	4	9000	$6\frac{1}{4}$	5760	9	4000	15	2400
2	18000	$4\frac{1}{4}$	8471	$6\frac{1}{2}$	5538	$9\frac{1}{2}$	3789		

Tabelle zur Berechnung von Zinsen.

Kapital M.	3% auf		3½% auf		4% auf		4½% auf		5% auf	
	1 Jahr ℳ	1 Mon. ℳ	1 Jahr ℳ	1 Mon. ℳ	1 Jahr ℳ	1 Mon. ℳ	1 Jahr ℳ	1 Mon. ℳ	1 Jahr ℳ	1 Mon. ℳ
1	0,03	0,003	0,035	0,003	0,04	0,003	0,045	0,004	0,05	0,004
2	0,06	0,005	0,07	0,006	0,08	0,007	0,09	0.008	0,10	0,008
3	0,09	0,008	0,105	0,009	0,12	0.01	0,135	0,011	0,15	0,013
4	0,12	0,01	0,14	0,012	0,16	0,013	0,18	0,015	0,20	0,017
5	0,15	0,013	0,175	0,015	0,20	0,017	0,225	0,019	0,25	0,021
6	0,18	0,015	0,21	0,018	0,24	0,02	0,27	0,023	0,30	0,025
7	0,21	0,018	0,245	0,02	0,28	0,023	0,315	0,027	0,35	0,029
8	0,24	0,02	0,28	0,023	0,32	0,027	0,36	0,03	0,40	0,033
9	0,27	0,023	0,315	0,026	0,36	0,03	0,405	0,034	0,45	0,038
10	0,30	0,025	0,35	0,029	0,40	0,033	0,45	0,038	0,50	0,042
20	0,60	0,05	0,70	0,058	0,80	0,067	0,90	0,075	1,00	0,083
30	0,90	0,075	1,05	0,088	1,20	0,10	1,35	0,113	1,50	0,125
40	1,20	0,10	1,40	0,117	1,60	0,133	1,80	0,15	2,00	0,167
50	1,50	0,125	1,75	0,146	2,00	0,167	2,25	0,188	2,50	0,208
60	1,80	0,15	2,10	0,175	2,40	0,20	2,70	0,225	3,00	0,250
70	2,10	0,175	2,45	0,204	2,80	0,233	3,15	0,263	3,50	1,292
80	2,40	0,20	2,80	0,233	3,20	0,267	3,60	0,30	4,00	0,333
90	2,70	0,225	3,15	0,263	3,60	0,30	4,05	0,338	4,50	0,375
100	3,00	0,25	3,50	0,292	4,00	0,333	4,50	0,375	5,00	0,417
200	6,00	0,50	7,00	0,583	8,00	0,667	9,00	0,75	10,00	0,833
300	9,00	0,75	10,50	0,875	12,00	1,00	13.50	1,125	15,00	1,250
400	12,00	1,00	14,00	1,167	16,00	1,333	18,00	1,50	20,00	1,668
500	15,00	1,25	17,50	1,458	20,00	1,667	22,50	1,875	25,00	2,083
600	18,00	1,50	21,00	1,75	24,00	2,00	27,00	2,25	30,00	2,500
700	21,00	1,75	24,50	2,042	28,00	2,333	31,50	2,265	35,00	2,917
800	24,00	2.00	28,00	2,332	32,00	2,667	36,00	3,00	40,00	3,333
900	27,00	2,25	31,50	2,625	36,00	3,00	40,50	3,375	45,00	3,750
1000	30,00	2,50	35,00	2,917	40,00	3,333	45,00	3,75	50,00	4,167

Tabelle zur Berechnung von Zinseszinsen.

Zahl der Jahre	Kapital zu 4% ℳ	Jahres- zinsen ℳ	Kapital- zuwachs ℳ	Kapital zu 5% ℳ	Jahres- zinsen ℳ	Kapital- zuwachs ℳ
1	100,00	4,00	104,00	100,00	5,00	105,00
2	104,00	4,16	108,16	105,00	5,25	110,25
3	108,16	4,326	112,486	110,25	5,512	115,762
4	112,486	4,999	116,985	115,762	5,788	121,55
5	116,985	4,679	121,664	121,55	6,077	127,627
6	121,664	4,866	126,53	127,627	6,381	134,008
7	126,53	5,061	131,591	134,008	6,70	140,708
8	131,591	5,263	136,854	140,708	7,035	147,743
9	136,854	5,474	142,328	147,743	7,387	155,13
10	142,328	5,697	148,025	155,13	7,757	162,887

Zahl der Jahre	Kapital zu 4% ℳ	Jahreszinsen ℳ	Kapitalzuwachs ℳ	Kapital zu 5% ℳ	Jahreszinsen ℳ	Kapitalzuwachs ℳ
11	148,025	5,921	153,946	162,887	8,144	171,031
12	153,946	6,158	160,104	171,031	8,551	179,582
13	160,104	6,404	166,508	179,582	8,979	188,561
14	166,508	6,66	173,168	188,561	9,428	197,989
15	173,168	6,927	180,095	197,989	9,899	207,888
16	180,095	7,204	187,299	207,888	10,394	218,282
17	187,299	7,492	194,791	218,282	10,914	229,196
18	194,791	7,792	202,583	229,196	11,46	240,656
19	202,583	8,103	210,686	240,656	12,033	252,689
20	210,686	8,427	219,133	252,689	12,634	265,323

11. Gewichtstabelle für Eisen.

Flacheisen. — 1 m Flacheisen wiegt Kilogramm:

Stärke mm	Breite 10 mm	15 mm	20 mm	25 mm	30 mm	35 mm	40 mm	45 mm	50 mm	60 mm	70 mm	80 mm
3	0,234	0,351	0,467	0,584	0,701	0,818	0,935	1,052	1,169	1,402	1,636	1,870
4	0,312	0,467	0,623	0,779	0,935	1,091	1,249	1,402	1,558	1,870	2,181	2,495
5	0,390	0,584	0,779	0,974	1,169	1,368	1,558	1,753	1,948	2,337	2,727	3,116
6	0,467	0,701	0,935	1,169	1,402	1,636	1,870	2,103	2,337	2,804	3,272	3,739
7	0,545	0,818	1,091	1,363	1,636	1,909	2,181	2,454	2,727	3,272	3,817	4,362
8	0,623	0,935	1,246	1,558	1,870	2,181	2,493	2,804	3,116	3,739	4,362	4,986
9	0,701	1,051	1,402	1,753	2,103	2,454	2,804	3,155	3,506	4,207	4,908	5,609
10	0,779	1,169	1,558	1,948	2,337	2,727	3,116	3,506	3,895	4,674	5,453	6,231
11	0,857	1,285	1,714	2,142	2,571	2,999	3,428	3,856	4,285	5,141	5,998	6,855
12	0,935	1,402	1,870	2,337	2,804	3,272	3,739	4,207	4,674	5,609	6,544	7,478
13	1,013	1,519	2,025	2,532	3,038	3,544	4,051	4,557	5,064	6,076	7,089	8,102
14	1,091	1,636	2,181	2,727	3,272	3,817	4,362	4,908	5,453	6,544	7,634	8,725
15	1,169	1,753	2,337	2,921	3,506	4,090	4,674	5,258	5,843	7,011	8,180	9,348

Quadrat- und Rundeisen. — 1 m wiegt Kilogramm:

Stärke mm	Quadrateisen	Rundeisen	Stärke mm	Quadrateisen	Rundeisen	Stärke mm	Quadrateisen	Rundeisen	Stärke mm	Quadrateisen	Rundeisen	Stärke mm	Quadrateisen	Rundeisen
5	0,194	0,153	16	1,992	1,563	27	5,672	4,452	43	16,46	12,92	95	70,21	55,12
6	0,280	0,220	17	2,248	1,765	28	6,100	4,788	48	17,93	14,07	100	77,80	61,07
7	0,381	0,299	18	2,521	1,979	29	6,543	5,136	50	19,45	15,27	110	94,14	73,95
8	0,498	0,391	19	2,809	2,205	30	7,002	5,497	55	23,56	18,47	120	112,0	87,90
9	0,630	0,495	20	3,112	2,443	32	7,967	6,254	60	28,01	21,99	130	131,5	103,2
10	0,778	0,611	21	3,431	2,693	34	8,994	7,060	65	32,84	25,80	140	152,5	119,1
11	0,941	0,739	22	3,766	2,956	36	10,08	7,915	70	38,12	29,93	150	175,1	137,4
12	1,120	0,879	23	4,116	3,231	38	11,23	8,819	75	43,75	34,34	160	199,2	156,3
13	1,315	1,032	24	4,481	3,518	40	12,45	9,772	80	49,79	39,09	170	224,8	176,5
14	1,525	1,197	25	4,863	3,817	42	13,72	10,77	85	56,21	44,13	180	251,1	197,0
15	1,751	1,374	26	5,259	4,129	44	15,06	11,82	90	63,02	49,47	190	280,9	220,5
												200	311,2	244,3

12. Gewichtstabelle für Kupfer- und Messingdrähte.

Durch-messer mm	Gewicht pro m in g		Durch-messer mm	Gewicht pro m in g	
	Kupfer	Messing		Kupfer	Messing
1,0	6,986	6,754	20,5	2937,5	2838,5
1,5	15,727	15,197	21,0	3082,6	2978,7
2,0	27,960	27,018	21,5	3231,6	3122,2
2,5	43,687	42,221	22,0	3383,2	3269,1
3,0	62,911	60,791	22,5	4538,7	3419,5
3,5	85,628	82,742	23,0	3697,7	3573,1
4,0	111,84	108,07	23,5	3860,3	3730,2
4,5	141,55	136,77	24,0	4026,2	3890,5
5,0	174,75	168,86	24,5	4193,2	4051,8
5,5	211,45	204,32	25,0	4368,5	4221,6
6,0	251,63	243,16	25,5	4545,3	4392,1
6,5	295,33	285,37	26,0	4725,2	4566,0
7,0	342,55	330,97	26,5	4908,9	4743,3
7,5	393,19	379,94	27,0	5095,8	4924,0
8,0	447,36	432,27	27,5	5286,2	5108,1
8,5	505,03	488,01	28,0	5480,3	5295,4
9,0	566,19	547,10	28,5	5677,6	5486,3
9,5	630,85	609,59	29,0	5878,2	5680,6
10,0	699,01	675,44	29,5	6083,1	5878,0
10,5	770,65	744,67	30,0	6290,9	6079,0
11,0	845,79	817,28	31,0	6717,4	6489,1
11,5	924,43	893,27	32,0	7157,7	6916,4
12,0	1006,6	972,62	33,0	7612,0	7355,4
12,5	1092,2	1055,4	34,0	8080,5	7808,1
13,0	1181,3	1141,5	35,0	8565,0	8276,3
13,5	1273,9	1231,0	36,0	9059,1	8753,5
14,0	1370,1	1323,9	37,0	9569,3	9246,7
14,5	1469,6	1419,8	38,0	10094	9753,4
15,0	1572,7	1519,8	39,0	10632	10274,0
15,5	1679,3	1622,7	40,0	11184	10807,0
16,0	1789,4	1729,1	41,0	11750	11354,0
16,5	1903,0	1838,9	42,0	12330	11915,0
17,0	2020,1	1952,0	43,0	12925	12489
17,5	2141,3	2069,1	44,0	13533	13076
18,0	2264,8	2188,4	45,0	14155	13678
18,5	2392,3	2311,7	46,0	14791	14292
19,0	2523,4	2438,3	47,0	15441	14921
19,5	2658,0	2568,4	48,0	16105	15562
20,0	2796,0	2701,8	50,0	17474	16886

13. Thermometer-Skalen.

Celsius	Reaumur	Fahrenheit	Celsius	Reaumur	Fahrenheit	Celsius	Reaumur	Fahrenheit
—20	—16	—4,0	5	4,0	41,0	29	23,2	84,2
—19	—15,2	—2,2	6	4,8	42,8	30	24,0	86,0
—18	—14,4	—0,4	7	5,6	44,6	31	24,8	87,8
—17	—13,6	1,4	8	6,4	46,4	32	25,6	89,6
—16	—12,8	3,2	9	7,2	48,2	33	26,4	91,4
—15	—12,0	5,0	10	8,0	50,0	34	27,2	93,2
—14	—11,2	6,8	11	8,8	51,8	35	28,0	95,0
—13	—10,4	8,6	12	9,6	53,6	36	28,8	96,8
—12	—9,6	10,4	13	10,4	55,4	37	29,6	98,6
—11	—8,8	12,2	14	11,2	57,2	38	30,4	100,4
—10	—8	14,0	15	12,0	59,0	39	31,2	102,2
—9	—7,2	15,8	16	12,8	60,8	40	33,0	104
—8	—6,4	17,6	17	13,6	62,6	45	36	113
—7	—5,6	19,4	18	14,4	64,6	50	40	122
—6	—4,8	21,2	19	15,2	66,2	55	44	131
—5	—4	23,0	20	16,0	68,0	60	48	140
—4	—3,2	24,8	21	16,8	69,8	65	52	149
—3	—2,4	26,6	22	17,6	71,6	70	56	158
—2	—1,6	28,4	23	18,4	73,4	75	60	167
—1	—0,8	30,2	24	19,2	75,2	80	64	176
0	0	32,0	25	20,0	77,0	85	68	185
1	0,8	33,8	26	20,8	78,8	90	72	194
2	1,6	35,6	27	21,6	80,6	95	76	203
3	2,4	37,4	28	22,4	82,4	100	80	212
4	3,2	39,2						

XIX. Sachregister.